T0207778

Mathematatik Kompakt

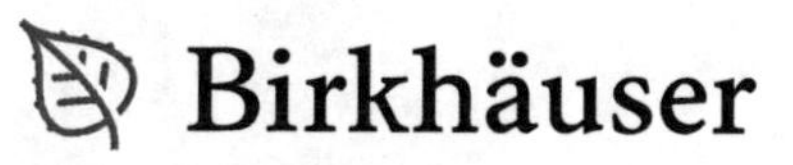

Mathematik Kompakt

Reihe herausgegeben von:
Martin Brokate, Garching, Deutschland
Aiso Heinze, Kiel, Deutschland
Mihyun Kang, Graz, Österreich
Götz Kersting, Frankfurt, Deutschland
Moritz Kerz, Regensburg, Deutschland
Otmar Scherzer, Wien, Österreich

Die Lehrbuchreihe *Mathematik Kompakt* ist eine Reaktion auf die Umstellung der Diplomstudiengänge in Mathematik zu Bachelor- und Masterabschlüssen.
Inhaltlich werden unter Berücksichtigung der neuen Studienstrukturen die aktuellen Entwicklungen des Faches aufgegriffen und kompakt dargestellt.
Die modular aufgebaute Reihe richtet sich an Dozenten und ihre Studierenden in Bachelor- und Masterstudiengängen und alle, die einen kompakten Einstieg in aktuelle Themenfelder der Mathematik suchen.
Zahlreiche Beispiele und Übungsaufgaben stehen zur Verfügung, um die Anwendung der Inhalte zu veranschaulichen.

- **Kompakt:** relevantes Wissen auf 150 Seiten
- **Lernen leicht gemacht:** Beispiele und Übungsaufgaben veranschaulichen die Anwendung der Inhalte
- **Praktisch für Dozenten:** jeder Band dient als Vorlage für eine 2-stündige Lehrveranstaltung

Weitere Bände in der Reihe https://link.springer.com/bookseries/7786

Gert Schubring

Geschichte der Mathematik in ihren Kontexten

Neue Zugänge

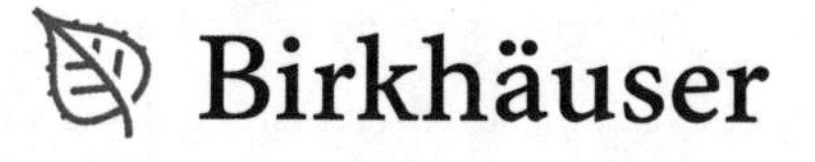

Gert Schubring
Institut für Didaktik der Mathematik
Universität Bielefeld
Bielefeld, Deutschland

ISSN 2504-3846 ISSN 2504-3854 (electronic)
Mathematik Kompakt
ISBN 978-3-030-69482-1 ISBN 978-3-030-69483-8 (eBook)
https://doi.org/10.1007/978-3-030-69483-8

Die Deutsche Nationalbibliothek verzeichnet diese Publikation in der Deutschen Nationalbibliografie; detaillierte bibliografische Daten sind im Internet über http://dnb.d-nb.de abrufbar.

© Der/die Herausgeber bzw. der/die Autor(en), exklusiv lizenziert durch Springer Nature Switzerland AG 2021
Das Werk einschließlich aller seiner Teile ist urheberrechtlich geschützt. Jede Verwertung, die nicht ausdrücklich vom Urheberrechtsgesetz zugelassen ist, bedarf der vorherigen Zustimmung der Verlage. Das gilt insbesondere für Vervielfältigungen, Bearbeitungen, Übersetzungen, Mikroverfilmungen und die Einspeicherung und Verarbeitung in elektronischen Systemen.
Die Wiedergabe von allgemein beschreibenden Bezeichnungen, Marken, Unternehmensnamen etc. in diesem Werk bedeutet nicht, dass diese frei durch jedermann benutzt werden dürfen. Die Berechtigung zur Benutzung unterliegt, auch ohne gesonderten Hinweis hierzu, den Regeln des Markenrechts. Die Rechte des jeweiligen Zeicheninhabers sind zu beachten.
Der Verlag, die Autoren und die Herausgeber gehen davon aus, dass die Angaben und Informationen in diesem Werk zum Zeitpunkt der Veröffentlichung vollständig und korrekt sind. Weder der Verlag noch die Autoren oder die Herausgeber übernehmen, ausdrücklich oder implizit, Gewähr für den Inhalt des Werkes, etwaige Fehler oder Äußerungen. Der Verlag bleibt im Hinblick auf geografische Zuordnungen und Gebietsbezeichnungen in veröffentlichten Karten und Institutionsadressen neutral.

Planung/Lektorat: Dorothy Mazlum
Birkhäuser ist ein Imprint der eingetragenen Gesellschaft Springer Nature Switzerland AG und ist ein Teil von Springer Nature.
Die Anschrift der Gesellschaft ist: Gewerbestrasse 11, 6330 Cham, Switzerland

Vorwort

Das Buch ist insbesondere für Mathematik-Lehrerbildung konzipiert, aber es richtet sich auch generell an Studierende der Mathematik; es wird auch dem Mathematiklehrer eine nützliche Handreichung sein. Ebenso wird es einem an Mathematik interessierten Leser neue Zugänge zur Mathematik eröffnen.

Die Geschichte der Mathematik hat schon immer ein großes Interesse in der Mathematik gefunden. Anders als in den Naturwissenschaften, in denen nach einer Revolution, gemäß Thomas Kuhn (1962), das bisherige Paradigma durch ein neues ersetzt und somit die gesamte Wissenschaft neu strukturiert wird, sind in der Mathematik die in früheren Phasen erzielten Ergebnisse auch nach Neu-Strukturierungen nicht wertlos, sondern können sich als Spezialfälle erweisen (Gillies 1992). Hinweise auf Geschichte der Mathematik hat es daher schon vielfach in Schulbüchern und auch in Hochschul-Lehrbüchern gegeben, aber sie werden vorwiegend als unzureichend empfunden: reduziert auf anekdotische Informationen und auf wenige, als ‚große' präsentierte Mathematiker beschränkt, ermöglichen sie kein Verständnis historischer Entwicklungen.

Kenntnisse in Geschichte der Mathematik werden stets wichtiger als Bestandteil der Mathematiklehrer-Ausbildung: aufgrund der in der Mathematik-Didaktik international stets stärker empfohlenen Einbeziehung der Mathematik-Geschichte in den Mathematikunterricht – um durch die Vorzüge einer „genetischen" Methodik die Begriffsentwicklung bei den Schülern effektiver gestalten zu können.

Allerdings gibt es derzeit kein deutsches Lehrbuch der Mathematik-Geschichte, das für diese Ausbildungskonzeption geeignet wäre. Die große Mehrzahl der Bücher zur Mathematik-Geschichte ist weiterhin auf die „großen" Mathematiker und ihre ideengeschichtlichen Entdeckungen fokussiert. In den Ansätzen zur Einbeziehung der Mathematik-Geschichte in den Unterricht geht es aber dagegen um das Aufzeigen der sozialen und kulturellen Zusammenhänge und der Einbindungen der Mathematiker in ihre sozialen Kontexte. Das Schwergewicht verschiebt sich dabei zu den – im Sinne von Thomas Kuhn – „normalen" Mathematikern, um das Typische der Praxis von Mathematikern herausarbeiten zu können. Und anstatt – wie traditionell – Mathematik sich teleologisch auf die heutige moderne Mathematik hin sich entwickelnd darzustellen, ist die Entwicklung der Mathematik viel besser zu verstehen in der Analyse ihrer jeweiligen zeitgenössischen Kontexte.

Zudem finden sich in den Standard-Lehrbüchern zur Mathematik immer noch Darstellungen, die von der neueren Mathematikhistoriographie – aufgrund tiefer ausgearbeiteter Methodologie – als Legenden analysiert worden sind. Eine solche Legende ist, dass die Entdeckung der Inkommensurabilität zu einer Grundlagenkrise in der griechischen Mathematik geführt habe. Es ist eine wichtige Aufgabe einer modernen Lehrerausbildung, künftige Lehrer zu befähigen, zu solchen Legendenbildungen argumentieren zu können.

Dieses Buch beabsichtigt, eine Einführung in die Geschichte der Mathematik zu geben, die dem aktuellen Stand der historischen Forschungen entspricht und die die Mathematik als einen Teil der kulturellen und sozialen Geschichte der Wissenschaften darstellt. Sie folgt darin dem Buch von Dirk Struik *Abriß der Geschichte der Mathematik*, dem ersten Buch, das eine Sozialgeschichte der Mathematik intendiert hat. Es ist zuerst 1948 in englisch erschienen, danach aber nicht mehr viel aktualisiert worden ist, trotz großer Fortschritte der historischen Forschung. Und es folgt zugleich dem Ansatz von Tatiana Roque, einer Kollegin an der *Universidade Federal do Rio de Janeiro*, in ihrem Buch *História da Matemática – Uma visão crítica, desfazendo mitos e lendas* (2012), das Mythen- und Legenden-Bildungen deskonstruiert, um so zu zeigen, dass die Mathematik-Historiographie kein abgestaubtes Wissen bildet, sondern eine sich aktiv in Forschung entwickelnde Disziplin.

Dem Konzept dieser Buchreihe folgend, ist die Darstellung auf Haupt-Punkte der Entwicklungen konzentriert, im Sinne von Struiks Buch als „Abriß“. Für die Periode ab etwa 1650, für die bereits mehr moderne und spezialisierte Publikationen zugänglich sind, sind die Kapitel noch kürzer gefasst.

Den meisten Kapiteln sind Aufgaben hinzugefügt, teils zur Vertiefung der Themen des Kapitels, teils als Anregung zur eigenen Praxis, um sie etwa selbst im Unterricht einzusetzen.

Rio de Janeiro
September 2020

Gert Schubring

Inhaltsverzeichnis

Anfänge der Mathematik im staatlichen Handeln

1

1.1 Was waren die Ursprünge der Mathematik?

Wo liegen die Ursprünge der Mathematik? Gibt es eine ausgezeichnete Kultur, in der die Mathematik entstanden ist, oder war die Mathematik universell in allen Kulturen? Die Antwort hängt davon ab, was man unter ‚Mathematik' versteht.

Eine erste Vorstellung von unterschiedlichen und differenzierten Entwicklungen in den wichtigsten Teilgebieten der Mathematik geben bereits die Titel der Reihe „Vom Zählstein zum Computer. Geschichte – Kulturen – Menschen", die im Springer-Verlag erschienen ist:

3000 Jahre Analysis (2011) – Thomas Sonar
4000 Jahre Algebra (2003) – Heinz-Wilhelm Alten et al.
5000 Jahre Geometrie (2001) – Christoph Scriba und Peter Schreiber
6000 Jahre Mathematik (2008 & 2009) – Hans Wußing

Es wird sich in späteren Kapiteln zeigen, inwieweit diese Perioden-Zuschreibungen zutreffend sind. Hier werden wir zunächst nach Mathematik als einem Gesamtgebiet fragen.

Vielfach wird in einführenden Darstellungen zur Mathematikgeschichte der Ursprung in ersten Zähltätigkeiten gesehen. Aus der Periode der Jäger und Sammler werden z. B. Markierungen mit Strichen an Höhlenwänden als Belege erster mathematischer Tätigkeiten herausgestellt. Und aus der folgenden Periode der Sesshaftigkeit mit Anfängen von Viehzucht werden idyllische Bilder von Schafhirten oder Rinderhütern mit ihren Herden gezeichnet, die ausgearbeitete Zählverfahren belegen sollen. Solche Bilder suggerieren gefestigtes Wissen über diese historischen Epochen, während es tatsächlich nicht nur keine Belege gibt, sondern sie auch falsche Eindrücke erwecken. Ein

© Der/die Autor(en), exklusiv lizenziert durch Springer Nature Switzerland AG 2021

G. Schubring, *Geschichte der Mathematik in ihren Kontexten,* Mathematik Kompakt,
https://doi.org/10.1007/978-3-030-69483-8_1

Dritter Helfer		Zweiter Helfer		Erster Helfer	
links	rechts	links	rechts	links	rechts
6		2		7	
600		20		7	

Abb. 1.1.2 Zählen einer Viehherde mit den Fingern von drei Helfern: 627 Tiere haben die Umzäunung passiert; nach [Ifrah 1987, S. 57]

Abb. 1.1 vorgebliche frühe Zählmethoden (Wußing 2008, S. 9)

charakteristisches Beispiel ist die Abb. 1.1, die im Buch *6000 Jahre Mathematik* aus einem Buch von Georges Ifrah übernommen worden ist.

Das Buch von Ifrah, ursprünglich 1984 in Französisch publiziert, als *Histoire universelle des chiffres,* ist in viele Sprachen übersetzt worden – auch ins Deutsche, gleichfalls unter dem zu anspruchsvollen Titel *Universalgeschichte der Zahlen* (ab 1986). Die Ausgaben in den verschiedenen Sprachen sind zumeist häufig wieder aufgelegt worden – ein Bestseller, aber ohne sachliche Berechtigung. Schon dem französischen Original haben Mathematikhistoriker die zum Teil groben Fehler in den verschiedenen Kapiteln nachgewiesen;[1] das hat aber weder zu Revisionen des Buchs geführt noch zu einem Rückgang des Publikums-Erfolgs. Auch die umfangreiche Rezension von Joseph W. Dauben, die die französischen kritischen Rezensionen im englischen Sprachraum bekannt gemacht hat, haben ihn nicht beeinträchtigt (Dauben 2002). Kurzgefasst kann man sagen, dass Ifrah Vermutungen von Historikern als Tatsachen darstellt und eigene Erfindungen als Fakten berichtet.

Die Abb. 1.1 ist dafür ein Beispiel. Schon die ganze Zeichnung ist ohne eine Basis: drei Männer, die so gezeichnet sind, wie man häufig Ägypter der Pharaonen-Zeit zeichnet, sitzen wegen der Hitze halbnackt – aber zählen Schafe, die nun für die ägyptische Kultur zu keiner Zeit typisch waren. Und es soll eine dreistellige Zahl der Herde ermittelt sein: 627 – als ob in den suggerierten frühen Ethnien bereits landwirtschaftliche Produktions-Genossenschaften bestanden hätten! Und die Konventionen, mit Finger-Positionen Zahlen zu bezeichnen, variierten von Ethnie zu Ethnie; eine eindrucksvolle Dokumentation der Varianz dieser Konventionen in afrikanischen Ethnien gibt ein Buch von Paulus Gerdes (Gerdes 1993).

Gleichfalls kritisch muss man Artefakte betrachten, die möglichen Markierungen mittels Strichen auf Knochen oder auf Höhlenwänden mathematische Qualitäten zusprechen wollen. Ein Beispiel dafür ist der oft genannte Ishango Knochen, der im östlichen (damaligen: Belgisch-)Kongo 1950 von Jean de Heinzelin gefunden worden ist (Abb. 1.2; siehe Huylebrouck 2019). Die Anwendung der Isotop-C14-Methode zur Datierung dieses Fundes ergibt hier keine gesicherten Werte, wegen erhöhter Isotop-Konzentration aufgrund eines Vulkanausbruches. Die Datierungen variieren zwischen −25.000 und −20.000 einerseits und −9.000 und −6.500 andererseits.

Der etwa 10 cm lange Knochen zeigt drei Reihen von Einkerbungen. Bereits die erste Reihe wird als nicht zufällig interpretiert, sondern als Folge der Primzahlen zwischen 10 und 20. Wenn eine solche Absicht bestanden hätte: warum nicht die Reihe der Primzahlen ab 1? Und die mittlere Reihe zeigt das offenbare Bemühen, den Einkerbungen eine mathematische Bedeutung zuzuweisen. Berücksichtigt man die gänzliche Ungleichförmigkeit der Kerben, wird man all dies eher als Spekulationen bewerten müssen.[2]

Generell besteht eine starke Tendenz, Artefakten mathematische Bedeutungen zuzusprechen. Karl Menninger hat in seinem klassischen Buch *Kulturgeschichte der Zahlen* (1934) im Abschnitt *Reihung und Bündelung* ein (undatiertes) Schwert von den

[1] Zwei Sonderhefte der Zeitschrift der französischen Mathematiklehrer: *Bulletin d'APMEP*, Heft 398, Mai 1995 und Heft 399, Juni 1995.

[2] In einer neuen eingehenden Untersuchung des Artefakts und der verschiedenen Interpretationen hat Huylebrouck gezeigt, dass die Zuschreibung von Primzahlen eindeutig auszuschließen ist. Er neigt der Interpretation als Mond-Kalender zu (Huylebrouck 2019, S. 121 ff.; insbes. S. 151).

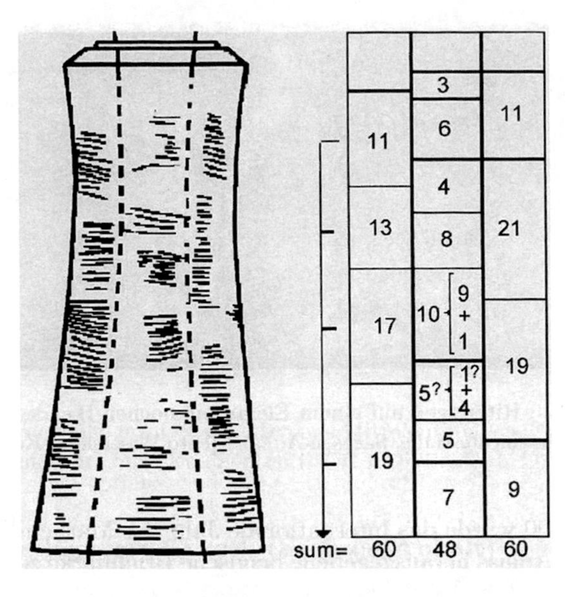

Abb. 1.2 Der Ishango Knochen in einer „Numerologie"-Interpretation (Wußing 2008, S. 10; nach Huylebrouck 2006, S. 13). Mit freundlicher Genehmigung des Muséum des Sciences Naturelles, Brüssel

Philippinen abgebildet, mit der Unterschrift: „Auf der Klinge hat der Besitzer seine Opfer mit eingeschlagenen silbernen Nägeln gezählt (3-Bündel)" (Abb. 1.3).

Abb. 1.3 Schwert von den Philippinen, Menninger 1934, S. 22

Resümiert man die in der Literatur dargestellten Zähltätigkeiten früher Ethnien, so muss man sie als Registrieren, als Dokumentieren von Quantitäten bewerten. Dagegen handelt es sich nicht um ein Operieren mit Quantitäten. Erst Operieren lässt sich mit Mathematik in Verbindung setzen.

1.2 Ursprünge in der Astronomie

Wesentlich relevanter für Mathematik als „erwachende Wissenschaft" (ein Ausdruck von van der Waerden) als die zumeist individuellen Zähltätigkeiten sind die in vielen frühen Kulturen feststellbaren Praktiken astronomischer Beobachtungen. Besonders eindrucksvoll dafür ist die aus konzentrischen Steinkreisen gebildete Megalithstruktur Stonehenge, in der Nähe von Salisbury in England. Sie wurde bislang als ab etwa −3.100 errichtet geschätzt, aber nach neueren Forschungen kann sie noch wesentlich älter sein. Man kann die Anlage als steinzeitliches Observatorium einstufen; die Anlage diente, wie viele andere mit der gleichen Funktion in anderen Kulturen, zur Bestimmung der

Abb. 1.4 die Megalith-Kreise in Stonehenge

Sonnenwenden und damit zur Bestimmung der Jahreszeiten, der Organisation der Ernten. Sie waren das Ergebnis gemeinschaftlicher astronomischer Beobachtungen und Auswertungen und waren wesentlich für die soziale Organisation des Lebens in den frühen Kulturen. Es hat sich eine enge Verbindung der Anlagen mit religiösen Ritualen erwiesen (Wußing 2008, S. 15); da die Glaubens-Vorstellungen die Grundlage des sozialen Zusammenhalts waren, belegen die Anlagen den *sozialen* Ursprung mathematischer Praktiken (siehe Abb. 1.4).

Ausgangspunkt: die Beobachtung der Veränderungen des gestirnten Himmels
Die Wanderung des Schattens eines Baumstumpfes oder aufragenden Steines im Tages- und Jahreslauf bildet die Grundlage für eine einfache Sonnenuhr. Wird die Bahn der Spitze des Schattens systematisch aufgezeichnet, ergeben sich als Projektion des Sonnenlaufes am Himmel Kurven in der Ebene, die Anlaß zum Nachdenken bieten. Wohin das führen kann, zeigen die großen Megalithbauten aus dem 3. und 2. Jahrtausend v. Chr. Stonehenge bei Salisbury in Südengland ist die bekannteste dieser Anlagen, die als Sonnenobservatorien und Kultstätten der Jungsteinzeit gedeutet werden [Gericke 1984].

Scriba & Schreiber 2004, S. 8

Ein besonders eindrücklich die Bedeutung astronomischer Beobachtungen für die Organisation der Lebensführung einer ganzen Ethnie belegendes Artefakt ist die erst kürzlich aufgefundene Himmelsscheibe von Nebra, die derzeit auf etwa −1.600 datiert wird (Abb. 1.5, Wußing 2008, S. 16).

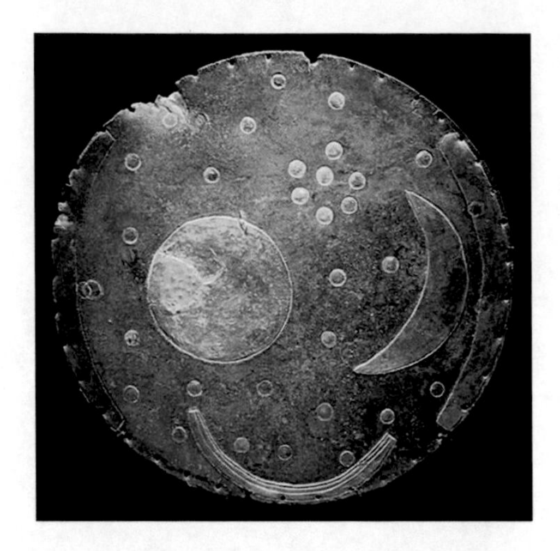

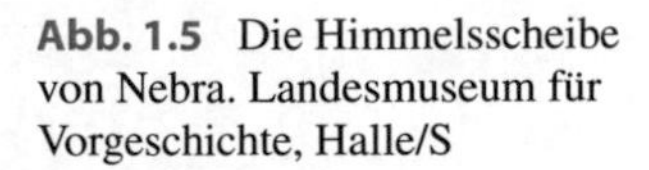

Abb. 1.5 Die Himmelsscheibe von Nebra. Landesmuseum für Vorgeschichte, Halle/S

Übersicht

Der Fund der bronzenen Himmelsscheibe von Nebra im Jahr 1999 auf dem Mittelberg nahe Halle in Sachsen-Anhalt war eine Sensation, weil auf ihr erstmals der Himmel abgebildet ist, mit Sonne, Mond und den Plejaden, einem für die Bauern wichtigen Sternbild. Die anderen Sterne ließen sich nicht zuordnen. Das Material für das Gestirn besteht aus Goldblechauflage. Etwa 1600 bis 1500 v. Chr. wurde die Scheibe mit Beigaben in den Boden gelegt. Die Differenz des Sonnenauf- und –untergangs zur Zeit der Wintersonnenwende beträgt an diesem geographischen Ort 82 Grad in der Realität wie auch auf der Scheibe. Dadurch war sie als Kalendarium einsetzbar.

Die Barke unten auf der Scheibe kann die zur Bronzezeit angenommene Vorstellung über die Rückführung der Sonnenscheibe nachts durch die Unterwelt in die Ausgangsposition für den nächsten Tag darstellen, [...]. Die Auswertung der Himmelsscheibe ist noch nicht abgeschlossen.

Wußing 2008, S. 15–16.

1.3 Was Herodot wirklich gesagt hat

Es bildet offenbar ein Kulturgut, das praktisch zum Allgemeinwissen abgesunken ist, dass die Entstehung der Geometrie etwas mit den Überschwemmungen des Nils zu tun hat. Es mag auch noch weitgehend bekannt sein, dass dieses Wissen auf Herodot, den griechischen Historiker (−490/480 bis ca. −424) zurückgeht. Aber was hat Herodot wirklich über die Entstehung der Geometrie gesagt? Walther Lietzmann, der bedeutendste deutsche Mathematik-Didaktiker für die erste Hälfte des 20. Jahrhunderts, hat in seiner *Methodik des mathematischen Unterrichts,* die Generationen von deutschen Gymnasiallehrern als Anleitung diente, im ersten Band zur Didaktik eine Version des Herodot-Berichts gegeben, die wohl die Grundlage für dieses abgesunkene Kulturgut gebildet hat:

> „Wie der alte Bericht uns lehrt, haben die meisten Menschen sich mit Vermessung und Verteilung von Land abgegeben, woraus der Name Geometrie entstanden ist. Die Erfindung aber der Vermessung ist von den Ägyptern gemacht; denn wegen des Steigens des Nils wurden viele Grundstücke, die deutlich zu erkennen waren, unkenntlich durch das Steigen, viele auch noch nach dem Fallen, und es war dem einzelnen nicht mehr möglich, sein Eigentum zu unterscheiden; daher haben die Ägypter diese Vermessung erfunden, bald mit dem sogenannten Meßband, bald mit der Rute, bald auch mit den anderen Maßen. Da nun die Vermessung notwendig war, verbreitete sich der Gebrauch zu allen lernbegierigen Menschen" (Lietzmann 1919, S. 6).

Dieser Bericht gibt als Ursache für die Entstehung der Landvermessung individuelle Ziele: das Sichern der Kennzeichnung des eigenen Grundstücks. Tatsächlich ist das gar nicht Herodots originaler Bericht. Vielmehr gibt Lietzmann als Quelle: „Über die Entstehung der Geometrie findet sich in ungezählten Büchern wiederholt, was schon Heron, gestützt wohl vor allem auf die bekannten Ausführungen von Herodot, schreibt" (ibid.). Herodots Bericht, nach seiner Ägypten-Reise, war aber grundlegend verschieden von der Adaptation durch Heron († nach 62):

Übersicht

Dieser König [Sesostris] habe das Land auch unter alle Bewohner aufgeteilt – so erzählt man – und jedem ein gleich großes, viereckiges Stück gegeben. Die jährliche Abgabe, die er davon erhob, bildete seine Einkünfte. Riß aber der Strom von einem Ackerstück etwas weg, dann ging sein Besitzer zum König und meldete ihm dies. Der sandte Leute hin, die untersuchen und ausmessen sollten, wieviel kleiner die Fläche geworden war, damit der Besitzer die ursprünglich auferlegte Abgabe nur im Verhältnis zum Rest zu bezahlen brauchte. Mir scheint, daß hierbei die *Kunst der Landvermessung* erfunden wurde, die dann nach Griechenland kam.

Herodot, *Historien*. Buch II, Nr. 109. Übersetzung Josef Feix. 1963

Heron hat also Herodots Bericht praktisch ins Gegenteil verkehrt. Die Ägypter waren nicht aufgrund unklarer Fügung Grundbesitzer, sondern aufgrund staatlicher Zuteilung. Und Grundlage der Zuteilung war die Verpflichtung zur Steuer-Zahlung, zur Sicherung der staatlichen Funktionen. Aufgabe der Landvermessung war nicht die Sicherung des individuellen Eigentums, sondern die Sicherung korrekter Steuer-Zahlungen. Und Praktizieren der Geometrie war auch nicht Teil einer Allgemeinbildung, sondern die Aufgabe einer eigenen Berufsgruppe: der Landvermesser – oder eben auch *Geometer* genannt. In der Tat ist der griechische Ausdruck für „Kunst der Landvermessung":

γεωμετρίη. Herodots Bericht impliziert sogar die Registrierung und Fortschreibung der Daten in staatlichen „Datenbanken".

> Es ergibt sich daher als ganz wichtiges Ergebnis – das sich schon in der Entstehung astronomischer Beobachtungen angedeutet hatte -, dass die Ursprünge der Mathematik sozialer Natur sind, und jedenfalls im Falle der Geometrie in Ägypten bewirkt durch staatliches Handeln. Und die Berufsgruppe der die Geometrie Praktizierenden entstand gleichfalls durch staatlichen Auftrag.

Herodot hat sich übrigens nicht, wie Heron, auf Aussagen zur Geometrie/Landvermessung beschränkt, sondern auch über die Ursprünge astronomischer Kenntnisse gesprochen – und damit auch über Arithmetik: er setzt nämlich die oben zitierten Aussagen damit fort, dass die Griechen die Geometrie von den Ägyptern, die Astronomie dagegen von den Mesopotamiern erhalten hätten: „die Sonnenuhr mit ihrem Zeiger und die Einteilung des Tages in zwölf Stunden haben die Griechen von den Babyloniern übernommen".

1.4 Die Entwicklung des Zahlbegriffs als Element der staatlichen Wirtschaftsverwaltung in Mesopotamien

Was wir aus der Analyse der historischen Berichte über die Entwicklung der Geometrie ermitteln konnten, wird in noch nachdrücklicherer Weise durch die Auswertung einer immensen Anzahl archäologischer Funde in Mesopotamien bestätigt.

Die Entstehung von Zeichen-Systemen für die Schrift und für Zahlen konnte besonders intensiv für die Kulturen in Mesopotamien untersucht werden, dank des haltbaren Materials – dem Ton -, das sie für Schreiben und Rechnen verwendet haben. Die ersten dort benutzten Artefakte, seit etwa dem fünften Jahrtausend v. u. Z., waren ganz verschieden von allen bislang bekannten Schreibarten und wurden daher lange nicht von Archäologen beachtet und untersucht. Es waren scheinbar seltsame Gegenstände, die aus Stein statt aus Ton gemacht wurden, in verschiedene aber nicht standardisierte Formate geschnitten (Abb. 1.6). Die Griechen, insbesondere die Pythagoreer, benutzten sie später, um figurative Zahlen darzustellen; sie bezeichneten sie als ψηφοι (psephoi). Die Römer

Abb. 1.6 Einfache Rechensteine (Mesopotamien; heutiger Iraq)

standardisierten sie für Rechen-Operationen und nannte sie *calculi* – der Ursprung für *calculus,* als Infinitesimalrechnung, liegt also in der Bezeichnung für die ältesten bekannten Artefakte für Zeichen-Systeme! Der englische Ausdruck für diese Rechensteine oder Zählsteine ist *pebbles* oder *tokens.*

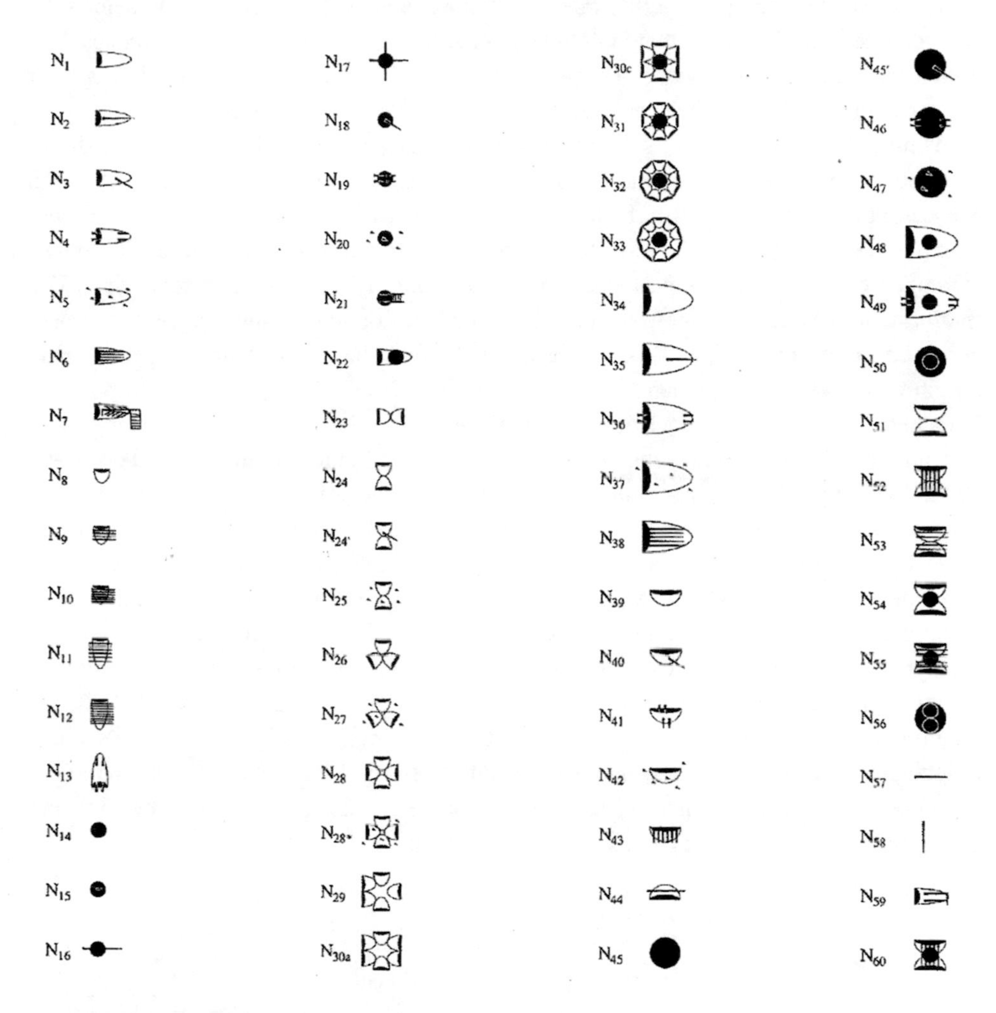

Abb. 1.7 Die Zahlzeichen der proto-Keilschrift-Texte in Uruk, Nissen et al. 1993, S. 62

Die Rechensteine zeigten gleichzeitig eine Quantität und eine Qualität an: sie bedeuteten ein Objekt (Qualität) und seine Größe (Quantität). Sie wurden auf jeden Behälter gelegt, um die Gegenstände im Behälter und deren Menge anzuzeigen. Von den frühesten Zeiten der mesopotamischen Staaten an, noch vor 3000 v. u. Z., wurden diese Artefakte für die Verwaltung der Waren benutzt, die als Steuern von den Tributpflichtigen an die Tempel, die in diesen Kulturen nicht nur die religiösen Zentren waren, sondern zugleich auch die staatlichen sowie wirtschaftlichen Zentren bildeten. Mit der weiteren Entwicklung der Verwaltungspraxis in den Tempeln wurden die Rechensteine spezifischer gemacht, um Qualitäten und Quantitäten von Objekten anzuzeigen – besonders als sich die Technik herausbildete, Zeichen in Tontafeln zu gravieren -, sodass die Buchhaltung getrennt von dem Ort, wo die Waren gelagert wurden, stattfinden konnte. Neueren Forschungen ist es gelungen, die für die Buchhaltung in Uruk, einer frühen urbanisierten Zivilisation aus dem dritten Jahrtausend in Mesopotamien, verwendeten Zeichen zu identifizieren. Die Liste der sechzig benutzten Zeichen belegt die ausgefeilten Keilschrifttechniken (Abb. 1.7).

Es muss betont werden, dass die Identifizierung der Zeichen und die Erstellung dieser Liste nur aufgrund der systematischen Auswertung der an verschiedenen Fundorten und Museen auf der ganzen Welt erhaltenen und gelagerten Tontäfelchen mittels moderner Computertechniken möglich war. Noch wichtiger jedoch war, dass diese Computertechniken entscheidend waren, um die Bedeutung dieser Zeichen zu entschlüsseln. Die traditionelle Literatur enthielt widersprüchliche Zuordnungen und ungelöste Fragen der Bedeutung der Zeichen, da es nicht möglich war, alle Zeichen im Zusammenhang mit ihrer Anwendung auf den Tontafeln systematisch auszuwerten. Eine Gruppe von Forschern – Peter Damerow, Robert Englund und Hans Nissen – hat diese sorgfältige und umfangreiche Untersuchung seit den 1970er Jahren unternommen. Ihre Forschung deckte nicht nur *ein* Zahlensystem auf – etwa das Sexagesimalsystem, wie man es hätte erwarten können, sondern mehrere metrologische Systeme, und zwar – und das war die entscheidende neue Erkenntnis – war jedes System spezifisch für eine bestimmte Klasse von Objekten. Darüber hinaus wurden zahlreiche Zeichen in vielfältigen metrologischen Systemen verwendet, und die Zeichen hatten unterschiedliche Bedeutungen in mehreren von ihnen. Dieses Ergebnis löste das Problem der bisherigen inkonsistenten Bedeutungszuweisungen für die Uruk-Zeichen; allerdings hatte es zur Folge, dass die Forscher erkannten, dass im Ganzen – in allen entdeckten metrologischen Systemen – die sechzig Zeichen etwa *sechstausend* verschiedene Bedeutungen repräsentierten. Hier sind drei der verschiedenen metrologischen Systeme, als Varianten sexagesimaler Systeme, um ihre Spezifität für Objektklassen zu illustrieren (Abb. 1.8):

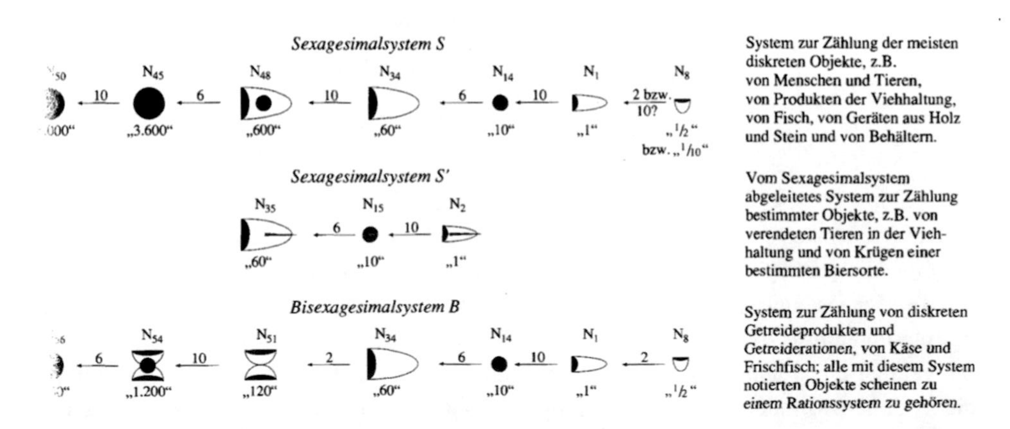

Abb. 1.8 Drei metrologische Systeme, für unterschiedliche Klassen von Objekten, Nissen et al. 1993, S. 64

Das erste System zählt hauptsächlich diskrete Objekte, wie Menschen und Tiere, Fische und Behälter; das zweite zählt tote Tiere und Gefäße bestimmter Flüssigkeiten; und das dritte zählt andere diskrete Gegenstände, wie Körner und frischen Fisch. Noch spezifischer sind die Zeichensysteme für verschiedene Körner, insbesondere für Gerste, Malz, Hafer und Gerstengrütze. Man bemerkt durch die Häufigkeit der Zutaten die Bedeutung des Bierbrauens.

Die Zeichen in diesen frühen Zeichensystemen repräsentieren Klassen von Objekten – also Qualitäten – *und* zugleich ihre Quantitäten. Sie bedeuten also keine Zahlen, sondern Größen. Die Forschung über die Geschichte des Schreibens – vor allem die Arbeiten von Denise Schmandt-Besserat (1996) – und die Forschung zur Geschichte der Mathematik stimmen darin überein, dass Zahl und Schrift in derselben soziokulturellen Umgebung entstanden sind. Eleanor Robson, eine Forscherin der mesopotamischen Mathematik, formulierte kürzlich den Konsens beider Seiten, dass *numeracy* und *literacy* – die beiden Kernbegriffe von PISA – zugleich und im gleichen Kontext entstanden sind – und aufgrund der staatlichen Verwaltungsbedürfnisse:

Übersicht

"The temple administrators of Uruk adapted token accounting to their increasingly complex needs by developing the means to record not only quantities but the objects of account as well. Thus numeracy became literate for the first time in world history."

Robson 2008, S. 28

Darüberhinaus organisierten diese frühen Staaten auch bereits die Ausbildung der für die Praktiken von *numeracy* und *literacy* erforderlichen Professionellen, der Schreiber. Deren Schulen, die *edubba,* hatten daher auch einen doppelten Zweck. Schreiben und Rechnen wurden dort in enger Verbindung gelehrt: "As the production of accounts entailed complex multi-base calculations, trainee scribes had to practice both writing and calculating, and they did so increasingly systematically" (ibid., S. 40).

In diesen metrologischen Systemen ist ein deutlicher Standardisierungsprozess festzustellen, der eine allmähliche Abstraktion von Operationen mit Quantitäten impliziert. Ein aufschlussreiches Beispiel ist eine Tontafel, in der mehrere Quantitäten verschiedener Körner addiert werden, wodurch von den spezifischen Getreidearten abstrahiert wird (Abb. 1.9).

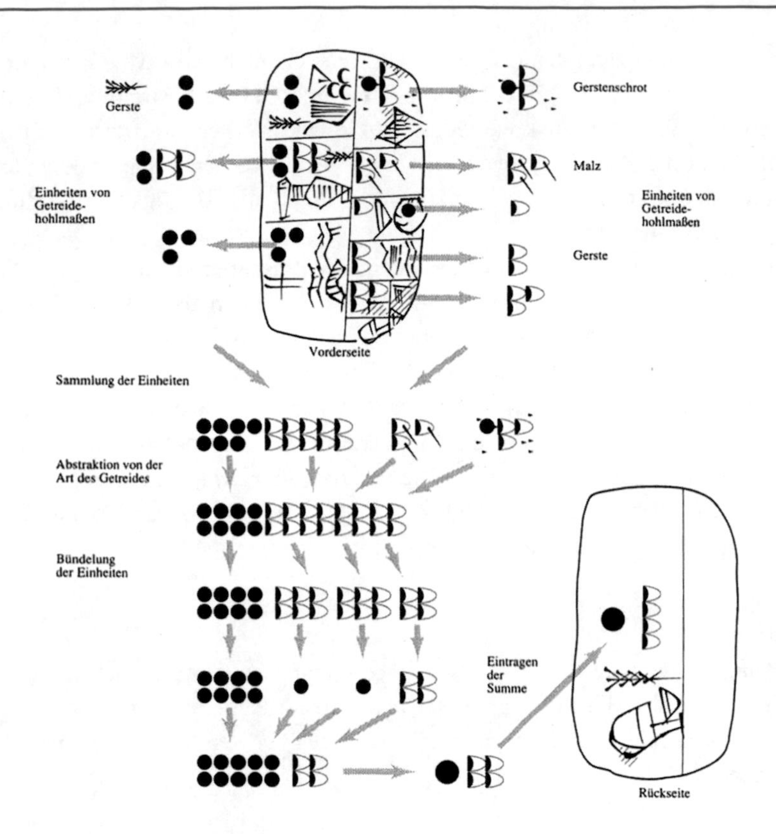

Abb. 1.9 Komplexe proto-arithmetische Addition, mittels Ersetzungs-Regeln für Zeichen, die konkrete Einheiten repräsentieren, Nissen et al. 1993, S. 177

Zunächst wurden die gegebenen Getreide-Einheiten mit den Zeichen aus den verschiedenen Systemen für Gerste, Gerstengrütze und Malz geschrieben; danach folgte eine Operation, bei der die Zeichen für Einheiten von Gerstengrütze und Malz in die Zeichen für Gerste umgewandelt wurden. Mit nunmehr homogenen Ausdrücken in nur einem metrologischen System wurden die differenzierten Einheiten somit vereinfacht und in die jeweils weniger differenzierten, also allgemeineren oder höheren Einheiten umgewandelt. Damit erhielten die Schreiber als Ergebnis die Summe aller Waren in einem einfachen Ausdruck – einer einzigen und allgemeinen Qualität von Korn.

In der langen Entwicklung hat sich die Standardisierung der metrologischen Systeme weiter fortgesetzt, als Abstraktion von Qualitäten, sodass schließlich nur zwei Zeichen für Zahlen in der altbabylonischen Zivilisation übrig blieben: nicht mehr Quantitäten, sondern jetzt Zahlen – nämlich die Zeichen für 1 und für 10 (und ihre höheren Potenzen im Sexagesimalsystem) (Abb. 1.10):

Abb. 1.10 Das sexagesimale Zahlensystem, ab dem Ende des dritten Jahrtausends

36.000	3.600	600	60	10	1
𒌋	𒁹	𒌋	𒁹	𒌋	𒁹

Bekanntlich litt dieses erheblich entwickelte Zahlensystem unter einem Defekt, dem Fehlen eines Zeichens für die Null, sodass die Stellenwerte nicht eindeutig bestimmbar waren. Es gibt Beispiele von Tontafeln, wo babylonische Schreiber Berechnungsfehler begangen hatten, weil sie nicht die Leerstelle beachtet hatten, die für die Darstellung einer nicht besetzten Stelle notwendig war.

2 Zahlzeichen und Zahlensysteme

2.1 Einführung

Im ersten Kapitel haben wir die Herausbildung eines Zahlbegriffs und eines Zahlensystems im historischen Fall der Kulturen in Mesopotamien darstellen können. Jetzt soll dieser Prozess, vom Zählen bis zur Bildung von Zahlensystemen systematischer untersucht werden, als Grundlage für die Entwicklung von Arithmetik und Algebra und für den Algebraisierungs-Prozess.

Der französische Philosoph und Erkenntnistheoretiker Etienne Bonnot de Condillac (1714–1780) hat in seinem Buch *La Langue des Calculs,* posthum 1799 publiziert, eine erste genetische Rekonstruktion der Entwicklung des Zahlbegriffs erarbeitet, in vier Stufen:

- Die erste Phase ist eine vollständig empirisch bestimmte: man zählt Mengen mit den *Fingern,* als Folge von Einheiten – zunächst nur für einen selbst. So werden auch die ersten Grundoperationen ausgeführt, die Addition und die Subtraktion.
- die zweite Phase ist durch den Übergang zu *Namen* gekennzeichnet: nur mit den Fingern wird es schwierig, mit größeren Mengen zu operieren. Es ist einfacher, mit Namen zu operieren als mit den Fingern. Größere Mengen können erfasst werden. Der Übergang von den Fingern zu Namen als einer ersten Form von Zeichen ist bildet für Condillac schon eine wesentliche Bedingung für die Entstehung der Algebra: als Deontologisierung, als Abstraktion von empirischer Bedeutung (Condillac 1981, 48 f.).
- Die dritte Phase besteht in der Entwicklung von *Zeichen.* Operieren mit Namen wird für große Zahlen beschwerlich und es erfolgt die Ersetzung der Namen in Worten durch einfachere Zeichen, durch Symbole. Die Erfindung dieser Symbole wird vorbereitet durch die Benutzung von *cailloux,* von Rechensteinen. Durch ihre verschiedenen Formen symbolisieren sie bereits die Zusammenfassung von Einheiten zu Gruppen. Sie bilden also die Grundlage für Zahlensysteme. Diese Phase bedeutet den Ursprung der (zeitgenössischen) Arithmetik.

© Der/die Autor(en), exklusiv lizenziert durch Springer Nature Switzerland AG 2021

G. Schubring, *Geschichte der Mathematik in ihren Kontexten,* Mathematik Kompakt,
https://doi.org/10.1007/978-3-030-69483-8_2

- Die vierte Phase besteht schließlich in der Herausbildung der Algebra, dem Übergang von Zeichen für Zahlen zu *quantités littérales,* zu Buchstabengrößen (ibid., 275).

Diese genetische Systematisierung beruhte nicht auf historischen Forschungen; man kann sie als eine „rationale Rekonstruktion“ im Sinne von Lakatos ansehen. Tatsächlich gibt es keine Möglichkeit, die Abfolge der ersten Phasen mit historischen Belegen zu dokumentieren. Einen gewissen Zugang kann man jedoch mithilfe ethnomathematischer Forschungen gewinnen.

2.2 Ergebnisse der Ethnomathematik

Paulus Gerdes hat in seinem Buch zur Numeration in Afrika zuverlässige Forschungen von Ethnologen zu Condillacs ersten zwei Phasen bei Bantu-Ethnien dokumentiert und analysiert. Bereits die Praktiken zum Fingerrechnen zeigen Unterschiede.

Die Fingerpositionen, die von den Makonde (in Moçambique) für das Anzeigen von Zahlen benutzt werden, zeigen die Praxis einer Fünfer-Bündelung (Abb. 2.1). Die Positionen, wie sie von den Shambaa (in Tanzania und Kenia) praktiziert werden, zeigen einen Vorrang für Zweier-Bündelungen (Abb. 2.2).

Es muss hier auf die Fragwürdigkeit vieler von Nicht-Spezialisten durchgeführten Befragungen von indigenen Ethnien über deren Zahlbegriffe hingewiesen werden. Viele dieser Erhebungen mögen in bestem Wissen durchgeführt worden sein, aber ohne methodische Erfahrungen und ohne notwendigerweise gerade die für mathematische Praktiken notwendigen Kenntnisse zu besitzen. Gerdes hat als einen von mehreren Fällen, in denen Bantu-Sprachen „Armut“ im Zahlbegriff attestiert wurde, eine Darstellung von Jesuiten-Missionaren zum Zählen in der Sprache Nyanja der Cinyanja-Ethnie analysiert. Es hieß in deren Publikation einer Grammatik dieser Sprache:

> „Der Cinyanja, sehr arm im Zählen, erreicht [im Zählen] nur bis zur fünf (+*sanu*)“ (Gerdes 1993, 59; meine Übers.).[1]

Wie der weitere Text zeigt, besteht die „Armut“ dieser Sprache darin, dass es eigene Zahlwörter nur für eins (*modzi*), zwei (*wiri*), drei (*tatu*), vier (*nai*) und fünf (*sanu*) gäbe, dass aber die Cinyanja durchaus nicht bei fünf mit dem Zählen aufhören mussten, sondern sehr wohl größere Zahlen benennen konnten: und zwar interessanterweise auf der Grundlage der Basis fünf. Das heißt die sechs wurde als $5+1$ benannt, *sanu ndi+modzi;* die sieben als $5+2$, *sanu ndi+wiri,* bis neun, *sanu ndi+nai.* Für die zehn gab es aber, von den

[1] O cinyanja, muito pobre na numeração, chega só até cinco (+sanu). Die Ethnie lebt im Norden von Mocambique.

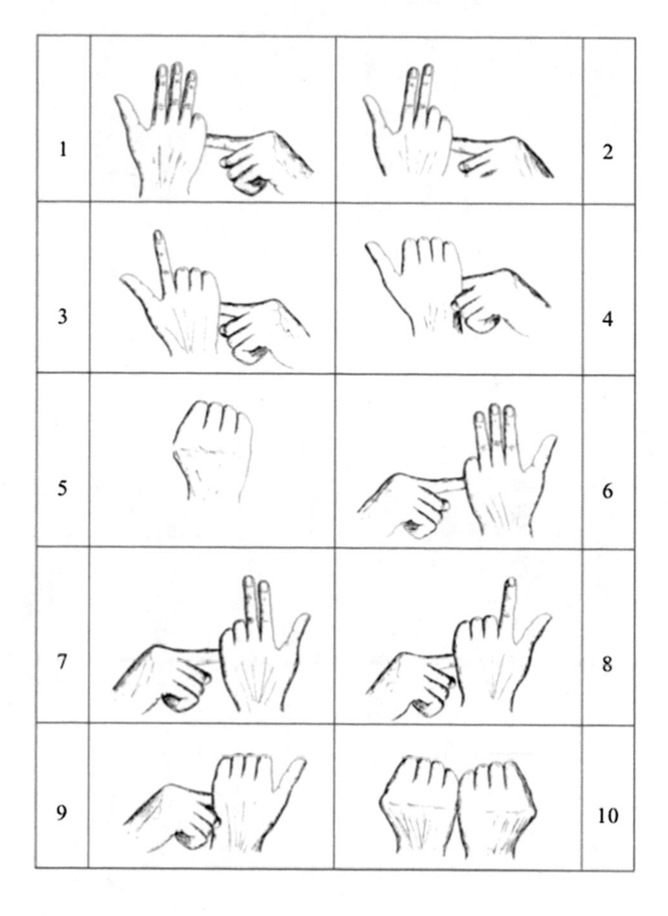

Abb. 2.1 Zählen mit den Fingern bei den Makonde (Gerdes 1993, S. 22; nach Guerreiro 1966)

Missionaren nicht verstanden, einen neuen Zahlennamen: *khumi*. Und die zwanzig wurde multiplikativ gebildet: als zweimal zehn, *makumi awiri* (ibid., S. 58).

Den Missionaren war es in ihrer mathematischen Bildung entgangen, dass Zahlensysteme nicht notwendigerweise ein Dezimalsystem sein müssen.

Dieses Beispiel einer Entstellung der mathematischen Praktiken afrikanischer Ethnien führt uns zugleich zur Ausbildung von Stellenwertsystemen. Obwohl es zunächst als selbstverständlich erscheint, dass die Menschheit aufgrund der zehn Finger der beiden Hände generell von einem Zehnersystem ausgegangen sei, zeigen Beispiele afrikanischer Ethnien, dass es keine solche Allgemeinheit gegeben hat. Ein solches Beispiel ist die Ethnie der Bulanda (Westafrika), für die die Zahl sechs die Basis bildet (Abb. 2.3):

Eine Tabelle der Zahlwörterbildungen in den meisten der in Moçambique gesprochenen Bantu-Sprachen zeigt die Vielfalt der Wort-Bildungen, mit einer Dominanz des Zehnersystems, das aber in sich vielfach differenziert ist. Eine Gruppe benutzt eigene

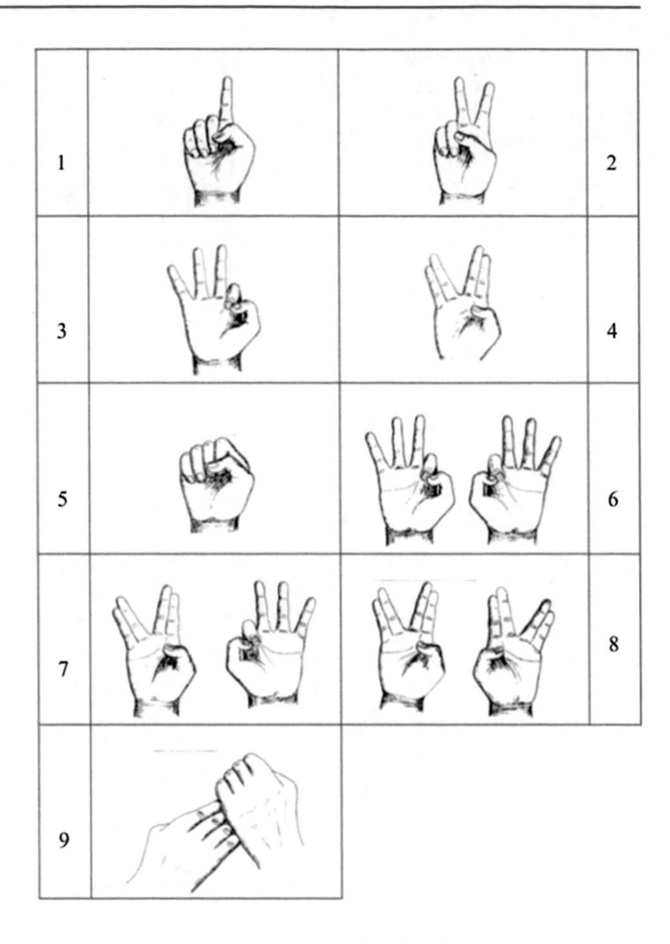

Abb. 2.2 Zählen mit den Fingern bei den Shambaa (Gerdes 1993, S. 23; nach Schmidl 1915)

Abb. 2.3 Zahlwörter der Bulanda (Gerdes 1993, S. 13; nach Schmidl 1915, S. 192)

	numeral	estrutura
6	*gfad*	6
7	*gfad nign foda*	6+1
8	*gfad nign sibn*	6+2
9	*gfad nign habn*	6+3
10	*gfad nign tasila*	6+4
11	*gfad nign kif*	6+5
12	*gfad nign fad*	6+6

Zahlworte für alle Zahlen von 1 bis 9 und fährt dann mit einer multiplikativen Bildung der Zehner fort; die größere Gruppe bildet die Einer ab 6 mit der Basis 5 und bildet dann die Zehner ab 50 in verschiedenen Formen auf der Basis von 50 – also als Varianten von Fünfer-Systemen (Abb. 2.4).

<table>
<tr><td></td><td></td><td colspan="5">Numerais</td></tr>
<tr><td></td><td></td><td>6, 7, 8, 9</td><td>20, 30</td><td>40, 50</td><td>60, 70, 80</td><td>90</td></tr>
<tr><td>Base 10</td><td>Swahili
Còti
Nyungwe
Sena
Shona /
Ndau
Zulu</td><td>Forma simples</td><td colspan="4">10xF</td></tr>
<tr><td rowspan="3">Base 10 com base auxiliar 5</td><td>Makonde
Yao
Makhuwa
Lolo
Chuwabo
Nyanja /
Cheua
Senga</td><td rowspan="3">5+P</td><td colspan="2">10xF</td><td colspan="2">10x5 + 10xf</td></tr>
<tr><td>Tshwa
Tsonga /
Changana</td><td rowspan="2">10xF</td><td rowspan="2">Fx10</td><td rowspan="2">5x10
+
10xf</td><td>5x10+4x10
ou
(5+4) x10</td></tr>
<tr><td>Gitonga
Chope
Ronga</td><td>5x10+4x10</td></tr>
</table>

Abb. 2.4 Zahlwort-Strukturen von Bantu-Sprachen in Moçambique (ibid., S. 147)

2.3 Die historischen Zahlensysteme

Im ersten Kapitel haben wir schon die Herausbildung des sexagesimalen Zahlensystems in *Mesopotamien* kennengelernt. Es hat eine hohe Langlebigkeit bewiesen. Noch heute benutzen wir es in Europa, für bestimmte Größen wie Zeitmessung und Gradmessung. Die Anstrengungen in der Französischen Revolution, alle Größen dezimal auszudrücken haben sich nicht durchsetzen können. In arabisch-islamischen Ländern war das sexagesimale System noch im 19. Jahrhundert weithin verbreitet (Abdeljaouad 1981, S. 82).

Es soll näher dargestellt werden, wie im sexagesimalen System operiert werden kann. Die folgende Tabelle zeigt die Konvertierung der Keilschriftsymbole in die bei Assyriologen übliche Transkription und in das Dezimalsystem, unter der Annahme, dass alle Zahlen ohne „floating" bei 60^0 einsetzen (Tab. 2.1).

Es folgt dagegen jetzt eine Tabelle, die die Vieldeutigkeit des sexagesimalen System zeigt: aufgrund des „floating" Charakters der jeweiligen Stellen ergeben sich sechs verschiedene Dezimalzahlen für zwei Keilschrift-Zahlzeichen (Tab. 2.2).

Tab. 2.1 (nach Roque 2012, S. 52).

Keilschrift	Transkription	dezimaler Wert
	1;15 = 1 x 60 + 15	75
	1;40 = 1 x 60 + 40	100
	16;43 = 16 x 60 + 43	1003
	44;26;40 = 44 x 3600 + 26 x 60 + 40	160000
	1;24;51;10 = 1 x 216000 + 24 x 3600 + 51 x 60 + 10	2;0;0

Tab. 2.2 (nach Roque 2012, S. 54).

Dezimaler Wert	Konvertiert in sexagesimale Schreibweise	Transkription	In Keil-schrift
2	2	2	
61	1 x 60 + 1	1;1	
120	2 x 60 + 0	2;0	
3.601	1 x 3.600 + 0 x 60 + 1	1;0;1	
7.200	2 x 3.600 + 0 x 60 + 0	2;0;0	
216.001	1 x 216.000 + 0 x 3.600 + 0 x 60 + 1	1;0;0;1	

Brüche konnten ebenfalls in sexagesimaler Weise geschrieben werden; das Zeichen konnte daher auch, z. B., 60^{-1} bedeuten.

Das *ägyptische* Zahlensystem war ein Zehnersystem, ohne eine Null. Die Zehnereinheiten von der ersten bis zur sechsten Potenz wurden mit einem eigenen Zeichen geschrieben; der Name jedes dieser Zeichen hatte eine konkrete Referenz: 1 als Strich, 10 als Fußknochen, 100 als Messleine, 1.000 als Lotosblume, 10.000 als Finger 100.000 als Kaulquappe und 1.000.000 als ein Gott mit erhobenen Armen (Abb. 2.5).

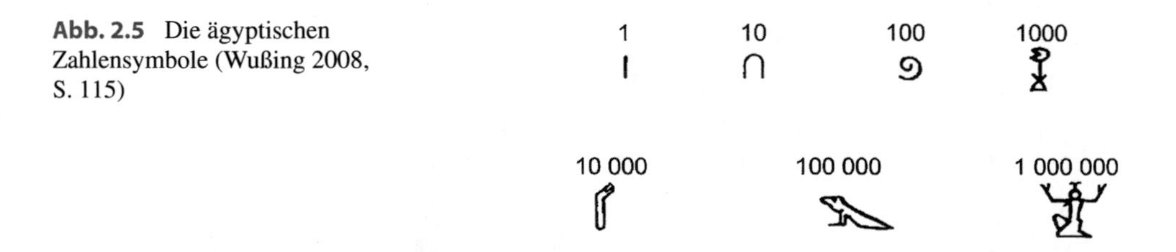

Abb. 2.5 Die ägyptischen Zahlensymbole (Wußing 2008, S. 115)

Die Schreibweise der Einheiten erfolgte von rechts nach links; die Zahlen wurden additiv geschrieben – z. B. 30 als drei Fußknochen (siehe Abb. 2.6).

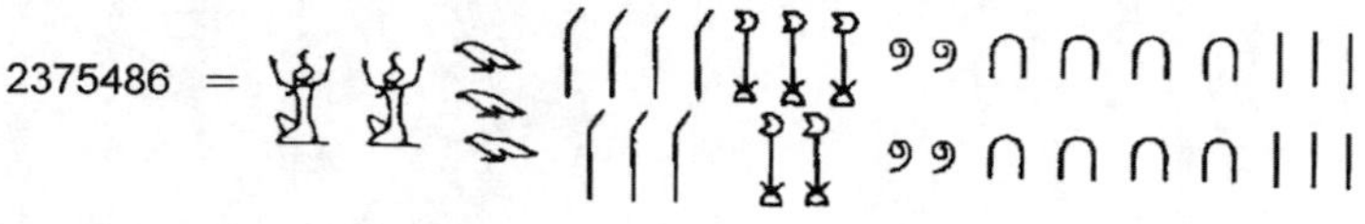

2375486 =

Abb. 2.6 Beispiel für die ägyptische Schreibung einer Zahl (Wußing 2008, S. 115)

Brüche konnten damit auch geschrieben werden: für einige Brüche gab es eigene Zeichen, nämlich für ½, 1/3, ¼ und 2/3. Die übrigen Brüche wurden geschrieben: mit einem Oval über den Zahlzeichen und darunter die Zahlen des Nenners. Die Brüche wurden, mit Ausnahme von 2/3, nur als Einheitsbrüche benutzt – mit eins im Zähler (siehe das folgende Kapitel).

Das *griechische* Zahlensystem war gleichfalls dezimal, und auch ohne eine Null. Das gebräuchlichste System war das sog. von Milet. Die Zahlen wurden mit den Buchstaben des Alphabets geschrieben – auch, zur Unterscheidung von Worten, mit einem darüber gesetzten Querstrich. Da das griechische Alphabet nur 24 Buchstaben hat, für die ersten drei Grundeinheiten aber 27 Zeichen benötigt wurden, wurden drei Zeichen aus einem vorklassischem Alphabet eigesetzt: für 6 (Digamma), 90 (Koppa) und 900 (Sampi) (Abb. 2.7).

α	β	γ	δ	ε	ς	ζ	η	θ	
1	2	3	4	5	6	7	8	9	
ι	κ	λ	μ	ν	ξ	ο	π	ϟ	
10	20	30	40	50	60	70	80	90	
ρ	σ	τ	υ	φ	χ	ψ	ω	ϡ	
100	200	300	400	500	600	700	800	900	
͵α	͵β	͵γ	͵δ	͵ε	͵ς	͵ζ	͵η	͵θ	
1000	2000	3000	4000	5000	6000	7000	8000	9000	

Abb. 2.7 Das griechische Zahlensystem von Milet (nach Menninger 1934, S. 200)

Für die Tausender wurden wieder die ersten Buchstaben des Alphabets eingesetzt, wie für 1 bis 9, aber mit einem links unten gesetzten Beistrich (siehe Abb. 2.6). Höhere Potenzen konnten gleichfalls geschrieben werden: 10.000 durch Vorsetzen eines M (Myriade), oder mit einem darüber gesetzten *alpha* falls noch weitere Potenzen geschrieben wurden: $\overset{\alpha}{M}$, und entsprechend $\overset{\beta}{M}$ für 100.000, etc. Brüche wurde als Einheitsbrüche geschrieben: die Zahl im Nenner wurde mit der entsprechenden Zahl geschrieben, mit einem Beistrich rechts oben. Archimedes hat in seiner Sandrechnung, in der er zeigte, dass die Anzahl der Sandkörner im Kosmos endlich ist, eine Schreibweise für immens große Zahlen angegeben, die der Zahl $10^{8\cdot 10^{16}}$ entsprechen.

Beim *römischen* Zahlensystem handelt es sich um eine additive Zahlenschrift, in der bestimmte Zahlen auch subtraktiv geschrieben werden, aber ohne ein Stellenwertsystem und ohne ein Zeichen für null. Die Basiszahlen sind 5 und 10. Gerechnet wurde auf dem Abakus, dem Rechenbrett. Es ist auch ein „Hand-Abakus" erhalten – für den auf dem Felde tätigen Agrimensor (Abb. 2.8).

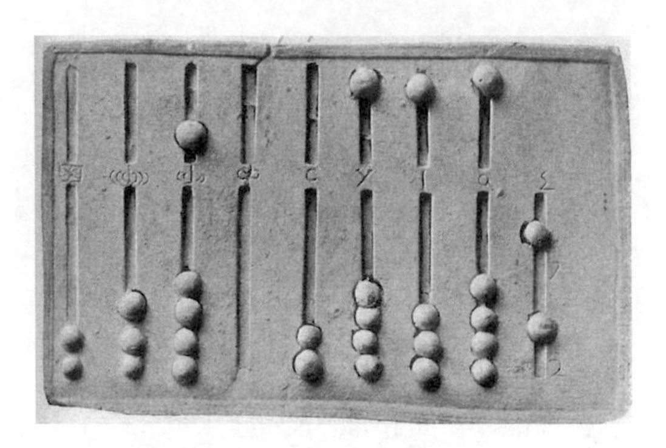

Abb. 2.8 Römischer Handabakus (Menninger 1934, S. 227)

Auf einem Abakus-Blatt kann man leicht Additions-, Subtraktions- und Multiplikationsaufgaben ausführen (Abb. 2.9).

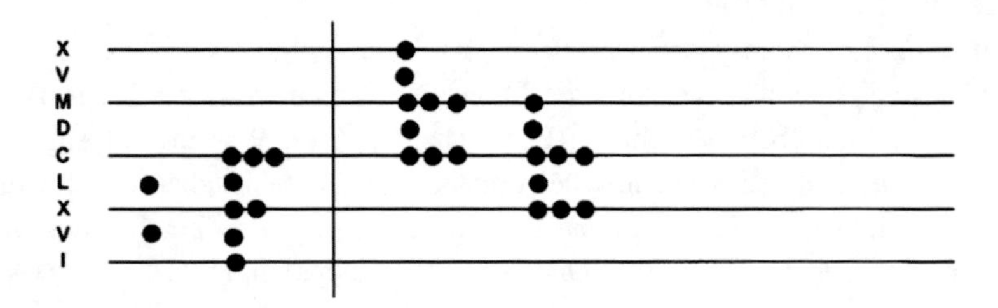

Abb. 2.9 Lösung einer Multiplikationsaufgabe (siehe Aufgabe 4)

Als letztes Zahlensystem soll hier das der *Maya* dargestellt werden, obwohl es nur zu einem kleinen Anteil noch zum Altertum gehört: einerseits weil es die Zahlensysteme des Altertums um ein relevantes System erweitert, mit bemerkenswerten Eigenschaften, und andererseits weil häufig missverständliche oder unzutreffende Aussagen in der Literatur zu finden sind. Die Mathematik der Maya ist auch historisch von besonderer Bedeutung, weil die Mathematik bei diesem Volk in außergewöhnlich hoher Achtung stand; in der Tat beruhte der ganze Lebensrhythmus, mit dem ausgeklügelten Kalendersystem und den Kalenderzyklen auf intensiver Anwendung der Mathematik. Es gab hier einen Gott der Mathematik (Abb. 2.10).

Die Mayas haben ihr Zahlensystem entwickelt, um Datierungen in Tagen mit ihrem speziellen Kalendersystem genau angeben zu können. Dieses bestand aus zwei verschiedenen Zyklen: der „sacred round", bestehend aus 13 Monaten zu 20 Tagen und der „vague round", dem Sonnenjahr aus 18 Monaten zu 20 Tagen.[3] Beide Zyklen trafen nach 52 Jahren zusammen, in der sogenannten „Compte Long" (Cauty 2017, S. 37) – dies bedeutete einen essentiellen Einschnitt für die Maya: das Ende der ihnen von den

[3] In außerordentlich genauen astronomischen Bestimmungen haben die Mayas diesen 360 Tagen noch circa $5^1/_4$ Tage hinzugefügt – genauer als der Julianische Kalender.

Abb. 2.10 Der Gott der Mathematik gibt Unterricht, und „spricht“ Mathematik[2]

Göttern gewährten Existenz-Periode. Zur Weiterführung einer weiteren Periode mussten die Götter durch ein Menschenopfer gnädig gestimmt werden. Als Beginn ihrer Zeitrechnung haben sie das Jahr 3114 v. u. Z. angegeben: 4 Ahau 8 Cumku. Die Mayas haben eine Notation der Zahlen mit vielfachen Varianten benutzt: eine rein additive (mit Punkten), die am besten bekannte additiv-repetitive mit Punkten und Balken, und eine Vielzahl ikonischer Formen – zumeist *kephalomorph* (ibid., S. 63).

Das Zahlensystem der Maya zeichnet sich durch die explizite Nutzung der Null aus; die früheste gesicherte Datierung für die Nutzung der Null sind Stelen aus dem Jahr 357 (ibid., S. 67). Die Maya haben die Null in zwei verschiedenen Bedeutungen genutzt: als ordinale Null – zur Angabe einer Ordnung, in Datierungen – und als kardinale Null – zur Angabe einer Dauer. Darüberhinaus wurde die Null in zwei verschiedenen Formen genutzt: für die Angabe einer Position, im senkrechten Positionssystem, oder in der Form der „disposition“: horizontal – und dort wurde das Zahlzeichen verbunden mit dem Zeichen für die Stelle im Positionssystem (ibid., S. 68). Und schließlich gibt es noch die Differenzierung danach, in welchem Kontext die Null verwendet wurde: auf Bauwerken wurden zumeist kephalomorphe Formen benutzt, in Codices und auf Stelen sind es dagegen vorrangig zwei Formen: in der spitzen Form eines Messers oder in einer ovalen Form – muschelartig. Diese beiden Formen waren Symbole des Todes oder der Wiederherstellung und versinnbildlichten so die Idee der Vollständigkeit oder einer Vollendung (ibid., S. 67).

Die Zahlzeichen für die ersten 20 Zahlen waren (Abb. 2.11):

---

[2] Kimbell Art Museum (Fort Worth, Texas).
https://commons.wikimedia.org/wiki/File:Maya_Codex-Style_Vessel_with_two_scenes_3_Kimbell.jpg

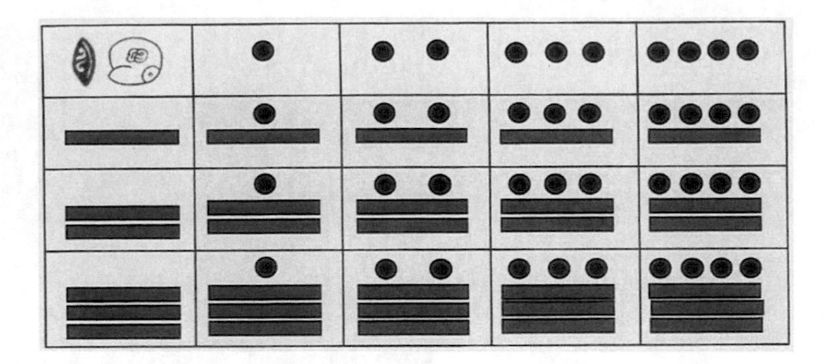

Abb. 2.11 Die ersten zwanzig Zahlzeichen der Maya, mit der ordinalen Form der Null (Cauty 2017, S. 68)

Das Positionssystem der Maya wird oft fälschlich als generell „rein" vigesimal in Publikationen dargestellt (Abb. 2.12a). Tatsächlich ist aber in den Kalendersystemen die Grundeinheit ein *tun,* also 20×18, die dritte Einheit ist also nicht 20^3, sondern 18×20^2 (siehe Abb. 2.12b).[5]

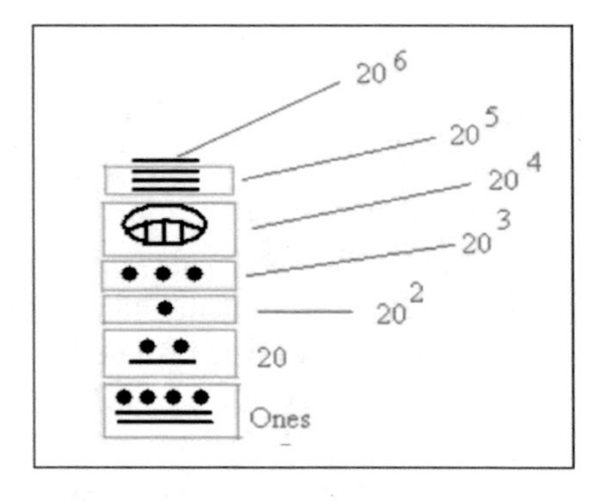

Abb. 2.12a Positionssystem der Maya laut einer Wikipedia-Seite:[4] https://www.basic-mathematics.com/mayan-numeration-system.html

2 ×	7 200		6 ×	7 200
13 ×	360		12 ×	360
7 ×	20	oder		0
14 ×	1			0
19 234			47 520	

Abb. 2.12b Zwei Beispiele des Maya-Zahlensystems (Wußing 2008, S. 31)

[4] Im Text dieser Seite wird auch die Praxis der Einheit 20×18 erwähnt – eindrücklich mit Graphik wird aber nur das vigesimale System dargestellt.

[5] Bislang sind keine Zahlenangaben aus anderen Kontexten gefunden worden, sodass man keine Dokumentation einer rein vigesimalen Nutzung hat (Mitteilung von André Cauty).

Schließlich hier noch ein Beispiel der Umrechnung der Angabe einer Dauer in Tagen, aus dem „vigesimalen“ Kalendersystem in dezimale Zahlen (Abb. 2.13).

			tun	;		kin
	9	12	2	;	0	16
	+	1	17	;	17	4
				;	1	~~20~~
			1	;	~~18~~	0
		1	~~20~~	;	0	0
=	9	14	0	;	0	0

20 kin = 1 uinal 0 kin	**9. 9.12.2;0.16.** = 1 383 136
18 uinal = 1 tun 0 uinal	**1.17;17.4.** = 13 664
20 tun = 1 katun 0 tun	**9.14.0;0.0.** = 1 396 800

Abb. 2.13 Beispiel der Umrechnung einer Maya-Datierung (Cauty 2017, S. 97)

2.4 Aufgaben

1. Üben Sie mit Ihrem Fingern, einem Partner die Zahlen wie in den Figuren 10 und 11 anzuzeigen.
2. Sexagesimales System: Führen Sie in diesem System die folgenden Aufgaben aus:
   (a) $1;59+1=$
   (b) $0,40+0,27=$
   (c) $2;30,4;38-40,5;15=$
   (d) $4\times 20=$
   (e) $48;32\times 3=$
   (f) $1,30\colon 3=$
   (g) $23;18\colon 3=$
3. Griechisches Zahlensystem von Milet:

$$\begin{array}{lll} & \overset{\delta}{M}\overset{\alpha}{M}\ ,\beta\,,\alpha & \\ \sigma\xi\varepsilon & \overset{\alpha}{M}\,,\beta\,,\gamma\chi\ \tau & \overset{\zeta}{M}\sigma\kappa\varepsilon \\ \sigma\xi\varepsilon & & \\ & ,\alpha\ \tau\ \kappa\varepsilon & \end{array}$$

   Transkribieren Sie diese Multiplikationsaufgabe in dezimale Schreibweise. Die beiden Zeilen in der linken Spalte geben die zu multiplizierenden Zahlen an, die Zahlen in der mittleren Spalte geben die Teilprodukte, und die rechte Spalte das Resultat.
4. Römische Multiplikation: Führen Sie die in Abb. 2.8 angezeigte Multiplikationsaufgabe auf einem Abakus-Blatt aus: in den einzelnen Schritten der Teilprodukte und versuchen dann in deren Zusammenfassung die dort angezeigte Endfigur zu erreichen.

3 Die frühen Hochkulturen

3.1 Einführung

Typischerweise war der Aufbau von Büchern der traditionellen Geschichtsschreibung, grob gesagt, die folgende: nach einer kurzen Einführung über Mesopotamien und Ägypten bestand der erste Hauptteil in einer ausführlichen Darstellung der griechischen Mathematik, als dem Modell einer deduktiven Mathematik. Dann erfolgte bereits ein großer Sprung in die Neuzeit in Europa: nach eventuellen Verweisen auf die Araber, die die griechische Mathematik „bewahrt" und dem modernen Europa tradiert hätten – hin zu Viète und Descartes und den weiteren Errungenschaften der modernen Mathematik. Diese Sichtweise ist in den letzten Jahrzehnten zunehmend als Euro-Zentrismus kritisiert worden; es wurde eine Geschichtsschreibung gefordert, die der Vielfalt der die Mathematik entwickelnden Kulturen gerecht wird. Ein paradigmatisches Beispiel für die Absage an eine euro-zentrische Geschichtsschreibung ist das drei-bändige Werk von Martin Bernal *Black Athena: the Afroasiatic roots of classical civilization* (1987–2006), das intensive Debatten ausgelöst hat. Während dieses Werk gut dokumentierte Analysen zu insbesondere ägyptischen Ursprüngen der griechischen Mathematik publiziert hat, sind andere Kritiken nicht frei von der Gefahr geblieben, den Euro-Zentrismus durch einen alternativen Zentrismus zu ersetzen – etwa einen Indio-Zentrismus oder einen Sino-Zentrismus. Als Beispiel dafür ist das Buch von George Gheverghese Joseph *The crest of the peacock: non-European roots of mathematics* (1991)[1].

In diesem Buch soll der Pluralität der beitragenden Kulturen im, hier gegebenen knappen Raum Rechnung getragen werden. Charakteristischerweise sind die frühen

[1] Siehe die Besprechung des Buches von Jens Høyrup in: Mathematical Reviews 2016, MR1121263, 92 g: 01.004.

© Der/die Autor(en), exklusiv lizenziert durch Springer Nature Switzerland AG 2021

G. Schubring, *Geschichte der Mathematik in ihren Kontexten,* Mathematik Kompakt,
https://doi.org/10.1007/978-3-030-69483-8_3

Hochkulturen an großen Flüssen entstanden: dem Indus, zwischen Euphrat und Tigris, entlang des Nil und des Jangtse. Die Flusstäler ermöglichten eine relativ stabile und produktive Landwirtschaft und damit eine Sesshaftigkeit, die die Voraussetzung kultureller Entwicklungen bildete.

3.2 Die Indus-Kultur

Die bronzezeitliche Indus-Kultur gehört zu den ältesten Hochkulturen. Ausgeprägt vor allem in den beiden Städten Harappa und Mohenjo-Daro, entlang des Indus gelegen, wird ihre Blütezeit i. A. auf den Zeitraum von 2.800 bis 1.800 v. u. Z. angesetzt. Die Kultur umfasste Bereiche des heutigen Pakistan, von Afghanistan und von Indien. Außer den beiden Zentren sind über 100 Städte der Kultur identifiziert worden, alle mit einer einheitlichen, geometrischen Struktur und einer übereinstimmenden Architektur. Die Schrift dieser Kultur ist bislang nicht entziffert worden – auch weil die Schriftzeugnisse jeweils nur ganz kurze Texte sind. Die Kultur ging nicht durch Invasionen zugrunde, sondern durch eine Enturbanisierung – die Städte wurden von ihren Bewohnern verlassen. Als Ursache werden klimatische Veränderungen angenommen.

Insgesamt ist diese Kultur noch wenig erforscht, viel weniger als die parallelen Kulturen in Ägypten und Mesopotamien. Entsprechend wenig professionell erforscht ist die Entwicklung der Mathematik in dieser Kultur. Es wird nur von einem präzise ausgebildeten System von Einheiten für das Messen von Längen, Massen und Zeiten berichtet (siehe Danino 2008) – ohne Analysen zum benutzten Zahlensystem und geometrischen Konzepten.

Aufgrund des Mangels an professioneller Erforschung der Mathematik-Geschichte dieser Kultur besteht hier die Gefahr nationalistischer Übertreibungen des in dieser Kultur erreichten Entwicklungsstandes.

3.3 Die mesopotamischen Kulturen

3.3.1 Neue methodische Ansätze und Ergebnisse

In den letzten Jahrzehnten ist eine Re-Konzeptualisierung der Mathematikgeschichte dieser Kulturen erfolgt. Seit den Analysen von mathematischen Keilschriften ab den 1920er Jahren war sie geprägt von Interpretationen von Mathematikern wie Otto Neugebauer und Abraham Joseph Sachs. Die Mathematik vor allem der altbabylonischen Periode wurde „übersetzt" in die Begrifflichkeit der heutigen Mathematik, vor allem als algebraische Mathematik. Seit den 1980er Jahren hat sich jedoch ein grundlegender Wandel vollzogen, vor allem durch die Arbeiten von Jens Høyrup; der neue Ansatz ist markant in seinem Buch *Lengths, widths, surfaces* (2002) expliziert.

Anstatt mathematische Praktiken als heutige Mathematik darzustellen und sie gar als algebraische Konzepte zu übersetzen, besteht die Herausforderung für den Historiker darin, die Ausdrücke mit den zeitgenössischen Mitteln und Begrifflichkeiten zu rekonstruieren. Mit diesen Mitteln zeigte er, dass die angenommenen algebraischen Gleichungen bei den Babyloniern *cut-and-paste*-Prozeduren waren – zur Umformung geometrischer Objekte (Høyrup 2002, S. 50).

Ein wesentliches Mittel dieses Ansatzes besteht darin, die Sprache der Texte ernst zu nehmen und deren Aussagen nicht in angenommene moderne Äquivalente umzuformulieren, von Høyrup als „conformal translation" bezeichnet (ibid., S. 40 ff.). Zugegebenermaßen sind die so erarbeiteten Übersetzungen der in Akkadisch geschriebenen Texte nicht leicht zu verstehen – aber man muss sich dieser Anstrengung unterziehen, um sich in die damalige Begrifflichkeit hineindenken zu können.

Ein wichtiges Resultat dieser hermeneutischen Übersetzungskonzeption besteht in der Aufdeckung, dass die Babylonier keineswegs „unsere" vier arithmetischen Grundoperationen praktizierten, sondern andere, differenziertere: so gab es nicht eine, sondern vier verschiedene als Addition verstehbare Operationen – und zwei Arten von Subtraktionen. Als „Multiplikationen" lassen sich ebenfalls vier verschiedene Operationen verstehen. Ein Grund der Differenziertheit liegt in Unterschieden zwischen Zahlen und Größen (ibid., S. 19 ff.) Ein Äquivalent zur Division als allgemeiner Operation gab es nicht – aufgrund des sexagesimalen Zahlensystems konnten nur „reguläre" Zahlen dividiert werden, also solche Zahlen, deren reziproke Zahl Teiler einer Potenz von 60 ist, d. h. Zahlen der Form $2^m 3^n 5^r$, mit m, n und r ganze Zahlen (ibid., S. 27 f.).

Die in Kap. 1 dargestellten Ergebnisse zu der Vielzahl der rekonstruierten quasi-sexagesimalen Zahlensysteme bilden gleichfalls ein eindrucksvolles Beispiel der neuen Methodologie: nicht mehr von der Existenz eines einzigen, in allen Perioden Mesopotamiens benutzten sexagesimalen Systems auszugehen – und damit „Abweichungen" nicht interpretieren zu können, sondern nach einer stimmigen Relation der gefundenen Größen-Repräsentationen und deren Beziehungen zu suchen.

Die gleichfalls im Kap. 1 dargestellten gemeinsamen Forschungsergebnisse zur Geschichte der Mathematik und der Schriftsprache, dass *numeracy* und *literacy* gemeinsam, als Elemente des gleichen Prozesses – des staatlichen Verwaltungshandelns – entstanden sind, bilden weitere eindrucksvolle Belege für die neuen Forschungsansätze.

3.3.2 Die Ausbildungs-Einrichtungen

Die neuen Ansätze haben verstärkt, dass Mathematikgeschichte eine Analyse des Kontextes erfordert, in dem die Mathematiker handeln. Für die Geschichte der mesopotamischen Mathematik bildet daher die *edubba* einen besonderen Fokus der neueren Forschungen, also der Institution zur Ausbildung der Schreiber, der Spezialisten in *numeracy* and *literacy.*

Schulen zur Ausbildung dieser Professionellen bestanden seit den ersten Perioden der staatlichen Entwicklung in Mesopotamien, in Uruk, Sumer, Akkad und Ur III. Am besten erforscht ist deren Praxis für die alt-babylonische Periode (18. bis 16. Jahrhundert v. u. Z.). Das Curriculum dieser Ausbildung hat identifiziert werden können – strukturiert in drei Phasen: eine elementare, eine mittlere und eine fortgeschrittene (Bernard et al. 2014, S. 30 ff.). Es haben sich sogar verschiedene Typen von Keilschrifttafeln ermitteln lassen, die jeweils in einer der drei Ausbildungsstufen benutzt wurden (ibid., S. 33; Abb. 3.1).

Abb. 3.1 Keilschrifttafel aus Nippur, ca. 1.800 v. u. Z., elementare Phase (Bernard et al., S. 28)

Die meisten schulischen Keilschrifttafeln sind in der Stadt Nippur gefunden worden. Bei den Ausgrabungen konnten sogar einzelne Gebäude als Schulen identifiziert werden. Hier ist der Grundriß der edubba, benannt als „Haus F" (Abb. 3.2):

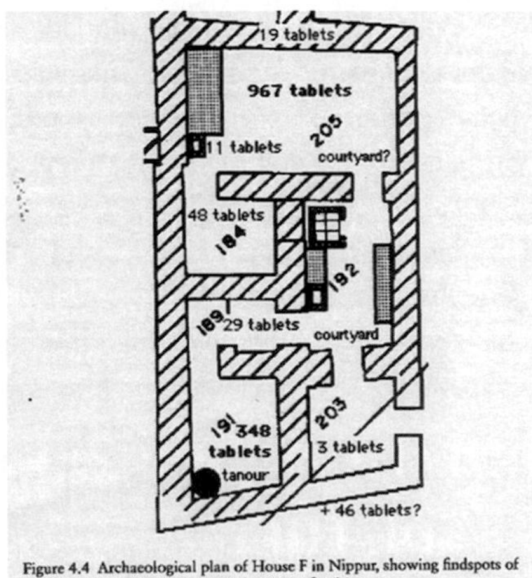

Figure 4.4 Archaeological plan of House F in Nippur, showing findspots of tablets and recycling bins. (Robson 2001c, fig. 3.)

Abb. 3.2 Grundriß einer *edubba* in Nippur (Robson 2003, S. 98)

3.3.3 „Gelehrte" Mathematik in den *edubba*

Traditionell sind die in den *edubba* produzierten Texte als didaktische Produktionen verstanden worden, für Ausbildungszwecke dienend. Neuere Forschungen haben aber herausgearbeitet, dass ein Teil einen Forschungs-Charakter aufweist.

Christine Proust hat die Beziehung zwischen Lehre und Forschung in den *edubba* in einem Kapitel mit dem aufschlussreichen Titel "Does a master always write for his students? Some evidence from Old Babylonian scribal schools" publiziert. In einem sorgfältigen Nachweis unterschiedlicher Typen mathematischer Keilschrifttexte hat sie gezeigt, dass es neben den rein didaktischen Texten auch andere gibt: während die Ausbilder die Lehrlinge anleiteten, vervollkommneten und entwickelten sie die bereits etablierten Praktiken der Arithmetik und Geometrie.

Sie hat die über 2000 bislang zugänglichen mathematischen Texte in zwei Gruppen klassifiziert: (1) Übungen geschrieben von jungen Schreibern während ihrer elementaren Ausbildung, und (2) „gelehrte" Texte, geschrieben von den *masters,* den Ausbildern. Zur ersten Gruppe gehören nicht nur stereotypische Texte, typische schulische Übungen, sondern auch nicht notwendigerweise „puerile" Texte: Unter den "elementaren" Texten befindet sich auch die Gruppe der metrologischen Tabellen und der Multiplikationstafeln. Diese Tabellen wurden möglicherweise nicht ursprünglich für den Unterricht erstellt, sondern für die Anwendung in der Praxis. Später wurden sie auch in den Unterricht eingeführt – wie in der heutigen Zeit die logarithmischen und trigonometrischen Tabellen.

Zu der Gruppe der gelehrten Texte gehören zunächst sog. Prozedur-Texte, also "lists of problem statements followed by their resolution and catalogues: lists of problem statements with no indication of their resolution" (Proust 2014, S. 72). Sie sehen so aus, als seien sie von den Ausbildern für die Schüler geschrieben worden; sie können aber auch anderen Zwecken gedient haben. Eine zweite Gruppe innerhalb dieses zweiten Typs sind die sogenannten Kataloge: Sammlungen von Problemen, die nur ihre Lösung angeben, aber ohne das Verfahren. Proust interpretiert sie als von den Meistern zur Klassifizierung und Anordnung des Wissens verwendet (ibid., S. 87). Die dritte Gruppe, schließlich wird von ihr als „texts written by masters for their peers" analysiert; diese Texte zeigen, dass die Schreiber der *edubba* auch „in der Lage waren, Projekte zu entwickeln, die nicht in direktem Zusammenhang mit ihren Lehraktivitäten stehen" (ibid.). Dies sind die *mathematical series texts,* die also auf mehreren numerierten Tafeln geschrieben waren und sehr lange Listen von Problemformulierungen enthalten.

The activities of masters included teaching and other objectives, such as communication between peers. These components are strongly interconnected, and yet they do not completely overlap. Developments in mathematics are the result of both the activity of teaching and interaction within a community of scholars.

Proust schließt, dass der bislang zugesprochene Ausbildungs-Kontext für die Produktion mathematische Keilschrift-Texte differenziert werden muss, in einen weiten Bereich unterschiedlicher Situationen, Anwendungen und Ziele. Ihre faszinierende Folgerung besteht in der Existenz einer „community of masters“, die Texte für ihre *peers* erarbeitet haben, und dies dank der Institutionalisierung der Schreiber-Ausbildung:

> In the Old Babylonian period, education went hand in hand with creative activity, supported by a very active milieu. [...] A network of long- distance links between the scribes seems to have existed, as shown by the similarities of the content of school tablets found through the Ancient Near East. These links between scribes, even far apart from each other, appear to have been sometimes stronger than the short links between scribal schools and local administration.

> [...] Old Babylonian scribal schools were the places where the learning of cuneiform writing and arithmetic took place, but some of them were also intellectual centers. Some texts, written by the students themselves clearly reflect elementary teaching activities, others, written by the masters, bear witness to the activity of teaching, while others still show communication between scholars" (Proust 2014, 92).

Proust hat in einer neueren Studie an Hand von zwei mathematischen Themen, reziproken Zahlen und der Nutzung von Koeffizienten, in *advanced* Texten die produktive Rolle der Ausbilder als Gelehrten noch vertieft (Proust 2019).

3.3.4 Plimpton 322

Eine Keilschrift-Tafel hat seit Jahrzehnten zu kontroversen Debatten über ihre Bedeutung geführt, seit der ersten Publikation von 1945: die sog. Tafel Plimpton 322, so benannt nach ihrer Katalogisierung in der Plimpton-Sammlung in der Columbia University, New York. Diese Tontafel stammt aus der alt-babylonischen Periode, datiert auf ca. 1.800 v. u. Z., und wurde illegal in Larsa in den 1920ern ausgegraben und in einer Auktion verkauft. Die gegenwärtige Dimension der Tafel ist 12,7 mal 8,8 cm, mit Zahlzeichen in vier Spalten und 15 Zeilen; ein Stück an der linken Seite ist abgebrochen, und da man dort Klebespuren gefunden hat, ab es immer die Hoffnung, das fehlende Stück noch in irgendeiner Sammlung zu finden (Abb. 3.3).

Die offensichtlich einer Logik folgenden Reihen von Zahlen in den Spalten hat vielfältige Interpretationen hervorgerufen, für längere Zeit in Termini moderner Mathematik: als zahlentheoretischer Text, als trigonometrische Tafel, als pythagoräische Tripel (siehe

Abb. 3.3 Die Tafel Plimpton 322 (Britton, Proust & Shnider 2012)

Robson 2001, S. 168).[2] Robson hat die bis dahin publizierten Interpretationen einer gründlichen und methodischen Kritik unterzogen, anhand von sechs expliziten Kriterien (ibid., S. 176).

Als Ergebnis wurden die bisherigen Interpretationen als nicht stichhaltig nachgewiesen, zugleich aber auch eine produktiv-mathematische Absicht negiert:

> "So whatever the scribe's aim, it was not simply to compile a complete list of Pythagorean triples. Nor is it convincing to label Plimpton 322 as "research mathematics" a sophisticated exercise in manipulating numbers for no other purpose than to satisfy idle curiosity" (ibid., S. 199).

Die eigene, auch schon zuvor von Anderen vorgeschlagene Erklärung ist die eines didaktischen Zwecks:

> „So we are left, as I mentioned at the beginning, with an educational setting for mathematical creativity: new problems and scenarios designed to develop the mathematical competence of trainee scribes. Despite the fact that very little OB mathematics is satisfactorily traceable to excavated schools, there is a good deal of supporting evidence contained in the artefacts themselves. One of the most obvious is they fall comfortably into an educational typology, broadly comprising teachers' output […] and students' output" (ibid., S. 200).

[2] Eine Transkription der sexagesimalen Zahlen gibt Robson (2001, S. 173), und eine dezimale Konvertierung (ibid., S. 175). Die Tafel enthält sieben Fehler; deren Liste und Erklärungen siehe Robson (2001, S. 175).

Sie ließ aber offen, welchen mathematischen Gegenstand der Lehrer mit seinen Schülern behandeln wollte: reziproke Paare oder eine geeignete Menge rechtwinkliger Dreiecke (ibid., S. 201 f.).

Diese gründliche und methodische Analyse ist aber ihrerseits einer Revision unterzogen worden: in einem Artikel von drei Forschern, die sich auf zwischenzeitlich publizierte neue Keilschrift-Funde stützen (Britton et al., 543 und 547). Gewisse Analogien in den neuen Funden nutzend zeigen sie damit, dass eine Grundbeziehung in den Zahlenreihen zwar nicht auf pythagoräischen Tripeln beruht, wie Neugebauer anachronistisch angenommen hatte, aber sehr wohl auf einer als „diagonal rule" re-definierten Beziehung der Strecken in einem rechtwinkligen Dreieck: $d^2 = l^2 + b^2$ (ibid., S. 522, 531). Sie zeigten zugleich, dass der Schreiber mit seiner Tafel unvollständig geblieben war. Durch genaue Analyse der im unvollendeten Teil implizierten Beziehungen und durch die Analogien gelang es den Autoren, nicht nur eine plausible Ergänzung der links fehlenden Spalten anzugeben, sondern auch eine vollständige Liste aller vom Schreiber intendierten Zeilen: in 38 Zeilen und 6 Spalten (ibid., S. 541). Die von Robson und von Friberg gegebene Interpretation als „teacher's aid" wird von den Autoren gänzlich abgelehnt. Für sie bildet die Tafel eindeutig eine Forschungsleistung, die *diagonal rule* verbindend mit der *cut-and-paste* Methode zur Vervollständigung von Quadraten:

> "Seen in this light P 322 appears to be an elucidation, and perhaps even celebration, of the discovery of the bridge between the Diagonal Rule and the method of completing the square. As such, the tablet and its composition seem a much more deeply mathematical undertaking than simply constructing a pedagogical aid" (ibid., S. 561).

Die Autoren schließen praktische Zwecke, insbesondere didaktische, nicht aus, aber:

> "That the author may have had other practical purposes in mind seems perfectly possible but also wholly speculative. What seems less speculative is that [...] P 322 reflects a high degree of mathematical sensibility which distinguishes both it and its author from the typical standard of everyday Old Babylonian mathematical practice" (ibid., S. 562).

Man darf sich für alle diese Entwicklungen keine ununterbrochenen Fortführungen vorstellen. Kennzeichnend für die meisten frühen Kulturen sind stets erneute Invasionen von Völkern, die häufig bestehende Zivilisationen zerstört haben. Wenig bekannt ist zum Beispiel, dass die altbabylonische Zivilisation und ihr Staat um etwa 1.600 v. u. Z. durch den Einfall der Kassiten beendet wurde, zugleich mit den kulturellen Institutionen wie den *edubba,* und eine Fortführung erst wieder in hellenistischer Zeit erfolgte.

3.4 Mathematik in Ägypten

Trotz der über 3.000 Jahre währenden Periode der Blüte der ägyptischen Kultur und trotz der mit den Pyramidenbauten erwiesenen hohen mathematischen Kompetenzen der Ägypter sind nur ganz wenige Dokumente über ihre mathematischen Kenntnisse erhalten geblieben. Im Gegensatz zur Dauerhaftigkeit der Tontafeln Mesopotamiens waren die in Ägypten benutzten Papyri nicht dauerhaft: praktisch nur in der Trockenheit der Wüste deponierte Papyri sind erhalten geblieben. Für diesen riesigen Zeitraum sind es faktisch nur drei größere Papyri, die erhalten geblieben sind – neben einer Leder-Rolle (1.650 v. u. Z.):

- der Reisner Papyrus (ca. 1.880 v. u. Z.; in Boston),
- der Moskau Papyrus (ca. 1.850 v. u. Z.), und
- der Rhind Papyrus (ca. 1.650 v. u. Z.), im British Museum, London (Roero 1994, S. 31).

Der Rhind Papyrus bildet den umfangreichsten Text. Diese erhaltenen Quellen beinhalten Sammlungen von Problemen, mit der Angabe ihrer Lösung, ohne methodische Reflexionen oder Kommentare. Auch in den Forschungen über die ägyptische Mathematik sind methodische Änderungen erfolgt. Wie Annette Imhausen gezeigt hat, ermöglicht die Einbeziehung des Kontextes der Aufgaben ein tieferes Verständnis der Aufgaben und der implizierten mathematischen Praktiken als der traditionelle rein interne Blick auf die Aufgabe und ihre Lösung (Imhausen 2003, S. 367 ff.). Sie hat anhand von verschiedenen Problemen aus den Papyri diese Methode erläutert, z. B. an sogenannten Brot-und-Bier-Problemen (ibid., S. 378).

Auch im Gegensatz zu Mesopotamien ist über die Ausbildung der Schreiber und über die Existenz von Schulen nur ganz wenig bekannt (Bernard et al. 2014, S. 37). So kann man dem Rhind Papyrus auch nicht entnehmen, welche Kenntnisse vorausgesetzt wurden und an welches Publikum er gerichtet war (ibid.). Es gibt sogar Hinweise, dass Unterricht in der Familie erfolgte oder im Meister-Lehrling-Verhältnis. So heißt es der Stele des Irtisen im Louvre:

> «Je connais les secrets des hiéroglyphes et le déroulement des rituels de fête, je maitrise toute la magie et rien ne m'en échappe. Je n'en révèlerai le procédé à personne, si ce n'est à mon propre fils ainé: le divin souverain m'a autorisé à le lui révéler» (Schubring 1984, S. 350).[3]

Die Pyramiden haben oft das Interesse des allgemeinen Publikums geweckt und zu phantasievollen Zuschreibungen geführt. So ist insbesondere die Cheops-Pyramide als Realisierung der Zahl π in den erdenklichsten Verhältnissen (z. B. in der Entfernung zum Mond) mystifiziert worden; Max Eyth, ein deutscher Ingenieur, der im 19. Jahrhundert in Ägypten für den Einsatz von dampfgetriebenen Maschinen in der Landwirtschaft tätig

[3] Irtisen gibt dort an, dass er insbesondere das Operieren mit Maßen und Gewichten beherrscht (Stèle de Irtisen, chef des artisans, in der Zeit des Königs Mentonhotep (2060–2010 v. u. Z.) Musée du Louvre, Paris).

war, hat dazu einen eigenen Roman geschrieben: *Der Kampf um die Cheopspyramide* (1902–1906).

An realen mathematischen Leistungen der Ägypter soll hier erwähnt werden:

- eine sehr gute Annäherung für die Zahl π. Eines der Probleme im Papyrus Rhind war es, die Fläche des Kreises zu berechnen: es wurde gefordert, ein Neuntel vom Durchmesser abzuziehen und den Rest zu quadrieren:

$$\frac{22}{7} \approx 3{,}1428 \cdot A = \left(\frac{8}{9}d\right)^2 = \frac{256}{81}r^2,$$

mit 3,1605 als Annäherung (Roero 1994, pp. 42).

Und dann praktizierten sie ganz eigenständige Methoden des Multiplizierens und des Dividierens: Multiplizieren als iteriertes Verdoppeln bzw. Dividieren als kombiniertes Verdoppeln und Hälfteln.

- *Beispiel für das Multiplizieren:* 12 mal 27, in dezimaler Schreibweise:

In eine linke Spalte werden die Potenzen von 2 geschrieben, in eine rechte Spalte die Verdopplungen des Multiplikators. Der Multiplikator 12 wird so oft verdoppelt, bis die Potenz von 2 größer als der Multiplikand sein würde. Nun werden diejenigen Potenzen markiert, deren Summe den Multiplikanden ergeben.

$$\begin{array}{rl} \backslash 1 & 12 \\ \backslash 2 & 24 \\ 4 & 48 \\ \backslash 8 & 96 \\ \backslash 16 & 192 \end{array}$$

Indem man die Verdopplungen addiert, deren Potenzen jetzt markiert sind: $1+2+8+16=27$, erhält man $12\times 27=12+24+96+192=\mathbf{324}$.

- *Beispiel für das Dividieren,* als eine Verbindung von Verdoppeln und Halbieren: 184 durch 8, in dezimaler Schreibweise:

Es werden analog zwei Spalten gebildet. Der Divisor 8 wird schrittweise verdoppelt, bis die Verdopplungen den Dividenden 184 überschreiten würden.

$$\begin{array}{rl} 1 & \backslash 8 \\ 2 & \backslash 16 \\ 4 & \backslash 32 \\ 8 & 64 \\ 16 & \backslash 128 \end{array}$$

Es werden nunmehr diejenigen Verdoppelungen markiert, deren Summe den Dividenden ergibt: $184 = 128 + 32 + 16 + 8$. Die Potenzen in der linken Spalte der markierten Verdoppelungen werden addiert: $16 + 4 + 2 + 1 =$ **23.**

- *Zweites Beispiel für Dividieren,* nun mit Halbieren: 21 durch 8

Hier wird zunächst verdoppelt, aber ab dort, wo mit Verdoppeln der Dividend überschritten würde, setzt man mit Halbieren fort; die entstehenden Brüche werden in ägyptischer Schreibweise mit darüber gesetztem Balken gekennzeichnet:

$$\begin{array}{rr} 1 & 8 \\ \backslash 2 & 16 \\ \backslash\overline{2} & 4 \\ \overline{4} & 2 \\ \backslash 8 & 1 \end{array}$$

Summieren der markierten Terme ergibt als Resultat:

$$2 + \overline{2} + 8 \quad \text{oder} \quad 2 + \frac{1}{2} + \frac{1}{8}$$

Wäre das erste Divisionsbeispiel jedoch 187 durch 8 gewesen, so wäre das Resultat in unseren Ausdrücken $23 + {}^{3}/_{8}$ gewesen. Für die Ägypter wäre dies jedoch kein zulässiges Ergebnis gewesen. Sie haben nur Einheitsbrüche zugelassen (mit Ausnahme von ${}^{2}/_{3}$). Der Bruch hätte also in eine Summe von Einheitsbrüchen transformiert werden müssen: ${}^{1}/_{3} + {}^{1}/_{24.}$ Das Verfahren für das Ermitteln einer Stammbruchzerlegung (sie muss nicht eindeutig sein) lässt sich als Algorithmus angeben:

Übersicht

1. Multiplizieren Sie den Zähler mit der kleinsten ganzen Zahl, so dass das Ergebnis größer als der Nenner ist.
2. Als erster Einheitsbruch ergibt sich 1 geteilt durch die im ersten Schritt erhaltene ganze Zahl.
3. Subtrahiere vom Resultat der Multiplikation in (1) den Nenner des Bruchs.
4. Multipliziere das Ergebnis von (iii) mit der kleinsten ganzen Zahl, so dass das Ergebnis größer oder gleich dem Nenner ist.
5. Als nächster Einheitsbruch ergibt sich 1 geteilt durch die Multiplikation der ganzen Zahl aus (1) mit der ganzen Zahl aus (4).
6. Verringern Sie das Multiplikationsergebnis von (4) um den Nenner des Bruchs. Wenn das Ergebnis Null ist, ist das Verfahren beendet. Wenn es nicht Null ist, fahren Sie fort.

7. Multiplizieren Sie das Ergebnis von (6) mit der kleinsten ganzen Zahl, so dass das Ergebnis größer oder gleich dem Nenner ist.
8. Als nächster Einheitsbruch ergibt sich 1 dividiert durch das Produkt der ganzen Zahlen aus (1), (4) und (7) geteilt.
9. Verringern Sie das Multiplikationsergebnis aus (7) um den Nenner des Bruchs. Wenn das Ergebnis Null ist, ist das Verfahren beendet. Wenn es nicht Null ist, fahren Sie mit den Schritten so lange fort, bis das Ergebnis Null ist.

Die ägyptische Praxis, als Brüche nur Einheitsbrüche zuzulassen, mag uns merkwürdig erscheinen. Roque hat eine Motivation angegeben, um diese Praxis als naheliegend zu verstehen. Nehmen wir an, acht Männer wollten 5 Säcke mit Bohnen unter sich teilen. Wären es vier Säcke, so bekäme jeder einen halben Sack. Und der restliche, fünfte Sack wird dann unter die acht aufgeteilt. Also ergibt sich ganz direkt (Abb. 3.4) als Ergebnis: $\frac{1}{2} + \frac{1}{8}$.

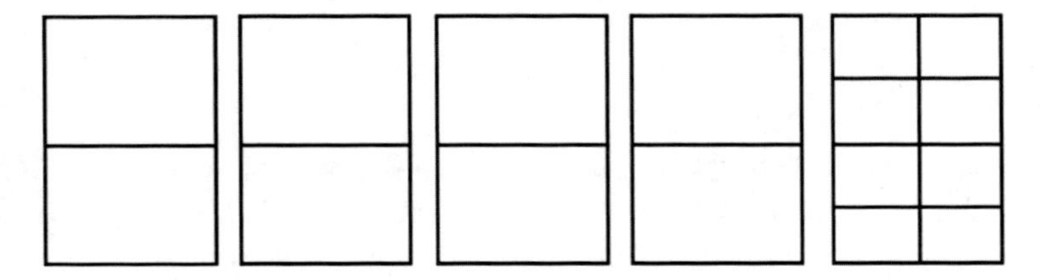

Abb. 3.4 Die Aufteilung in einen halben und einen achtel Sack für jeden Mann (Roque 2012, S. 75)

3.5 Mathematik in China

Entwickelte astronomische Kenntnisse werden für das China der Mitte des zweiten Jahrtausends v. u. Z. bestätigt, aber ein eigenständiger Bereich von Mathematik tritt in China später auf als in Ägypten und Mesopotamien (Martzloff 2006, S. 13). Es sind in den letzten Jahrzehnten mehrere arithmetische Manuskripte gefunden worden, die der zweiten Hälfte des ersten Jahrtausends v. u. Z. zugeschrieben werden, aber detailliertere Kenntnisse über die Mathematik in China liegen erst ab der ersten Einigung Chinas unter dem Kaiser Shi-Haung-ti (221–207 v. u. Z.) und der folgenden Han-Dynastie (206 v. u. Z. bis 220 u. Z.) vor. Diese Entwicklung setzt mit dem Verfassen von Lehrtexten ein: Das Lehrbuch *Jiu Zhang Suan Shu,* von einem anonymen Autor, das für Asien eine analoge Rolle einnahm wie Euklids *Elemente* für Europa, wird zumeist auf etwa 200 v. u. Z. datiert. Eine vorzügliche Gesamtdarstellung für die Geschichte der Mathematik in China ist das Buch von Martzloff, zuerst 1987 in Französisch erschienen, und 2006 aktualisiert in Englisch.

Generell ist charakteristisch für China, dass die Entwicklung der Kultur und insbesondere der Mathematik hier enger als in anderen Kulturen mit der politischen Geschichte verbunden ist: aufgrund erheblicher Diskontinuitäten bei internen Kriegen und Invasionen. Datierungen erfolgen daher zumeist unter Angabe, in welcher der Dynastien ein Ereignis oder eine Publikation erfolgte (siehe Wußing 2008, S. 42). Bei einer Plünderung 1127 u.Z. der damaligen Hauptstadt Kaifeng waren alle Exemplare und Druckstöcke der mathematischen Bücher vernichtet worden; ein Beamter hat es damals unternommen, in den Provinzen nach erhaltenen Kopien zu suchen und konnte den größten Teil der Bücher finden und dann erneut drucken lassen – ein Buch wurde allerdings nur noch unvollständig gefunden (Volkov 2014, S. 66 f.).

Die Bewertung der chinesischen Mathematik steht in engem Zusammenhang mit der Auseinandersetzung über den Euro-Zentrismus. Joseph Needham hatte es mit seinem monumentalen, sieben-bändigem Werk *Science and Civilisation in China* (1954–2004) unternommen, die traditionelle geringe Einschätzung der klassischen chinesischen Wissenschaft durch eine gründliche Untersuchung und Erforschung ihrer Leistungen zu revidieren. Im Band 3 zur Mathematik (1959) hat Needham eine Liste von 14 mathematischen Leistungen aufgestellt, in denen er China die Priorität vor dem Westen zuspricht: „he established a list of everything which, in his opinion, the West owed to China as far as mathematics is concerned: decimal notation, algebra, Horner's method, indeterminate analysis, etc." (Martzloff 2006, S. 7). Zu der Liste gehören, neben vielen Aussagen der Algebra, etwa von Matrizen, auch negative Zahlen und Pascals Dreieck (ibid., S. 89–90). Martzloff hat Needhams Ansatz stark kritisiert, wegen chronologischen und methodologischen Mängeln. Einerseits kann man zeigen, dass den Chinesen zugeschriebene Leistungen schon früher in anderen Kulturen auftreten. Und andererseits sind die Zuschreibungen ohne Berücksichtigung des historischen Kontextes einer begrifflichen Entwicklung erfolgt – im wesentlichen über die Benennung: als „reduction of ideas to the same denominator" und als teleologische Transformation in moderne Begrifflichkeit (ibid., S. 93). Man kann daher Needham, trotz seiner guten Absicht, nicht den Vorwurf ersparen, einem Sino-Zentrismus Vorschub geleistet zu haben (siehe unten).

Der Titel des *Jiu Zhang Suan Shu* wird auf verschiedene Weise übersetzt: *Computational Prescriptions in Nine Chapters* (Martzloff), *Computational Procedures of Nine Categories* (Volkov), *Les neuf chapitres sur les procédures mathématiques* (Chemla & Shuchun 2005); hier wird als deutsche Übersetzung *Neun Kapitel mathematischer Praktiken* benutzt. Das Buch ist im ersten Jahrtausend durch zahlreiche Kommentare weiter entwickelt worden. Der bedeutendste stammt von Liu Hui. Die beste aktuelle Edition, mit Kommentaren zum Text und den zeitgenössischen Kommentaren ist 2005 von Karine Chemla und Gua Shuchun publiziert worden. Das Buch ist eine Sammlung von 246 dreiteiligen Folgen, die stets enthalten: Formulierung des Problems, die zahlenmäßige Antwort und eine Anleitung, die Lösung aus den Daten zu berechnen.

Die Inhalte der *Neun Kapitel* lassen sich folgendermaßen zusammenfassen:

Übersicht

1. Ausmessen von Feldern: Berechnung der Flächeninhalte von Rechtecken, Kreisen, Kreissegmenten. Rechnen mit Brüchen.
2. Tausch von Feldfrüchten durch Umrechnung von Getreide- und Feldfrüchten in Einheiten von Hirse. Dreisatz.
3. Ausgleich von Steuereinheiten, in Geld oder Arbeitskraft, zwischen verschiedenen Regionen.
4. Geometrische Probleme, z. B. Ermittlung der Seite eines Quadrats bzw. Würfels.
5. Ermittlung von Arbeitsleistungen zur Ausführung verschiedener Konstruktionsarbeiten, betreffend Ermittlung der Inhalte von Prismen, Pyramiden, Tetrahedra und Kegelstümpfe.
6. Berechnungen zum Transport von Waren, Ermittlung der Anzahlen von Soldaten in Abhängigkeit von der Bevölkerung der betreffenden Region.
7. Methoden zur Lösung linearer Gleichungen, mit der Methode des doppelten falschen Ansatzes.
8. Dieses Kapitel, benannt *fangcheng* (quadratische Anordnung) wird als das mathematisch bedeutendste bewertet. Es zeigt die Lösung von Problemen durch Manipulieren mit Zahlen, die in Tabellenform in parallelen Spalten angeordnet werden. Es entspricht der Lösung linearer Systeme in n Unbekannten (≤ 6), die als Benutzung von Matrizen interpretiert worden ist. Zugleich stützt sich die Zuschreibung negativer Zahlen auf dieses Kapitel (siehe unten).
9. Rechtwinklige Dreiecke: Anwendung des „Theorems" des Pythagoras, zur Bestimmung einer Seite oder der Diagonalen eines Quadrats und zur indirekten Bestimmung von Absätzen (Martzloff 2006, S. 132 ff.; Wußing 2008, S. 56 ff.).

Als charakteristisch für die Praxis der chinesischen Mathematik wird in der Literatur analysiert, dass sie nur Resultate gibt, aber keine Begründungen für die Verfahren (Martzloff 2006, S. 69). Als Ausnahme sind „argumentative Diskurse" bezeichnet worden aus dem ersten Jahrtausend u.Z., in Kommentaren zu den *Neun Kapiteln* (ibid.). Karine Chemla hat es sich zur Aufgabe gemacht, diese Bewertung als traditionell zu kennzeichnen und zu zeigen, dass es Beweise auch in der chinesischen Mathematik gegeben hat. Ihr umfassendster Ansatz dazu ist das von ihr herausgegebene Buch *The History of Mathematical Proof In Ancient Traditions* (2012). In ihrer Einführung in diesem Band hat sie die Auffassung, wonach Beweise mittels deduktiv-axiomatischer Methode erst in der griechischen Mathematik entstanden sind, als zu einfach und einseitig dargestellt:

> "The standard history of mathematical proof in ancient traditions at the present day is disturbingly simple. This perspective can be represented by the following assertions. (1) Mathematical proof emerged in ancient Greece and achieved a mature form in the geometrical works of Euclid, Archimedes and Apollonius. (2) The full-fledged theory underpinning mathematical proof was formulated in Aristotle's *Posterior Analytics*, which describes the model of demonstration from which any piece of knowledge adequately known should derive" (Chemla 2012a, S. 1).

Wer die Geschichte des Beweisens auf die Suche nach Mitteln beschränke, wie man eine Aussage auf eine unwiderlegbare Weise begründe, laufe Gefahr, die Geschichte zu verstümmeln. Und das geschehe, "when the Babylonian, Chinese and Indian evidence is left out" (ibid., S. 18). Wie bereits der benutzte Ausdruck "beschränkt" deutlich macht, lässt sich das Programm nur mit einem 'erweiterten' Begriff von Beweis umsetzen. In der Tat erfolgt das Explizieren unter dem Ausdruck „widening" (ibid., S. 28). Der „erweiterte" Begriff von Beweisen bezieht sich nicht auf Theoreme, sondern auf Prozeduren oder Algorithmen, für die gezeigt werden soll, dass für die Berechnungen auch „the reasons underlying their correctness" angegeben werden (ibid., S. 39). Der Beitrag zur mesopotamischen Mathematik, der in diesem Band die Evidenz der Ausweitung zeigen soll, analysiert Keilschrift-Texte, in denen man Ansätze zum Erklären der Prozeduren finden kann – und solche didaktischen Ansätze, um ein Verstehen zu erreichen, lassen sich als Beweisen verstehen:

> "These explanations are certainly meant to impart *understanding*, and in this sense they are demonstrations. But their character differs fundamentally from that of Euclidean demonstrations" (Høyrup 2012, S. 376).

Im eigenen ausführlichen Kapitel analysiert Chemla eingehend die Begründungen für Algorithmen, die in Kommentaren zu den *Neun Kapiteln* angegeben worden sind – vorrangig der Kommentare von Liu Hui (ca. 220–280 u.Z.). Wie sie dort nachweist, waren die Kommentare bestrebt, unklare Stellen in den *Neun Kapiteln* besser verständlich zu machen sowie die Algorithmen zu begründen (Chemla 2012b). Dies impliziert aber zugleich, dass der Originaltext nicht solche Begründungen enthält. Es ist jedoch auch eine in anderen Kulturen feststellbare Praxis, dass in Perioden ohne wesentliche Neuerungen die klassischen Texte durch Kommentare besser zu begründen versucht werden, so im Falle der Rezeption von Euklid in der arabisch-islamischen Zivilisation (s. Kap. 5). Man kann eine angemessene Bewertung der Leistungen der chinesischen Mathematiker auch erreichen, ohne den Begriff des Beweisens unnötig auszuweiten.

Neben diesen methodologischen Problemen in der Beurteilung des Charakters der chinesischen Mathematik, gibt es ein weiteres Problem in der Geschichtsschreibung, das schon mit dem Ansatz von Needham angesprochen worden ist: dem Reklamieren von Prioritäten für Entwicklungen in der chinesischen Mathematik, die mit der Gefahr des Anachronismus verbunden sind. Ein solches massives Problem besteht mit Darstellungen über negative Zahlen. Schon bei Needham findet sich die Behauptung, die Chinesen hätten negative Zahlen benutzt (Needham 1959, 115).

Martzloff benutzt gleichfalls diese Bezeichnung, obwohl seine Analysen zeigen, dass dieses unzutreffend ist. Er erklärt ausdrücklich: „In the *Jiuzhang suanshu,* as in all other Chinese mathematical works, negative numbers are never found in the statements of problems". Ebenso treten sie nie als Lösungen auf: „Similarly, none of the problems ever have answers which are negative numbers". Sie treten lediglich *innerhalb* von Rechnungen auf: „Positive and negative numbers only occur as computational intermediates during the execution of highly particular algorithms including, for example, square-array algorithms (*fangcheng*) in the *Jiuzhang suanshu*". Martzloff betont daher, dass kein eigenständiger Begriff negativer Zahlen in der chinesischen Mathematik gebildet worden ist: „consequently, in the Chinese context, what we consider as two opposite numbers are in fact two complementary aspects of a single number (Martzloff 2006, S. 200–201). Was bei Martzloff fehlt, ist eine vorgängige Bestimmung, was negative Zahlen sind. Er hätte dann explizieren können, dass es sich bei den auftretenden Nutzungen nicht um *negative* Zahlen handelt, sondern um *subtraktive* Zahlen.

Die Übersetzung des Problems 8 im Kap. 8 zu *fangcheng* in unsere Terminologie zeigt den lediglich subtraktiven Charakter der Terme:

$$\begin{aligned} 2x + 5y - 13z &= 1000 \\ 3x - 9y + 3z &= 0 \\ -5x + 6y + 8z &= -600 \end{aligned}$$

mit den Lösungen $x = 1200$, $y = 500$, $z = 300$ (Sesiano 1985, 107 f.)

Die auf chinesische Mathematik spezialisierte Mathematik-Historikerin Lam Lay-Yong hat, zusammen mit Tian-Se, den Chinesen die „earliest negative numbers" zugeschrieben. In einer Analyse des achten Kapitels der *Neun Kapitel* hat sie, ohne eine Reflexion, was den Begriff der negativen Zahlen ausmacht, die dort auftretenden subtraktiven Zahlen als „negative numbers" reklamiert. Im achten Kapitel gibt es nur vier, allerdings dunkle Stellen über – wie die Autoren in Umgangssprache schreiben – „the subject of positive and negative"; Liu Hui habe sich bemüht, diese Stellen verständlich zu machen (Lay-Yong & Tien-Se 1987, S. 236). Im Wesentlichen sind sie ein Versuch, die Zeichenregeln auszudrücken – mittels Operierens mit Rechenstäbchen. Die Autoren sprechen dem Kommentator Liu Hui zu, negative Zahlen als einen eigenständigen Zahlenbereich eingeführt zu haben.

> „Liu Hui's exposition on negative numbers shows that he conceptualizes them as a class of numbers in the mathematical sense that is familiar to us today. […] Its [the concept of positive and negative] development has resulted in negative numbers as being regarded as one group of numbers with properties which are connected with the other group of „normal" or positive numbers" (ibid., S. 240).

Die Zuschreibung der Priorität in der Ausbildung des Begriffs der negativen Zahlen bildet einen markanten Fall von Sino-Zentrismus.[4] Die Repetierung dieser falschen Zuschreibung hält sich hartnäckig – nicht nur in populärer Literatur zur Mathematik-Geschichte, und ohne zu reflektieren, welche konzeptionellen Hürden bestanden, um den Begriff schließlich im 19. Jahrhundert zu etablieren.

Obwohl in der konfuzianischen Kultur Chinas die Mathematik nur eine geringe Rolle spielte, im Vergleich mit den Beschäftigungen der *literati* (Martzloff 2006, S. 79), hatte sie eine stabile Bedeutung in der professionellen Ausbildung. Die Entwicklung der Mathematik in China ist geprägt durch eine Institutionalisierung innerhalb der Ausbildung von Beamten – in Europa als Mandarine bekannt – in der straff, zentral und gut organisierten staatlichen Verwaltung. Seit der Sui-Dynastie (518–617) bestand eine Schule der Mathematik, innerhalb der *guozixue,* der „Schule für die Söhne des Staates", die mehrere Bereiche der Beamtenausbildung umfasste, so die Abteilungen Klassik, Recht und Medizin. Es ist wahrscheinlich, dass es Vorläufer dieser auch *School of Computations* genannten Schule bereits in vorherigen Teilstaaten gegeben hat: der nördlichen Wei-Dynastie (386–534) und der nördlichen Zhou-Dynastie (557–581), in deren heute Xi'an genannten Hauptstadt (Volkov 2014, S. 58). Eine solche Schule bestand auch während der Sui-Dynastie (581–617), die das zuvor geteilte Land wieder einigte. Eine starke Entwicklung der Schule erfolgte danach in der Tang-Dynastie (618–907), ab 628. Das Jahr 656 markiert eine generell bedeutsame Entscheidung: hier wurde erstmals ein Curriculum definiert, für die Lehr- und Prüfungsinhalte der Studierenden – in der Tat, ein erstes als solches bekannte Curriculum für Lehre der Mathematik. Das Curriculum bestand aus der Angabe der Lehrbücher und der Stufe, in der sie gelehrt werden sollten. Es ist dies die berühmte Liste der *10 Klassiker* – die allerdings schon immer aus 12 Lehrbüchern bestand (Abb. 3.5). Martzloff hat ihr Niveau als im Ganzen „niedrig" bezeichnet (Martzloff 2006, S. 16).

Es sind eine Reihe von Details über das Funktionieren dieser Schule bekannt, nämlich dass die Lehre von zwei „Gelehrten" und einem Assistenten erteilt wurde und dass die Ausbildung in der Regel sieben Jahre dauerte (Volkov 2014, S. 60 ff.). In der Literatur finden sich keine Angaben über das Verhältnis der Mathematik-Schule zu den anderen Ausbildungszweigen für „civil services" (Martzloff 2006, S. 83)[5]. Das Verhältnis muss nicht unproblematisch gewesen sein: während schon am Anfang, im Jahr 656, die Zahl der Mathematik-Studenten klein war, 30, im Verhältnis zu allen anderen Disziplinen – zusammen 1.000 -, ging deren Zahl ständig zurück (ibid., S. 82). Die weiteren Nach-

[4] Beide Autoren haben auch 2004 die Auffassung vertreten, die Null sei chinesischen Ursprungs, und nicht indischen (Wußing 2008, S. 53).

[5] Das Verhältnis der verschiedenen Ausbildungsabteilungen zueinander in der Gesamt-Einrichtung ist bisher nicht untersucht worden (Mitteilung von Alexei Volkov), und auch nicht eine Existenz gemeinsamer Ausbildungsteile. Die lange Dauer der Ausbildung in den Abteilungen macht es aber nicht wahrscheinlich, dass Studenten in mehr als einer Abteilung studieren konnten.

Table 4.1 Mathematical curriculum of the Tang School of Computations

#	Title	Duration of study	Program[a]
1	*Sunzi* 孫子 ([*Treatise of*] *Master Sun*)	1 year for two treatises together	Regular
2	*Wu cao* 五曹 (*Five Departments*)		Regular
3	*Jiu zhang* 九章 (*Nine Categories*)	3 years for two treatises together	Regular
4	*Hai dao* 海島 (*Sea Island*)		Regular
5	*Zhang Qiujian* 張丘建 ([*Treatise of*] *Zhang Qiujian*)	1 year	Regular
6	*Xiahou Yang* 夏侯陽 ([*Treatise of*] *Xiahou Yang*)	1 year	Regular
7	*Zhou bi* 周髀 (*Gnomon of the Zhou* [*Dynasty*])	1 year for two treatises together	Regular
8	*Wu jing suan* 五經筭 (*Computations in the Five Classical Books*)		Regular
9	*Zhui shu* 綴術 (*Procedures of Mending* [=*Interpolation?*])[b]	4 years	Advanced
10	*Qi gu*[c] 緝古 (*Continuation* [*of Traditions*] *of Ancient* [*Authors*])	3 years	Advanced
11	*Ji yi* 記遺 (*Records Left Behind for Posterity*)	Not specified	Compulsory
12	*San deng shu* 三等數 (*Numbers of Three Ranks*)	Not specified	Compulsory

Abb. 3.5 Die „Zehn Klassiker" mit ihren 12 Lehrbüchern (Volkov 2014, S. 61)

richten zeigen Diskontinuitäten: während Martzloff zufolge nach 1113 das System der Prüfungen für die *literati*-Disziplinen fest etabliert blieb, sei das Lehren der Mathematik verschwunden (ibid.). Genaueren Berichten zufolge gab es immer wieder kürzere oder längere Perioden der Unterbrechung, häufig wegen politischer Wirren, aber auch wegen Wechseln in der staatlichen Politik: so von 755 bis 766 und von 780 bis 807. In der Song-Dynastie (960 bis 1279) wurde die Schule 1087 wieder geöffnet, aber nach einzelnen Unterbrechungen 1120 geschlossen. Im Astronomischen Büro wurde danach weiterhin Mathematik gelehrt, verbunden mit mathematischer Astronomie und Kalender-Berechnung (Volkov 2014, 63 und 66).

Die Periode von 1247 bis 1303 gilt als ein Höhepunkt in der Entwicklung der Mathematik in China; Wußing hat sie als ihr „Goldenes Zeitalter" bezeichnet (Wußing 2008, S. 66). Sie ist mit zwei Ereignissen verbunden: der Eroberung Chinas durch die Mongolen und, damit zusammenhängend, dem Kontakt mit arabischen Ländern. Mehrere Werke wurden erarbeitet in diesen Jahrzehnten, die eine bemerkenswerte Entwicklung der Algebra in China bewirkten, mit der sog. *tianyuan*-Methode, zur numerischen Lösung algebraischer Aufgaben (Martzloff 2006, S. 17 ff.); sie veranlasste Needham, sie als Horner-Schema zu interpretieren.

In krassem Gegensatz zu dieser Blüte-Periode trat danach ein starker Niedergang ein. Schon bald gab es niemanden mehr, der die Arbeiten dieser Periode verstehen konnte. Als Gründe für dieses relativ seltene Phänomen in der Geschichte der Mathematik wird darauf verwiesen, dass es keinen mündlichen Unterricht mehr gab zu diesen Werken und dass sie zu wenig explizit geschrieben worden waren (ibid., S. 20). Neue Anstöße gab es erst durch das Bekanntwerden mit westlicher Mathematik (s. Kap. 7).

Das Zahlensystem der Chinesen war dezimal. Gerechnet wurde mit Rechenstäbchen, die Zahlen repräsentierten; die Stäbchen wurden in ein Brett mit Feldern gelegt; die fünf bildete dabei eine Zwischeneinheit: bis zu 5 Stächen wurden nebeneinander gelegt für

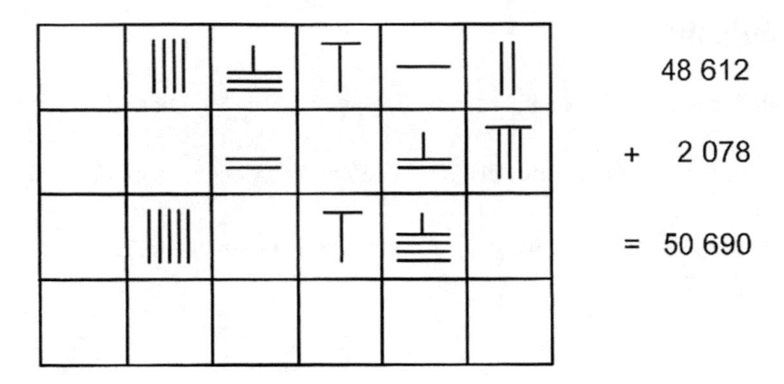

Abb. 3.6 Eine Rechenaufgabe mit Rechenstäbchen (Wußing 2008, S. 53)

die Zahlen 1 bis 5; von der sechs bis zur neun wurden ein bis vier Stäbchen unter eine für die fünf stehende Querlinie gelegt. In der zweiten Stelle wurden die Stäbchen um 90 Grad gedreht ins Feld gelegt, usw. Um eine Stelle mit 0 anzugeben wurde ein Feld leer gelassen (Abb. 3.6).

Die Benutzung der Rechenstäbchen lässt sich für China seit der zweiten Hälfte des ersten Jahrtausends v. u. Z. nachweisen. Im achten Jahrhundert wurde aus Indien die Benutzung der Null nach China übermittelt, im Zusammenhang mit der Einführung des Buddhismus; in allgemeinen Gebrauch kam die Null dort aber erst später.

Der Abakus erscheint oft als typisch für die chinesische Mathematik, ist aber dort erst relativ spät benutzt wurden (Abb. 3.7). Er ist zwar schon für die erste Hälfte des zweiten Jahrtausends in China nachgewiesen, tritt aber in allgemeineren Gebrauch erst mit der späten Ming-Dynastie (1368–1644), etwa ab dem Ende des 16. Jahrhunderts. Die Reihen repräsentieren die Position im Zehnersystem, wobei die zweite Reihe rechts je nach dem Kontext die niedrigste gemeinte Zehnerpotenz angibt. Auch hier wieder bildet die fünf eine Zwischenstufe. Die erste Reihe rechts dient für die Angabe von Zehnteln.

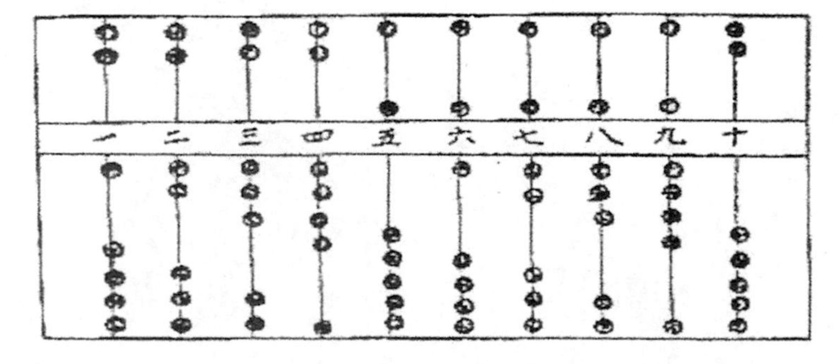

Abb. 3.7 Ein Abakus, aus einem chinesischen Buch von 1578 (Chen 2018, S. 246)

3.6 Aufgaben

a) Multiplizieren Sie 118 mal 27 mit der ägyptischen Methode der iterierten Verdoppelung.
b) Dividieren Sie 53 durch 8 mit der Methode der Verdoppelung und/oder des Bildens der Hälfte.
c) c)Transformieren Sie die Brüche $\frac{14}{25}$ und $\frac{5}{7}$ in Einheitsbrüche.

Die griechische Mathematik 4

4.1 Eine neue Mathematik

Die griechische Mathematik hat in der Geschichtsschreibung der Mathematik stets eine herausgehobene Stellung eingenommen; in traditionellen Darstellungen wurde sie sogar als die zugleich erste und bereits reife Mathematik verstanden. Zweifellos unterscheidet sich die im alten Griechenland erarbeitete Mathematik ihrem Charakter nach wesentlich von den bislang praktizierten Mathematiken. In Kurzform gebracht, ist dieser Charakter gegeben durch ihre deduktiven Vorgehensweisen, durch das Streben nach Beweisen mittels logischer Verfahren.

Dieser historisch so neuartige Charakter fordert nach einer Untersuchung, wie er sich gerade in Griechenland herausbilden konnte und in dieser Epoche. Will man nicht von überholten rassistischen Annahmen über eine natürliche Überlegenheit eines als homogen angenommenen griechischen Volkes ausgehen, hat man den sozio-politischen Kontext zu untersuchen. In der Tat bemerkt man dann neuartige Strukturen, wie sie insbesondere vom Nestor einer Sozialgeschichte der Mathematik, Dirk Struik, analysiert worden sind.

Die letzten Jahrhunderte des zweiten Jahrtausends erlebten starke Umstrukturierungen im Vorderen Orient. Im Wechsel vom Bronzezeitalter zur Eisenzeit erfolgten starke Migrationswellen; die sog. Seevölker überwanden traditionelle Reiche. Das minoische Reich auf Kreta zerfiel, ebenso das der Hethiter in Kleinasien. Neue Werkzeuge bewirkten soziale Umschichtungen, verbunden mit veränderten Wirtschaftsformen; andere Regionen und Völker traten in den Vordergrund – insbesondere die Völker der Assyrer, Phönizier und Griechen: „Die Städte, die längs der Küste Kleinasiens und des griechischen Festlandes entstanden, waren keine Verwaltungszentren einer auf

© Der/die Autor(en), exklusiv lizenziert durch Springer Nature Switzerland AG 2021

G. Schubring, *Geschichte der Mathematik in ihren Kontexten*, Mathematik Kompakt,
https://doi.org/10.1007/978-3-030-69483-8_4

Bewässerungsanlagen basierenden Gesellschaftsordnung mehr. Es waren Handelsstädte". In ihnen wurden die feudalen Großgrundbesitzer abgelöst von einer „unabhängigen, politisch selbstbewußten Kaufmannsklasse" (Struik 1967, S. 32).

Struik hebt zwei weitere sozio-kulturelle Änderungen hervor: das von den Phöniziern eingeführte Alphabet für das Verfassen von Texten, das von den Griechen übernommen wurde, und das als leicht erlernbar breiteren Kreisen die Teilnahme an der Schriftlichkeit ermöglichte – und die Einführung von Hartgeld, das zur Belebung des Handels beitrug (ibid., S. 31).

In diesen Kontexten entstand in Griechenland eine neue politische Struktur, die in der historischen Soziologie allgemein als *polis* bezeichnet wird. ‚Polis' ist das griechische Wort für Stadt – und in der Tat waren es Stadtstaaten, die in Griechenland etwa ab dem 7. Jahrhundert v. u. Z. entstanden und bis zur Eroberung durch Alexander d. Gr. dessen Geschichte bestimmten.

> „Die wichtigsten dieser Stadtstaaten entwickelten sieh in Ionien an der anatolischen Küste. Ihr zunehmender Handel brachte sie mit den Küsten des gesamten Mittelmeeres in Verbindung, mit Mesopotamien, Ägypten, Szythien und sogar mit noch entfernteren Ländern. Längere Zeit spielte Milet eine führende Rolle" (ibid., S. 32).

Auf dem griechischen Festland wurden Athen, Korinth und Sparta bedeutend, und in Italien Kroton, Tarent und Syrakus. In diesen Stadtstaaten wurden die traditionellen monokratischen Regierungsformen abgelöst durch eine neue politische, administrative, religiöse und politische Organisation, getragen von einer städtischen Oberschicht, und als *Demokratie* benannt. Alle freien Bürger hatten das Recht, an den Entscheidungen beteiligt zu werden. Das Recht wurde insbesondere wahrgenommen bei den Versammlungen auf der ἀγορά, der agorá (Marktplatz). Und um dieses Recht effektiv wahrnehmen zu können, mussten die Bürger fähig sein, überzeugend zu argumentieren, mit logischen Schlussfolgerungen. Eine Qualifikation in Rhetorik und Dialektik zeigte sich damit als produktiv für die demokratische Teilnahme und eine solche Ausbildung wurde dann auch in den *polis* entwickelt und angeboten – als eine erste Form von dem, was später als *trivium* ein dominanter Bestandteil von Curricula wurde.

Diese sozialpolitischen Erklärungen reichen allerdings nicht hin, um die Entstehung einer theoretischen Mathematik verständlich zu machen. Wichtig dafür ist ein weiteres Charakteristikum der griechischen *polis,* von Struik so formuliert: „außerdem konnte er [...] sich in gewissem Umfange einer auf Reichtum und Sklavenarbeit beruhenden Muße erfreuen. Er konnte über diese seine Welt philosophieren" (ibid., S. 32). Es gab also das zusätzliche Moment in dieser sozialen Struktur, dass freie Bürger von körperlicher Arbeit freigesetzt sein und sich selbst Schwerpunkte definieren konnten; so sehen wir das erste Mal in einer Kultur Philosophen und Gruppen von Philosophen aktiv werden. Es war in diesem Kontext der Freisetzung zu philosophischen Reflexionen, dass Mathematik einen neuen Charakter annahm:

„Das Studium der Mathematik in der griechischen Frühzeit verfolgt ein hauptsächliches Ziel, nämlich die Gewinnung einer aus einem Vernunftgebäude ableitbaren Einsicht in die Stellung des Menschen innerhalb des Kosmos. Die Mathematik diente dazu, Ordnung im Chaos zu schaffen, Ideen in logischen Ketten anzuordnen und fundamentale Prinzipien zu entdecken" (ibid., S. 33).

Die neue Mathematik ist nicht im gleichen Kontext entstanden wie die Ausbildung des *trivium,* sondern als ein Element der Entstehung der Philosophie. Bekannt ist ihre starke Stellung in der Philosophie von Platon; der von ihm praktizierten Akademie als freie Zusammenkunft zum Philosophieren wird die Warnung zugeschrieben: ἀγεωμέτρητος μηδεὶς εἰσίτω – Der Mathematik Unkundige dürfen hier niemals eintreten!

Und die Philosophen, denen Plato in seinem Buch *Der Staat* zusprach, als Beste zum Regieren eines Staates befähigt zu sein, sollten – neben einer militärischen Ausbildung – Unterricht erhalten in Arithmetik, Geometrie, Harmonie und Astronomie, also praktisch in den Disziplinen des späteren *quadrivium* (Platon 1888, Siebentes Buch).

4.2 Die griechischen Mathematiker.

Die griechische Mathematik zeichnet sich schon allein dadurch aus, dass hier erstmals Namen von historisch fassbaren Mathematikern bekannt sind, seit dem 6. Jahrhundert v. u. Z. Reviel Netz hat es unternommen, die Anzahl griechischer und hellenistischer Mathematiker zu ermitteln. Als Zeitraum des Bestehens griechischer Mathematik bestimmte er die tausend Jahre von etwa 600 v. u. Z. bis etwa 400 u. Z. Er erklärte zwar, „griechischer Mathematiker" sei ein undefinierbarer Begriff, erläuterte aber seine Kriterien: danach schloss er Praktiker aus, die zwar „calculated a great deal", aber „never proved anything, and [he] therefore cannot be seen as a mathematician" (Netz 2003, S. 277 f.). Er wollte damit Produktivität zum Kriterium machen. Allerdings ist es zu einseitig, Praktikern einen Beitrag zur Weiterentwicklung einer Wissenschaft abzusprechen.

Netz hat 144 Personen als in seinem Sinne produktive Mathematiker in diesem Zeitraum ermittelt. Aus dieser Anzahl hat er dann in einem recht kühnen Schritt die absolute Anzahl geschätzt: Mit der Annahme, in jedem Jahr dieses Zeitraums sei mindestens ein Mathematiker geboren worden, erhielt er: „I will therefore take the convenient number 1000" (ibid., S. 283).

Grattan-Guinness hat eine Liste der bekanntesten griechischen Mathematiker publiziert, mit ihren mathematischen Schwerpunkten (Abb. 4.1). Diese Liste bekannter griechischer Mathematiker zeigt die – in weitem Sinne – mathematischen Interessen- und Arbeitsgebiete. Sie zeigt jedoch nicht die beruflichen Bindungen und weiteren wissenschaftlichen Arbeitsbereiche dieser Personen. Es gab ja noch keine Professionalisierung von Wissenschaft. Von den wenigsten ist bekannt, womit sie ihren Lebensunterhalt finanzierten. Thales von Milet, „der traditionelle Vater der

820s ±	Al-Khwarizmi; Uzbekistan	alg ari ast eqs
810s ± ?–870s	Banu Musa (brothers Muhammed, Ahmed and Al-Hasan); Iraq	geo mec mus trg trs
836–901	Thabit ibn Qurra; Iraq	ari ast geo mec phi ser trs
850?–930	Abu Kamil; Egypt	eqs geo
858?–929	Al-Battani (= Albategnius); Iraq	ast geo trg
960s ±	Al-Khazin; Iran?	alg ari ast geo
940–997?	Abu'l-Wafa; Iran	ari ast geo trg
973–1050	Al-Biruni; Afghanistan	ari ast cal geo trg
?–1036?	Abu Nasr Mansur ibn Iraq; Afghanistan	ast geo trg
980–1037	Ibn Sina (= Avicenna); Iran	ast geo mec phi
1000 ±	Al-Quhi (*or* al-Kuhi); Iran	alg ast geo
1000 ±	Al-Baghdadi, Abu Mansur; Iraq	ari phi
1010s ±	Al-Karaji; Iran	alg ari ser
965–1041	Ibn al-Haytham (= Alhazen); Egypt	ast geo opt ser
1045?–1123	Al-Khayyam (= Omar Khayyam); Iran	ari cal eqs mus phi
1070 ±	Al-Mu'taman; Spain	ari geo phi
1120s ±	Al-Khazini; Iran	ast cal geo mec
?–1174	Al-Samawal; Iran	alg ari eqs ser
1130s ±	Jabir Ibn Aflah (= Geber); Spain	ast geo trg
1180 ± –1214	Sharaf al-Din al-Tusi; Iran	alg ast eqs
1201–1274	Nasir al-Din al-Tusi; Iraq	ari ast geo trg
?–1320	Kamal al-Din al-Farisi; Iran	ari ast opt
1430s ±	Al-Kashi; Samarkand	ari ast eqs geo trg

Abb. 4.1 Liste der bekanntesten griechischen Mathematiker (Grattan-Guinness 1997, S. 43)

griechischen Mathematik" (Struik 1967, S. 33) war ein Kaufmann, und hat als solcher seine Reisen nach Ägypten und Mesopotamien unternommen. Ebenso wenig gab es eine Spezialisierung nach wissenschaftlichen Disziplinen. Ein Mathematiker konnte also zugleich als Astronom, als Philosoph, als Mediziner, etc. tätig sein.

Die von ihm gewählten Abkürzungen für mathematische Arbeitsgebiete sind:

ari: arithm, number theory	*geo:* geometry (not conics)	*mot:* motion	*prf:* proof methods, logic
ast: astron, cosmology	*his:* history, commentary	*mus:* music	*prp:* proportion theory
car: cartography	*inc:* incommensurability studies	*nos:* numbers (integral, rational, etc.	*tcp:* three classical problems
con: conics	*mec:* mechanics	*opt:* optic	*trg:* trigonometry

4.3 Die Pythagoräer

Grattan-Guinness hat in seiner Liste noch Pythagoras als einen der historischen Mathematiker aufgenommen. Zweifellos gehört Pythagoras zu den am besten in der Öffentlichkeit bekannten griechischen Mathematikern – schon aufgrund des nach ihm benannten Theorems, das zum Standard-Unterrichts-Stoff gehört. Die von so vielen als einfache Quelle für biographische Angaben benutzte Internet-Seite von MacTutor gibt ihm die Lebensdaten ca. 569 bis ca. 475 und erklärt ihn als „an extremely important figure in the development of mathematics". Um so schockierender mag es sein zu erfahren, dass es für die historische Forschung keinen Beleg für einen Pythagoras als Mathematiker gibt. Seit dem Ende des 19. Jahrhunderts hat die philologische hermeneutische Forschung über die überlieferten Texte und Fragmente griechischer Mathematiker die traditionellen Zuschreibungen, insbesondere über die mathematischen Leistungen der Pythagoräer und gerade über Pythagoras, immer mehr infrage gestellt. Wichtige Beiträge sind vor allem von Eduard Zeller (1923) geleistet worden. Die bedeutendste neuere Forschung stammt von Walter Burkert. Zu seinem Buch von 1962 haben die beiden brasilianischen Mathematik-Historiker Carlos Gonçalves und Claudio Possani festgestellt: „Pythagoras, der Mathematiker, starb endgültig im Jahre 1962" (Gonçalves & Possani 2009, S. 19). Schon Struik hatte Pythagoras als „ziemlich mythische" Gestalt bezeichnet (Struik 1967, S. 37). Während die pythagoräische Schule, oder die Pythagoräer, seit dem 6. Jahrhundert einen historisch nachweisbaren Beitrag zur Mathematik geleistet hat, ist Pythagoras als der von der Schule so bezeichnete Gründer der Sekte, erst etwa zwei Jahrhunderte nach dem ihm zugeschriebenen Zeitraum als Person aufgeführt worden, in nacharistotelischen Quellen (Burkert 1962, S. 176). Nähere biographische Aussagen sind erst nach der Zeitenwende, von den Neupythagoräern und Neuplatonikern, im dritten und vierten Jahrhundert, aufgestellt worden. Burkert hat die von diesem Namen wahrgenommene Funktion so charakterisiert:

„Wenn Pythagoras nicht als fest umrissene Gestalt im hellen Licht der Geschichte vor uns steht, beruht dies nicht auf bloßen Zufälligkeiten der Überlieferung. Von Anfang an vollzog sich sein Wirken in einer Sphäre von Wunder, Geheimnis und Offenbarung. In jener Bruchzone von Alt und Neu, als in weltgeschichtlich einmaliger Leistung Griechen die rationale Weltdeutung und die mathematische Naturwissenschaft entdeckten, bedeutet Pythagoras nicht den Ursprung des Neuen, sondern das Weiterwirken oder Neuaufleben alter, vorwissenschaftlicher Weisheit, gegründet auf übermenschliche Autorität, ausgeformt in ritueller Bindung. [...] Was später als Philosophie des Pythagoras galt, hat seine Wurzeln erst in der Schule Platons" (Burkert 1962, Vorwort).

In der revidierten englischen Fassung hat Burkert den legendären Charakter von Pythagoras und die dagegen nachweisbaren mathematischen Beiträge der Pythagoräer unterstrichen:

> „There is no doubt of the historical reality of the Pythagorean society and its political activity in Croton; but the Master himself can be discerned, primarily, not by the clear light of history but in the misty twilight between religious veneration and the distorting light of hostile polemic. Pythagoras and the Pythagoras legend cannot be separated" (Burkert 1972, S. 120).

Die historische Forschung hat aber darüberhinaus auch die lange vorherrschende Auffassung dekonstruiert, Pythagoras und die Pythagoräer seien die Begründer der griechischen, deduktiven Mathematik. Auch diese Auffassung von deren mathematischen Leistungen stammt „von der spätantiken, neuplatonisch-neupythagoräischen Schultradition her" (Burkert 1962, S. 384). Aber diese „scheinbar alten Angaben [...] zerbröckeln, sobald man zufaßt" (ibid., S. 392).

Den Beginn spezifisch griechischen geometrischen Denkens, bereits vor den Pythagoräern, sieht Burkert in zwei ionischen Philosophen, deren Werk historisch sicherer fassbar sei als das von Thales: Anaximandros und Eupalinos, beide aus der ersten Hälfte des 6. Jahrhunderts v. u. Z. (ibid., S. 395). Seit der Mitte des 5. Jahrhunderts nahmen fast alle Philosophen zu mathematischen Problemen Stellung. An diesen Grundlegungen haben die Pythagoräer nicht teilgenommen, nach dem Zeugnis von Aristoteles (ibid., S. 401). Burkert resümiert daher:

"Die griechische Mathematik hat sich nicht durch Offenbarung eines Weisen und nicht im geheimen Zirkel einer dafür prädestinierten Sekte entwickelt, sondern im engen, notwendigen Zusammenhang mit der Entfaltung des rationalen griechischen Weltverständnisses" (ibid., S. 403).

Was waren die mathematischen Leistungen der Pythagoräer? Bekannt ist ihre kosmologische Grundüberzeugung: *Alles ist Zahl.* Das *Ein* ist der Ursprung aller Zahlen; es vereint in sich den Gegensatz von Gerade und Ungerade; aus dem Ein entstehen alle weitere Zahlen. Die Paarung begrenzt-unbegrenzt bildet den kosmischen Gegensatz, der die Welt bestimmt und sich in Zahlen ausdrückt. In ihrer Weltsicht waren es zehn determinierende Gegensätze, aus positiven und negativen Elementen (Abb. 4.2).

Abb. 4.2 Burkert 1972, S. 51: Die Tafel der zehn pythagoräischen Gegensätze

(1)	limit (πέρας)	:	unlimited (ἄπειρον)
(2)	odd (περιττόν)	:	even (ἄρτιον)
(3)	one (ἕν)	:	plurality (πλῆθος)
(4)	right (δεξιόν)	:	left (ἀριστερόν)
(5)	male (ἄρρεν)	:	female (θῆλυ)
(6)	resting (ἠρεμοῦν)	:	moving (κινούμενον)
(7)	straight (εὐθύ)	:	crooked (καμπύλον)
(8)	light (φῶς)	:	darkness (σκότος)
(9)	good (ἀγαθόν)	:	bad (κακόν)
(10)	square (τετράγωνον)	:	oblong (ἑτερόμηκες)

Die praktizierte Arithmetik war aber keine abstrakte Mathematik, sondern eine materiale, empirische Arithmetik. Die Aussagen wurden gewonnen aus dem Operieren mit Rechensteinen (lateinisch *calculi,* griechisch ψῆφοι), als Arrangieren in Figuren – als figurierte Zahlen. Als Beispiel hier die ersten Dreieckszahlen (Abb. 4.3).

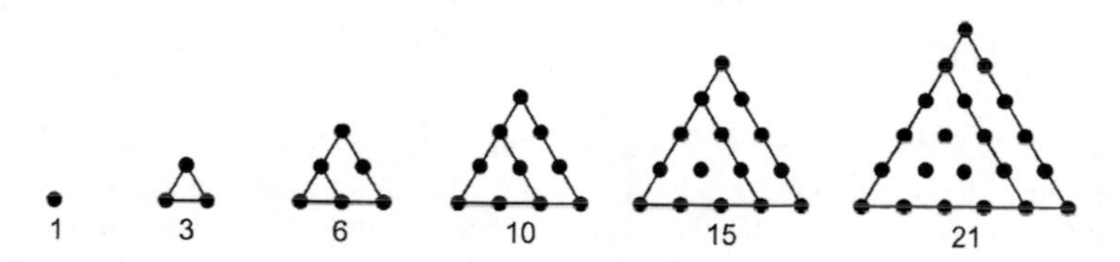

Abb. 4.3 Dreieckszahlen (nach Roque 2012, S. 105)

Und „allgemeine Aussagen" erhielt man aus einer Abfolge einzelner konkreter Fälle, in passenden Arrangements. Hier als Beispiel pythagoräische Tripel zum Gewinnen der modern verallgemeinerten Aussage (Abb. 4.4): $(n + 1)^2 = n^2 + (2n + 1)$.

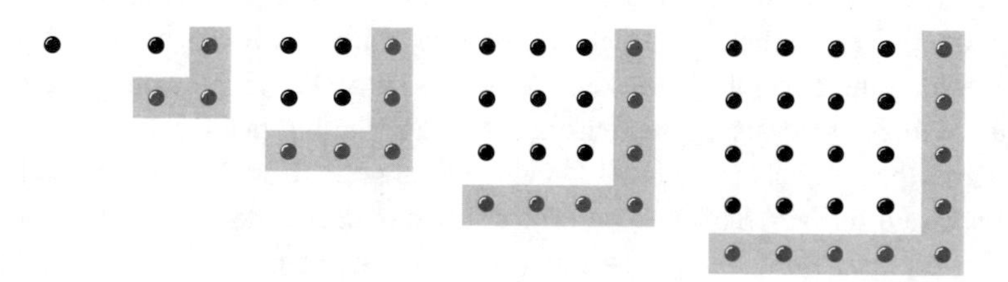

Abb. 4.4 Die Abfolge: 1, $2^2=1+(2+1)$, $3^2=2^2+(2\times2+1)$, $4^2=3^2+(2\times3+1)$, $5^2=4^2+(2\times4+1)$; Roque 2012, S. 113)

Als ein Beleg für den reklamierten wesentlichen Beitrag der Pythagoräer für eine deduktive Mathematik und insbesondere in der Geometrie gilt das Theorem des Pythagoras. Allerdings hat auch diese traditionelle Überzeugung nicht der historischen Forschung standgehalten. Einerseits konnte Otto Neigebauer schon 1928 zeigen, dass diese Eigenschaft bereits den Babyloniern bekannt war – aber nicht als ein Theorem, mit einem Beweis, sondern als eine in der arithmetischen Praxis benutzte Eigenschaft. Und andererseits zeigt die Prüfung der Quellen keine geometrischen Theoreme und Beweise bei den Pythagoräern, sondern eine Praxis mit Rechenstein-Figuren; nachweisbar sind pythagoräische Dreiecke, vor allem mit den Seiten 3, 4 und 5 – wo die Zahlen offenbar nicht nur mathematische Bedeutungen haben. Aristoteles berichtet von Zahlen-Spekulationen, wo 3 als männlich gilt, 4 als weiblich und 5 als „Heirat" (Burkert 1962, S. 406).

4.4 Gab es eine Grundlagenkrise?

Zur traditionellen „Kunde" über die Mathematik der Pythagoräer gehört schließlich, dass sie einen wesentlichen Beitrag zur Theoriebildung in der Geometrie geleistet haben: die Entdeckung der Irrationalität, wodurch eine Grundlagenkrise entstanden sei: die erste Grundlagenkrise in der Mathematik. Spätestens seit Paul Tannery bestand die Überzeugung, dass die Entdeckung des Inkommensurablen eine Krise der Grundlagen bewirkt habe: „einen wahrhaftigen logischen Skandal" (Tannery 1887, S. 259). Howard Eves, Autor eines der klassischen Lehrbücher zur Mathematik-Geschichte, hat diese Kunde so formuliert:

> „The discovery of the existence of irrational numbers was surprising and disturbing to the Pythagoreans. First of all, it seemed to be a mortal blow to the Pythagorean philosophy that all depends upon the whole numbers. Next, it seemed contrary to common sense, for it was felt intuitively that any magnitude could be expressed by *some* rational number. [...] So great was the "logical scandal" that efforts were made for a while to keep the matter secret, and one legend has it that the Pythagorean Hippasus (or maybe some other) perished at sea for his impiety in disclosing the secret to outsiders, or (according to another version) was banished from the Pythagorean community and a tomb was erected for him as though he was dead" (Eves 1969, S. 60–61).

Bereits die Ausdrücke „irrationale" und „rationale" Zahlen sind anachronistisch. Die Griechen operierten nicht mit Brüchen, sondern mit Verhältnissen. Die Entdeckung betraf daher inkommensurable Strecken. Der von Aristoteles angeführte Beweis, dass die Diagonale a eines Quadrats inkommensurabel ist zur Seite b des Quadrats, kann mit den Mitteln der pythagoräischen Arithmetik – also mit angehäuften Rechensteinen für a^2 und mit zwei solchen für b^2 – der logische Widerspruch, nämlich dass b zugleich gerade und ungerade sein muss, nicht als direkt sichtbar erwiesen werden:

Ein solcher Widerspruchs-Beweis „hat mit ψῆφοι-Bildern nichts mehr gemein und ist überhaupt nur dort notwendig und sinnvoll, wo die Forderungen der strengen Mathematik bereits existieren; [...]. Ψῆφοι-Arithmetik und Irrationalität schließen sich aus“ (Burkert 1962, S. 412).

In der Tat ist weder in Euklids Definition inkommensurabler Größen (Buch X, Def. 1) eine Problematik im Operieren mit diesen Größen feststellbar, noch bemerkt man in den Texten der Mathematiker und Philosophen wie Aristoteles und Platon eine Spur von der behaupteten Grundlagenkrise. David Fowler hat zudem aufgezeigt, dass griechische Mathematiker schon seit dem Ende des 5. Jahrhunderts v. u. Z. das Verfahren der Anthyphairesis anwandten, also der wechselweisen Subtraktion (auch als Euklid-Algorithmus bekannt): die Subtraktion endet im Fall zweier kommensurabler Größen, bricht aber nicht ab im Falle inkommensurabler Größen (Fowler 1987, S. 32). Theätetos hat das Verfahren der Anthyphairesis, weiter ausgearbeitet. Eudoxos hat damit die allgemeine Konzeption von Proportionen entwickelt, die dann in Euklids allgemeines Operieren mit Größen eingegangen ist (Buch X).

Es fällt auf, dass die vorgebliche Grundlagenkrise erst dann zum allgemeinen Topos wurde, nachdem der Mathematiker Helmut Hasse und der Philosoph Heinrich Scholz 1928 den Artikel „Die Grundlagenkrisis der griechischen Mathematik“ publiziert hatten (und noch als Möglichkeit formuliert, nicht als Tatsache) – und zwar im Kontext der Grundlagenkrise der Mathematik in den 1920er Jahren.

4.5 Klassische griechische Mathematik

Der Beginn theoretischer Mathematik wird Thales zugerechnet. Obwohl es wenig Sicherheit im Detail gibt, werden ihm jedenfalls Beweise zu Theoremen über Dreiecke zugeschrieben. Wichtige Arbeiten zum neuen Typ von Geometrie waren die Ergebnisse zu den fünf Platonischen Körpern. Eindrucksvolle Belege für das hohe Niveau der Forschungen zur Geometrie bilden die drei sog. klassischen Probleme:

- das Delische Problem: die Verdoppelung des Würfels,
- die Dreiteilung des Winkels, und
- die Quadratur des Kreises.

Das Problem der Kreisquadratur konnte erst Ende des 19. Jahrhunderts definitiv gelöst werden.

Von den Eleaten, einer Richtung von Philosophen, benannt nach der süditalienischen Stadt Elea, sind wichtige Beiträge zur theoretischen Mathematik geleistet worden: Parmenides (ca. 520 bis ca. 480 v. u. Z.) hat die deduktive Beweisstruktur entwickelt.

Sein Schüler Zenon (ca. 490 bis ca. 430 v. u. Z.) hat die charakteristische Beweisform der *reductio ad absurdum* praktiziert. Seine berühmten Paradoxa – vor allem Achilles und die Schildkröte – haben immer wieder Philosophen und Mathematiker angeregt.

Als Beispiel für die erreichten begrifflichen Entwicklungen, wird hier die Ermittlung der Fläche der Möndchen des Hippokrates (um 450 v. u. Z.) dargestellt, mit der nunmehr exakt mit krummlinig begrenzten Figuren gearbeitet werden kann. Eine der Darstellungen der Möndchen ist die folgende (Abb. 4.5):

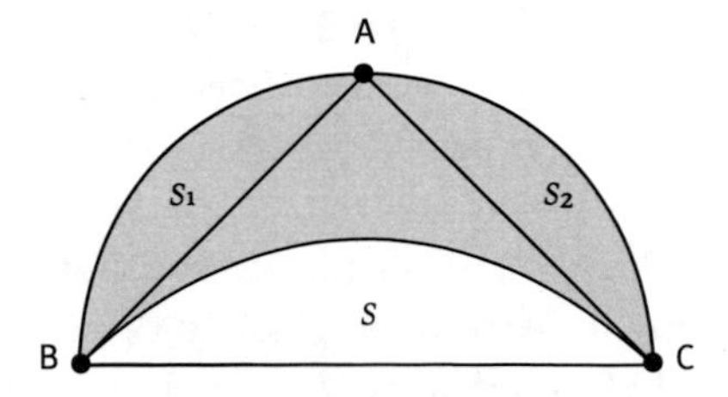

Abb. 4.5 Die Möndchen des Hippokrates (Roque 2012, S. 118)

Um die Fläche von S zu ermitteln, benötigt man zuerst die Fläche eines Kreissegments. Für ein Kreissegment mit dem Winkel α und Kreisradius r (und Durchmesser d), ist die Fläche $F = \frac{r^2}{2}(\alpha - \sin\alpha)$. Für zwei ähnliche Kreissegmente, also in Kreisen mit gleichem Winkel α, ergibt sich als deren Verhältnis:

$$\frac{F_1}{F_2} = \frac{r_1^2(\alpha - \sin\alpha)}{r_2^2(\alpha - \sin\alpha)} = \frac{r_1^2}{r_2^2} = \frac{d_1^2}{d_2^2}$$

Statt dieser modernen Formulierung, mit Brüchen, hieß das Ergebnis in der Konzeption griechischer Proportionen: Die Fläche des ersten Kreissegments verhält sich zu der des zweiten Kreissegments wie sich das Quadrat, konstruiert über dem Durchmesser des ersten Kreises, verhält zu dem Quadrat, konstruiert über dem Durchmesser des zweiten Kreises.

In der Figur 24 ist nun *ABC* ein halbes Quadrat, dem Halbkreis *ABC* einbeschrieben. Über der Geraden *BC* konstruiert man das Kreissegment *S*, ähnlich zu den Kreissegmente S_1 und S_2, die über *AB* bzw. *AC* konstruiert sind. Da hier die zwei Kreissegmente äquivalent sind, verhalten sich ihre Flächen wie die Quadrate über ihren Basen. Mittels des Theorems des Pythagoras erhält man: $S = S_1 + S_2$.

In dieser klassischen Periode der griechischen Mathematik sind nicht nur bedeutende Ergebnisse in der Theorie erreicht worden, sondern auch eindrucksvolle Anwendungen in der Technik. Ein Meisterwerk der Anwendung der Geometrie war der von Eupalinos im 6. Jahrhundert v. u. Z. gebaute Tunnel: ein Tunnel, von mehr als 1 km Länge, als Aquädukt für die Stadt Samos auf der gleichnamigen Insel: von beiden Seiten aus gegraben, wurde durch stete geometrische Messungen und Prüfungen erreicht, dass beide Vortriebe sich fast exakt in der Mitte trafen. Der Tunnel hat für über 1000 Jahre der Wasserversorgung der Stadt gedient, und ist heute eine Touristenattraktion.

4.6 Konstruktionen mit Zirkel und Lineal

Eine weitere allgemein geteilte Überzeugung über die Mathematik der Griechen ist, sie hätten in der Geometrie nur Konstruktionen mit Zirkel und Lineal zugelassen. So findet man auf einer aktuellen Wikipedia-Seite:

> „In der Geometrie werden Zirkel und Lineal auch als euklidische Werkzeuge bezeichnet. Problemlösungen, die auf andere Hilfsmittel zurückgreifen, wurden von den Griechen der klassischen Periode [...] als nicht zufriedenstellend betrachtet. Die Beschränkung auf die ‚euklidischen Werkzeuge' leitete sich aus den Postulaten ab, die Euklid am Anfang seines Lehrbuches *Die Elemente* zusammengestellt hatte".[1]

Zum Verständnis ist wesentlich, dass das Lineal ohne Abstands-Markierungen verstanden wurde; es wurde also nur zum Zeichnen, aber nicht zum Messen eingesetzt. Kegelschnitte waren nicht von dieser Beschränkungs-Regel betroffen – und mithin nicht als legitim konstruierte Objekte ausgeschlossen, da – im Gegensatz zu den Angaben auf der gleichen Wikipedia-Seite – die Ausschließlichkeit von Zirkel und Lineal nur sogenannte „ebene" Konstruktionsaufgaben betraf, nicht aber „räumliche" Aufgaben. Und die Kegelschnitte wurden von den Griechen als mit Körpern verbunden verstanden (Schubring & Roque 2014, S. 98).

Eine genauere Analyse, wie sie von Arthur Donald Steele 1936 durchgeführt wurde, ergibt jedoch, dass es kein solches Verbot oder Ausschließlichkeit gegeben hat. Es ist Platon zugeschrieben worden, dieses Verbot ausgesprochen zu haben. Diese Interpretation von Platon ist jedoch auch erst neueren Datums, wiederum aus der zweiten Hälfte des 19. Jahrhunderts – von Hermann Hankel (1874) – und beruht auf irrtümlichen Zuschreibungen. Platon hatte demnach die Benutzung mechanischer Geräte bei der Lösung geometrischer Probleme: dem delischen Problem, kritisiert (Schubring & Roque 2014, S. 95 ff.). Dagegen findet man in Euklids Geometrie-Lehrbuch eine effektive Beschränkung auf die Benutzung von Zirkel und Lineal: aber nicht aufgrund einer prinzipiellen Konzeption, sondern als eine Praxis. In anderen, allerdings nicht erhaltenen, Werken hat Euklid, Pappos zufolge, keine solche Beschränkung beachtet. Steele hat daher anstatt einer generellen Beschränkung eine bedingte Beschränkung konstatiert: wenn möglich nur Zirkel und Lineal zu benutzen, aber frei zu sein, andere Instrumente zu benutzen, wenn erforderlich (ibid., S. 99). Neueren Studien von Wilbur Knorr zufolge kann man die bedingte Beschränkung in Systematisierungen des Wissens feststellen, so in Euklids *Elementen.* Euklid hat dort, z. B., nicht das delische Problem behandelt. Aber neben solchen didaktisch motivierten Werken war die Haupttätigkeit der griechischen Mathematiker auf die Lösung geometrischer Probleme konzentriert, ohne Beschränkung auf „ebene" Methoden (ibid., S. 101 f.).

[1] https://de.wikipedia.org/wiki/Konstruktion_mit_Zirkel_und_Lineal

4.7 Mathematik im Hellenismus

Die insbesondere durch die Werke Euklids bekannte Periode mathematischer Produktivität ist nicht mehr im Zeitraum der griechischen *polis* erfolgt, sondern während der enormen Ausbreitung griechischer Kultur in der Folge des Alexander-Reiches, der Periode des Hellenismus. Athen war es gelungen, dem Expansionsdrang des Perserreiches zu widerstehen und es mit dem Sieg in der Schlacht von Marathon im Jahr 490 v. u. Z. zunächst zurückzudrängen, und in der Seeschlacht von Salamis im Jahre 480 zu besiegen. Die Epoche der kulturellen und wissenschaftlichen Blüte der griechischen *polis* endete jedoch mit der Eroberung Griechenlands durch den König von Mazedonien, Alexander, im Jahre 335 v. u. Z. Nach der Bildung seines Großreiches im Vorderen Orient wurde die von ihm gegründete Stadt Alexandrien in Ägypten zum neuen kulturellen Mittelpunkt, als Hauptstadt des aus dem Großreich entstandenen Satrapenstaates Ägypten unter den Ptolemäer-Königen.

Allerdings gibt es auch für Alexandrien eine Mythenbildung. Die von den Ptolemäern gegründete Bibliothek – als am wahrscheinlichsten wird die Gründung Ptolemaios I Soter (367–283 v. u. Z.) zugeschrieben – ist ja berühmt, und ihre Funktion der Sammlung und Erhaltung von Manuskripten ist wohlbekannt. Einige der leitenden Bibliothekare (vom König eingesetzt) sind bekannt; einer von ihnen war Erastosthenes, von 245 bis 201 v. u. Z. (El-Abbadi 1990, S. 93). Doch wird die Bibliothek vielfach als mit einer Universität verbunden dargestellt – und gar Euklid als Lehrer dort vorgestellt. Der Ausdruck ist aber anachronistisch. Was es in Verbindung mit der Bibliothek gab, war ein *Mouseion:* eine griechische Form einer mit Wissen verbundenen Einrichtung – ein Schrein, zur Verehrung einer der Musen. Die Akademie Platons war als *Mouseion* verfasst. Gemäß dem römischen Historiker Strabo war das *Mouseion* in Alexandria Teil des königlichen Palastes. Es verfügte über eine Arkade, einen *Peripatos* und ein großes Haus, mit einem Refektorium für die dort lebenden Mitglieder; sie bildeten eine Gemeinschaft, unter Leitung eines vom König ernannten Priesters. Zudem gab es einen *Epistates,* den Verwaltungsleiter. Als Mitglieder konnten dort Gelehrte leben, dem Gespräch und der Nutzung der Werke der Bibliothek gewidmet (ibid., S. 78 ff.). Lehrfunktionen waren nicht mit dem *Mouseion* verbunden.

4.8 Euklids Elemente

Das zweifellos wirkungsvollste Werk der Periode des Hellenismus waren *Die Elemente* von Euklid, mit dem Titel in griechisch: Στοιχεῖα (Stoicheia). Obwohl in verschiedenen Büchern, und auch in der MacTutor Biographien-Seite, Lebensdaten von Euklid angegeben werden, ist über seine Biographie praktisch nichts bekannt. Man kann ihn nur um 300 v. u. Z. datieren und eine Verbindung mit Alexandrien feststellen. Die

Anekdote über seine Kontroverse mit dem Ptolemäer-König über einen Königsweg zur Mathematik ist eine solche Verbindung.

Aufgrund seiner deduktiven Struktur wurde das Werk rasch als Paradigma der griechischen Mathematik verstanden und wurde bis weit ins 19. Jahrhundert hinein als vorrangiges Lehrbuch der Geometrie in Europa benutzt – seit der Frühmoderne in immer mehr Ausgaben und Übersetzungen, und zunehmend in „Schulausgaben", beschränkt auf die ersten sechs Bücher, also ohne die arithmetischen Bücher und ohne die raumgeometrischen. Es erscheint aber als fraglich, dass das Werk ursprünglich als Lehrtext konzipiert war (Bernard et al. 2014, S. 41). Es hat mehr den Charakter einer systematisierenden Darstellung des etablierten Wissens, also als Handbuch (Abb. 4.6).

Keine originale Fassung des Textes ist erhalten. Das älteste erhaltene Manuskript ist ein griechischer Text aus dem Jahre 888 (in Oxford; Knorr 1996, S. 213). Schriftliche Fassungen sind auf Papyri geschrieben worden, einem nicht beständigen Material. Es sind einzelne Fragmente aus der zweiten Hälfte des 3. Jahrhunderts v. u. Z., mit Sätzen aus dem Buch XIII. Obwohl sie die gleiche Bedeutung haben wie der heute als authentisch geltende Text, sind die Formulierungen nicht identisch. Man muss berücksichtigen, dass die Kultur damals oral bestimmt war und die Übermittlung von Texten

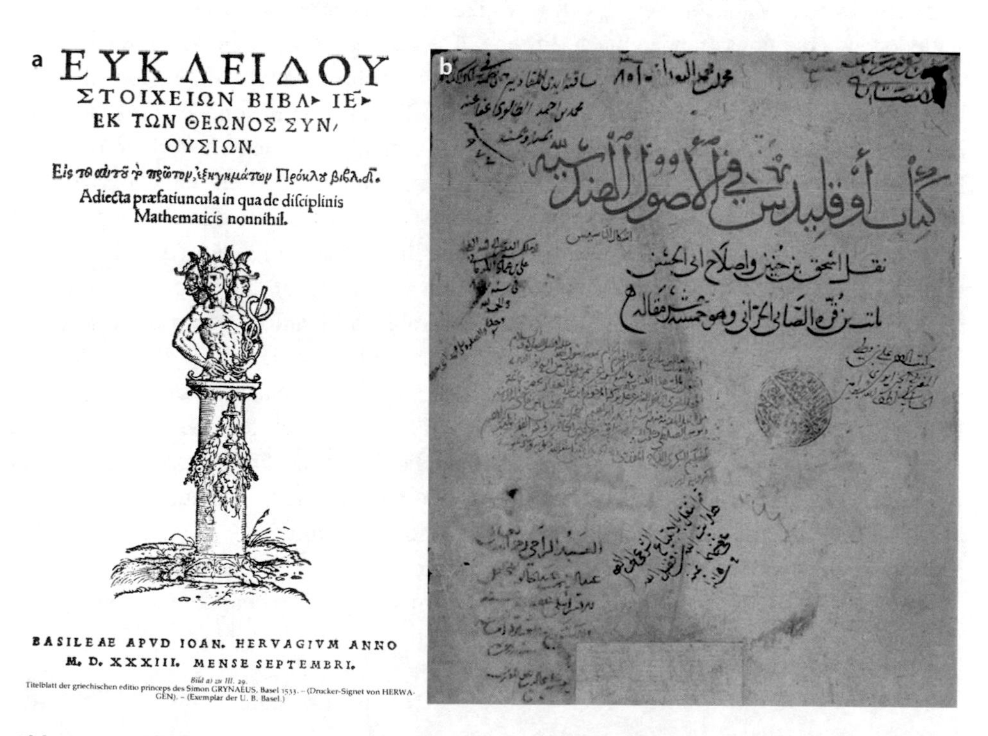

Abb. 4.6 **a.** Titelseite des ersten griechischen Drucks der Elemente 1533. **b.** Titelblatt der arabischen Übersetzung der Elemente von Isḥāq ibn Ḥunayn, revidiert von Thābit ibn Qurrah 1237

nicht notwendigerweise schriftlich erfolgte. So ist auch das Papyrus-Fragment mit einem Euklid-Text, das bei Ausgrabungen in Herculaneum gefunden worden ist, nicht identisch mit dem heute akzeptierten Text. Insgesamt sind etwa 120 Zeilen von Text aus dem Euklid-Text bekannt, die vor dem 4. Jahrhundert geschrieben worden sind, also vor der Kodifizierung des Textes durch Theon von Alexandria (ca. im Jahre 360). Und davon entspricht nur etwa die Hälfte der Text-Version von Heiberg (Schreiber 1987).

Die historische Forschung hat sich intensiv bemüht, eine möglichst authentische Textfassung zu ermitteln. Erste textkritische Forschungen setzten schon in der Frühmoderne ein. Bis dahin hatte man den Text Euklids als aus 15 Büchern (d. h. Kapiteln) bestehend überliefert; noch Christopher Clavius hat in seine kritische Edition von 1574 fünfzehn Bücher aufgenommen. Danach wurde jedoch ermittelt, dass die Bücher XIV und XV spätere Hinzufügungen sind: Buch XIV von Hypsikles aus dem 2. Jahrhundert v. u. Z. und Buch XV viel später, wohl erst im 6. Jahrhundert, vermutlich von Damascius. Weiter konnten die meisten Manuskripte als zur „Theon-Familie“ gehörig identifiziert werden: sie alle enthalten das Korollar zum Satz VI.33, das Theon selbst als von ihm hinzugefügt bezeichnet hat. Dadurch konnten einzelne Manuskripte als älter als Theons Textversion identifiziert werden. Eigentlich textkritische Forschung setzte mit François Peyrard ein, der erstmals Manuskripte analysiert hat und im Zuge von Napoleons Besetzung von Rom Zugang zu Manuskripten aus dem Vatikan hatte. Die *Elemente* sind in zwei verschiedenen Traditionssträngen nach Europa überliefert worden: in arabischen Übersetzungen und in griechischen Versionen. Sowohl Schreibfehler durch Kopisten wie Ergänzungen und Änderungen durch Nutzer des Textes waren von der Forschung zu berücksichtigen. Für lange Zeit galt die vom dänischen Mathematikhistoriker Johan L. Heiberg 1883–88 publizierte griechische Version als die am meisten authentische. Ihre Übersetzung durch Thomas Heath ins Englische ist die aktuell geltende Fassung. Sie ist allerdings 1996 durch Wilbur Knorr infrage gestellt worden, in einem Artikel mit dem provokanten Titel: „The wrong text of Euclid“ kam er zurück auf die 1884 vom Arabisten Martin Klamroth vertretene Auffassung, dass die arabische Tradition zuverlässiger sei, da deren Übersetzungen vor-theonisch sind. Die community war damals Heibergs Zurückweisung gefolgt, aber Knorrs neue Untersuchung, vor allem anhand von Buch X, gab Klamroth recht. Die bislang beste Untersuchung der „Affäre“ ist die gemeinsame Arbeit eines Gräcisten, eines Arabisten und einer Spezialistin für die Frühmoderne; sie haben Knorrs vergleichende Analyse der Manuskripte der beiden Traditionen auf die Bücher XI und XII ausgeweitet und stimmen Knorr weitgehend zu (Rommevaux et al. 2001). Leider gibt es bislang keine kritische Edition von arabischen Versionen (siehe Kap. 5).

Die Inhalte von Euklids dreizehn Büchern lassen sich grob so charakterisieren:

I	Geometrie von Dreiecken und Kreisen; Umwandlung von Flächen (Pythagoras Theorem)
II	Geometrie des Rechtseck und des Quadrats

III	Kreise. ihre Durchmesser und Tangenten
IV	Reguläre n-Ecke in Kreisen ein-und umschrieben
V	Theorie der Proportionen von geometrischen Größen
VI	Ähnlichkeit geradliniger Figuren in der Ebene
VII	Definitionen und Eigenschaften von natürlichen Zahlen
VIII und IX	Eigenschaften von Potenzen und Produkten von natürlichen Zahlen
X	(In)kommensurable und (ir)rationale Strecken und Flächen
XI	Räumliche Geometrie: Körper, Kugelflächen, Winkel, Parallelepipede
XII	Flächen und Körper: Polygone, Kegel, Zylinder
XIII	Die fünf Platonischen Körper

Euklids Werk ist auch oft gerühmt worden für seine Stringenz und kohärente systematische Darstellung. Die Inhaltsstruktur zeigt allerdings bereits verschiedene Teile: die Entwicklung der ebenen Geometrie wird nach den ersten sechs Kapiteln unterbrochen durch drei Kapitel zur Arithmetik und fortgesetzt mit dem zehnten Kapitel, dem umfangreichsten, zur Anwendung der Proportionentheorie; das Werk endet mit Kapiteln zur räumlichen Geometrie. Zudem lassen sich im Werk, als Systematisierung von zuvor etabliertem mathematischem Wissen, Spuren der verschiedenen Entstehungsbereiche dieses Wissens identifizieren. Benno Artmann hat diese historischen „Segmentierungen" in Euklids Werk in einer Graphik beeindruckend veranschaulicht (Abb. 4.7).

Die charakteristische deduktive Struktur des Werkes drückt sich bereits zu Beginn des ersten Buches aus. Zunächst erfolgen Definitionen: der grundlegenden geometrischen Begriffe – von Punkt, Linie, Fläche bis zum Begriff ‚parallel'. Es folgen fünf Postulate, mit Angaben zur Ausführung geometrischer Konstruktionen, mittels Zirkel und Lineal. Und schließlich neun Axiome, für grundlegende Annahmen, die nicht weiter deduziert werden können. Und mit diesen Grundlagen ausgestattet werden danach Sätze aufgestellt und bewiesen, mit den somit zur Verfügung stehenden Mitteln.

Allerdings waren die Funktion und Bedeutung von Postulaten und Axiomen einigen Wandlungen unterworfen. Das Parallelenpostulat, das in den heutigen Euklid-Texten das fünfte Postulat ausmacht, findet man in Ausgaben früherer Jahrhunderte auch als das „elfte Axiom" bezeichnet. Vincenzo Risi hat in einer vorzüglichen Studie die enorme Varianz nachgewiesen, die von Bearbeitern der Elemente vom 16. bis 18. Jahrhundert praktiziert worden ist. Ausgehend von der Edition von Clavius, der es aus didaktischen Gründen für zweckmäßig gefunden hatte, einige Axiome hinzuzufügen (Risi 2016, S. 598), haben über hundert Bearbeiter immer neue Definitionen, Postulate und Axiome hinzugefügt oder verändert. So zeigen sich die „a few" zusätzlichen Axiome von Clavius als insgesamt 35 (ibid., S. 651). Erst mit den textkritischen Arbeiten nach Peyrards Edition von 1814 ist man zu Euklids Text zurückgekehrt.

Die Propositionen der *Elemente* – es sind insgesamt 465 – sind von zwei verschiedenen Arten: entweder Probleme oder Theoreme. Probleme sind Forderungen zur

CASTRVM EVCLIDII

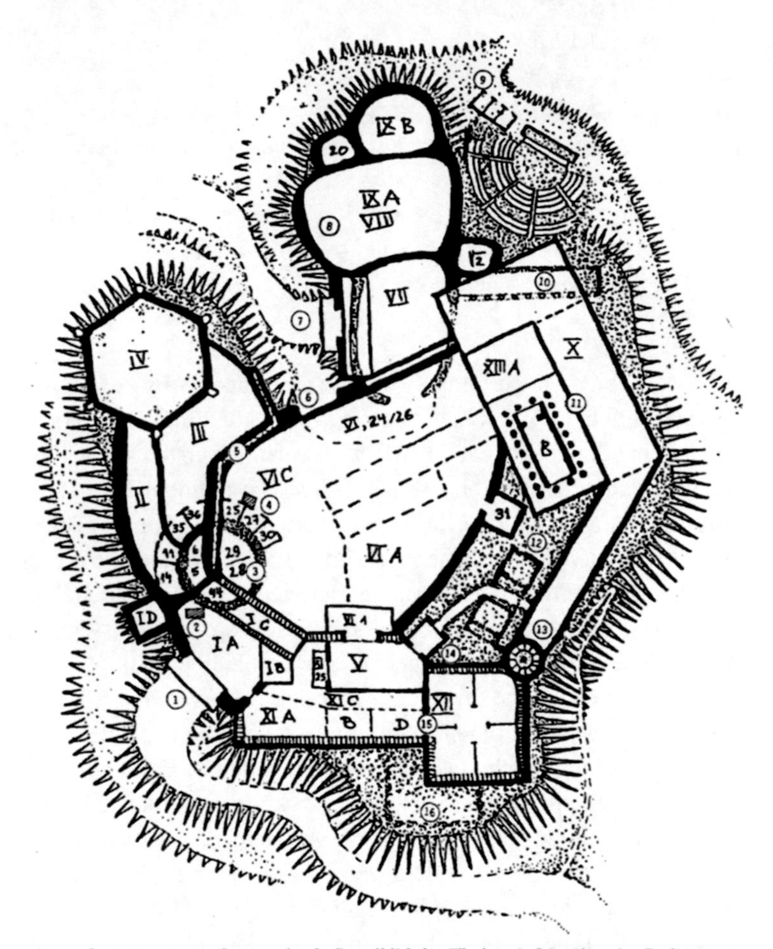

Legende. **1. Tor 1 zur Geometrie; 2. Standbild des Thales; 3. Museion der Pythagoreer: Anlegung; 4. Statue des Pythagoras; 5. Murus contra proportiones; 6. altes Tor (?); 7. Tor 2 zur Arithmetik; 8. Burg des Archytas; 9. Quartiere der Musiker; 10. Schule des Theodoros; 11. Bastion und Tempel des Theätet; 12. Ruinen der Anthyphairesis; 13. "The inexhaustible well" X 1; 14. Tor 3 zur allgemeinen Proportionenlehre; 15. Palast des Eudoxos; 16. Reste von ‚Konika' (?)**

Abb. 4.7 Traditionen griechischer Mathematik in Euklids Elementen (Artmann 1988, S. 134)

Konstruktion und Transformation von geometrischen Objekten. die Theoreme benennen und beweisen Eigenschaften von mathematischen Objekten.

Der Leser mag sich wundern, nach den Kommentaren zur Konstruktion mit Zirkel und Lineal, wie die Griechen eine Geometrie ohne Messen praktizieren konnten, sozusagen eine „reine" Geometrie. Dazu muss man verstehen, dass die Methode dieser Geometrie beim Konstruieren vorrangig im Vergleichen bestand, um als Ziel eine „Normalisierung“ zu erreichen: sei es eine Rektifizierung von krummlinigen Strecken oder eine Quadratur von krummlinig begrenzten Figuren oder von Polygonen zu erreichen. Man findet in der klassischen griechischen Mathematik keine Formeln, etwa zur Bestimmung von Flächeninhalten. Aussagen zu Flächeninhalten in modernem Verständnis wurden ausgedrückt als Verhältnis zu einer bekannten Fläche. Natürlich hatten Praktiker wie Landmesser, Architekten und Steuereinzieher Methoden, um – wenigstens angenähert – Werte für Längen, Flächen oder Körper berechnen zu können. Aber eine begründete Anwendung der üblichen Formeln zur Berechnung von Flächen setzt die Existenz reeller Zahlen voraus – deren Kenntnis lag aber in der griechischen Mathematik nicht vor.

In den *Elementen* findet man daher auch keine Multiplikationen oder Divisionen zwischen Größen – diese Operationen waren ausschließlich für Zahlen definiert. Die Operationen mit Flächen bestanden dagegen in der sog. Anlegung von Flächen (Abb. 4.8a und b).

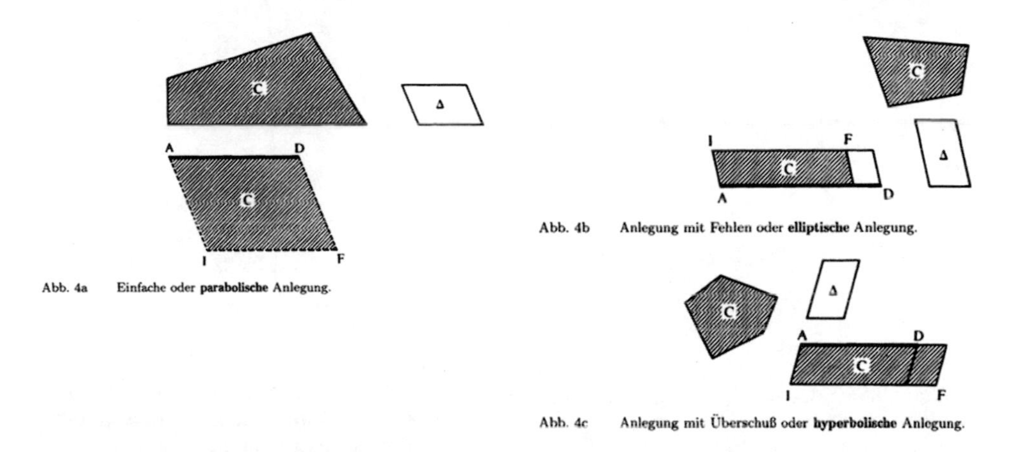

Abb. 4.8 **a.** Einfache Flächenanlegung (ibid., S. 56). **b.** Elliptische und hyperbolische Flächenanlegung (ibid.)

Flächenanlegung

Diese umfaßt drei verschiedene Konstruktionen, zu deren Durchführung nur Zirkel und Lineal erforderlich sind. Die erste heißt *einfache* oder *parabolische Anlegung* (vgl. Abb. 4a): Es geht darum eine Figur zu konstruieren, die zu einer gegebenen ähnlich und einer anderen, ebenfalls vorgegebenen flächengleich ist. Konkret gibt sich Euklid eine Strecke AD, ein Parallelogramm Δ und die Fläche c einer geradlinig begrenzten Figur vor. Dann konstruiert er über AD ein Parallelogramm $ADFI$, das Δ ähnlich ist, und dessen Inhalt gleich dem vorgegebenen Inhalt c ist. Im Falle der *Flächenanlegung mit Defizit (Fehlen)*, die auch *elliptisch* genannt wird (vgl. Abb. 4b), konstruiert er über einem Teil von *AD* ein Parallelogramm mit dem gegebenen Flächeninhalt *c*, so daß der fehlende Teil Δ ähnlich ist. Das besagt gerade, daß die Basis des konstruierten Parallelogramms nicht die ganze Strecke *AD* ausfüllt. Bei der *Flächenanlegung mit Überschuß*, die auch *hyperbolisch* heißt (vgl. Abb. 4c), wird das Parallelogramm über der Verlängerung der Strecke *AD* konstruiert. Oft ist das bei der Ähnlichkeit gegebene Parallelogramm ein Quadrat x^2. Die einfache Anlegung erlaubt es in diesem Falle, die zweite Seite eines Rechtecks zu konstruieren.

Peiffer & Dahan-Dalmedico 1994, S. 55

Für den Satz I.45 wird hier die einfache Flächenanlegung illustriert: „Ein einer gegebenen geradlinigen Figur gleiches Parallelogramm in einem gegebenen geradlinigen Winkel zu errichten“ (Abb. 4.9).

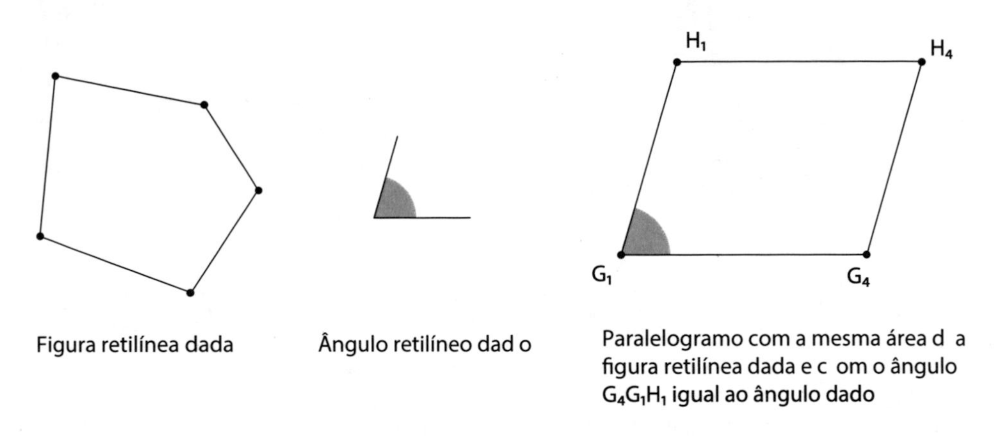

Abb. 4.9 Flächenanlegung für Satz I.45 (Roque 2012, S. 168)

4.9 Geometrische Algebra der Griechen?

Buch II der Elemente handelt von der Äquivalenz von Flächen und ist daher charakteristisch für die nicht-messende griechische Geometrie. Gleichwohl ist dieses Buch traditionell als Beleg für die Existenz einer „geometrischen Algebra“ der Griechen aufgefasst worden, d. h. als eine Algebra in einer geometrischen Verkleidung. Bartelt L. van der Waerden (1903–1996), Spezialist in Algebra, der Emmy Noethers moderne Algebra in das paradigmatische Lehrbuch *Moderne Algebra* (1930) übertragen hat und später zur Geschichte der Mathematik publiziert hat, erklärte z. B., das Buch II sei “the start of an algebra textbook, dressed up in geometrical form” (van der Waerden

1963, p. 118). Ihm zufolge, "the line of thought is always algebraic, the formulation geometric" (ibid., p. 119). Diese Interpretation war nicht auf Euklid beschränkt. Auch andere griechische Mathematiker wurden als Algebraiker verstanden: Theaetetus and Apollonius were at bottom algebraists, they thought algebraically even though they put their reasoning in a geometric dress (ibid., p. 265).

Diese Re-Interpretation griechischer Geometrie war seit dem Ende des 19. Jahrhunderts vertreten worden, insbesondere von Paul Tannery, Thomas Heath, Hieronymus Zeuthen und Otto Neugebauer. Zeuthen, ein produktiver dänischer Mathematik-Historiker, erklärte: 'the Ancients' knew to treat all forms of equations of the second degree (Zeuthen 1896, p. 50). Und Neugebauer kommentierte zu seiner Apollonius-Edition: "I did not change Apollonius's text except in its exterior form" (Neugebauer 1932, p. 250). Grundlegend ist daher für die "geometrische Algebra", dass mathematische Inhalte als unabhängig von ihrer Form angenommen werden – unabhängig von der Sprache und den Symbolen, um die Bedeutung auszudrücken.

Wie gelingt es, den geometrischen Text in algebraische Gleichungen zu verwandeln? Das wird hier gezeigt am Beispiel der beiden Propositionen II.5 und II.6: van der Waerden hat geeignete Strecken als Konstante definiert und so mit Buchstaben a und b bezeichnet, andere dagegen als Variable und daher mit x und y bezeichnet. Zunächst folgen die Diagramme von II.5 und II.6 aus der Euklid-Ausgabe von Heath (Abb. 4.10) und dann deren algebraisierende Umwandlung (Abb. 4.11).

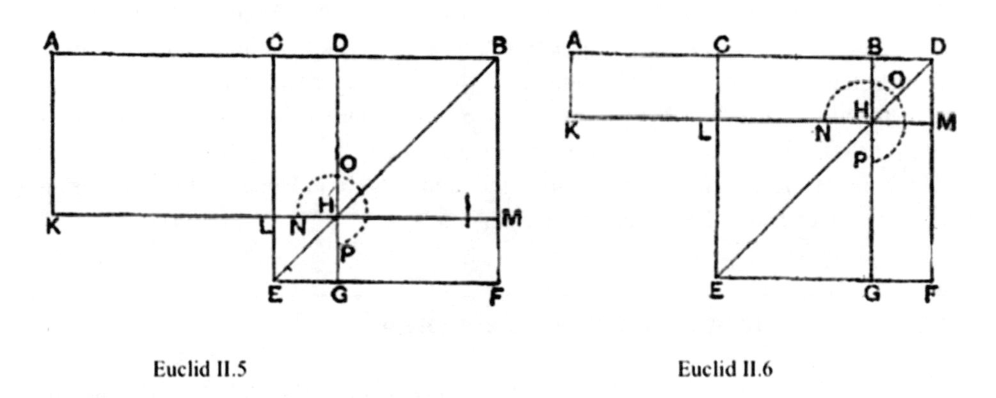

Abb. 4.10 Die Diagramme von Euklid II.5 und 6 (nach Heath 1908)

Van der Waerden hatte beide Diagramme so bezeichnet, dass er für beide Propositionen als Umsetzung dieselbe Gleichung erhielt: $(a+b)(a-b)=a^2$. Überrascht fragte er zu dieser "strange double form": "Why two propositions for one single formula?" (van der Waerden 1963, 197) – ohne seinen Ansatz infrage zu stellen. Die gängige deutsche Übersetzung der *Elemente* von Clemens Thaer, zuerst 1933–1937 publiziert, hat die Umsetzung geometrischer Texte in algebraische Zeichen und Gleichungen durchgehends praktiziert (Euklid 1991).

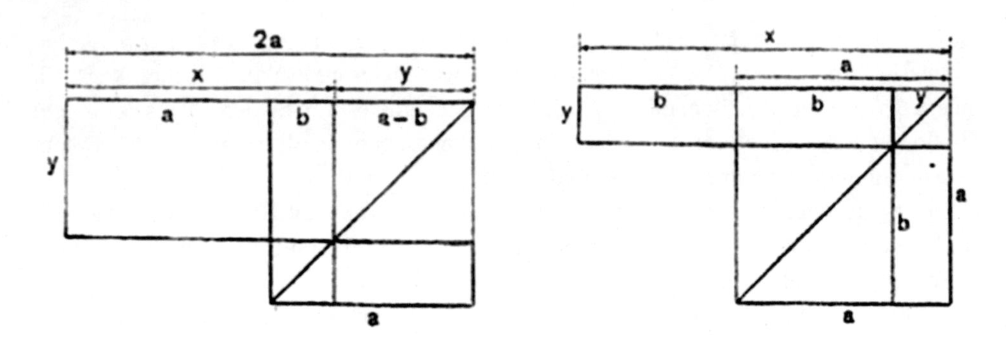

Abb. 4.11 Die algebraischen Diagramme in van der Waerden 1963, S. 197

Die „geometrische Algebra" ist erst seit 1975 in Frage gestellt worden, durch eine Kritik von Sabetai Unguru, der die methodologischen Mängel aufgezeigt hat, die Charakteristika einer mathematischen Praxis, wie sie sich in deren Form auszeichnet, unberücksichtigt zu lassen (Unguru 1975). Ungurus Kritik war damals scharf von deren Vertretern zurückgewiesen worden, besonders markant von André Weil, der die Relevanz, die jeweils praktizierte Form und deren Zeichen zu berücksichtigen, strikt verneinte (Weil 1978). Unguru hat danach, in zwei grundlegenden und innovativen Studien, zusammen mit David Rowe, sein ursprüngliches Zugeständnis zurückgenommen, wonach die „geometrische Algebra" die Form griechischer Geometrie falsch interpretiere, jedoch in der Analyse der Inhalte zutreffend sei. Diese Studien zeigten, dass der grundlegende Ansatz dieser Auffassung darin besteht, der griechischen Geometrie und ihren Operationen den **Zahlbegriff** als Grundbegriff zu unterstellen, während der Grundbegriff tatsächlich der der *Größe* war (Unguru & Rowe 1981 &1982).

Griechische Geometrie war Geometrie, und nicht Algebra. Algebra ist erst später, und in anderen sozio-kulturellen Kontexten entstanden.

4.10 Die Diagramme in Euklids *Elementen*

Man hat immer den Text von Euklids Werk als untrennbar mit dessen Diagrammen verbunden vorgestellt. Diese Selbstverständlichkeit ist aufgebrochen worden durch Ken Saitos Forschungen zu den Diagrammen, die mit den Manuskript-Versionen überliefert sind. Er hat deren große Differenzen nachgewiesen, weit entfernt von den als kanonisch wirkenden Diagrammen, wie wir sie aus den aktuellen Druckversionen kennen. Es war eine Überraschung, dass diese so kanonischen Formen sehr neuen Datums sind, erst vom Anfang des 19. Jahrhunderts: es war die Edition von Ernst Friedrich August (1826–29), die eine exakte Umsetzung von Konstruktionsvorschriften in den Sätzen Euklids eingeführt hat. Zuvor war weder in den Manuskripten des Mittelalters noch in den Druckversionen auf eine Realisierung der Vorgaben im Text geachtet worden. So sind die in einer Proposition geforderten Parallelogramme als Rechtecke gezeichnet worden; es gibt Beispiele für inkorrekte Diagramme, im Konflikt mit den Vorgaben der Aufgabe; sie sind oft so schematisch, dass sie einen anderen Sachverhalt auszudrücken scheinen, besonders in der räumlichen Geometrie (Saito 2006). Saito hat diese Praxis der Diagramme als „hyper-specification" oder „over-specification" bezeichnet. In dieser Praxis ist impliziert, dass der Leser als fähig angenommen wird, sich die erforderlichen Spezifikationen aus dem Text zu erschließen.

Praktisch hat also mehr oder weniger jeder der Bearbeiter des Manuskripts sich seine eigenen Diagramme konstruiert, ohne Voraussetzung eines allgemeinen Modells. Man kann daher fragen, welche Funktion und Form die Diagramme in den ersten Formen von Euklids *Elementen* und in der folgenden Praxis von Lektüre und Lehre hatten. Da die damalige Kultur weitgehend oral war, kann man annehmen, dass der Leser für sich oder ein Lehrender für andere ad hoc die Diagramme zeichnete, etwa in den Sand. In der Tat sind die geometrischen Probleme so formuliert, dass sie eine jeweilige Konstruktion des erklärenden Diagramms ermöglichen. Zudem gibt es das methodologische Problem bei der Nutzung geometrischer Diagramme in der Lehre: die Diagramme sollen das Problem in allgemeiner Form darstellen, aber es liegt stets in einer besonderen Form und Anordnung vor. Die ad hoc-Konstruktion war daher eine geeignete Form in der oral gebundenen Lehre, um im Dialog das Verständnis des Problems zu erreichen.

Unter den erhaltenen Text-Fragmenten der Elemente auf Papyri hat man auch Fragmente gefunden mit am Rand gezeichneten Figuren. Bekannt sind insbesondere die sog. Oxyrhynchos-Fragmente, aus Funden in den Resten einer hellenistischen Stadt, etwa 160 km südwestlich von Kairo. Die auf den Papyrus-Fragmenten sichtbaren Diagramme sind offenbar jeweils vom Schreiber gezeichnet worden, ohne notwendigerweise eine klassische Vorlage zu haben (Abb. 4.12).

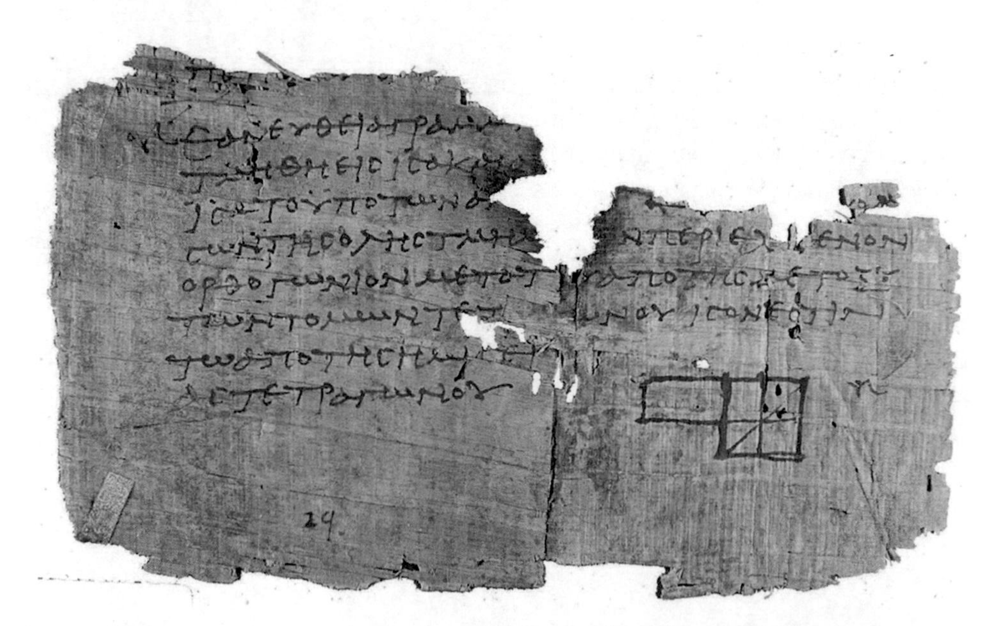

Abb. 4.12 Papyrus-Fragment von Euklid, II.5 http://www.math.ubc.ca/~cass/Euclid/papyrus/papyrus.html

4.11 Mathematische Forscher im Hellenismus und Spätantike

In der Periode des Hellenismus, bis zum Ausgang der Spätantike sind mehrere Mathematiker mit bedeutenden Forschungsleistungen bekannt – obwohl auch bei ihnen sehr wenig zur Biographie bekannt ist (Abb. 4.12).

Apollonius von Perga, einer Stadt in Kleinasien, im 3. Jahrhundert v. u. Z. lebend, ist vor allem bekannt durch seine Forschungen zu den Kegelschnitten. Er hat dazu ein Werk in acht Büchern verfaßt, die *Konika.* Aus deren Vorworten kann man etwas über sein Leben erfahren, so dass er eine Zeitlang in Alexandrien gelebt hat. Von den acht Büchern sind vier in griechischer Sprache erhalten und drei in Arabisch: das achte Buch ist verschollen. Auch dieses Werk ist von der „geometrischen Algebra" beansprucht worden, obwohl gerade dieses Werk als charakteristische Ausformung der synthetischen Methode der Griechen im Schulunterricht des 19. Jahrhunderts den Gegensatz zu den Methoden der analytischen Geometrie gebildet hat und zur Rechtfertigung des Ausschlusses analytischer Methode diente (Schubring 1991, S. 65). Eine neue Edition der *Konika* durch Michael Fried und Unguru erörtert die unterschiedlichen Rezeptionen in instruktiver Weise (Fried & Unguru 2001). Kegelschnitte waren zwar schon vor Apollonius untersucht worden, aber seine Leistung bestand in ihrer einheitlichen Darstellung, durch ebene Schnitte eines einzigen Kegels. Die Struktur des Werkes ist:

Buch 1: Erzeugung der Kegelschnitte durch Schnitt eines Kreiskegels. Mittelpunkt, Durchmesser und konjugierte Durchmesser der Kegelschnitte
Buch 2: Achsen und Asymptoten der Hyperbel
Buch 3: Brennpunkte, Theorie von Pol und Polare, Projektive Erzeugung der Kegelschnitte
Buch 4: Anzahl der Schnittpunkte zweier Kegelschnitte
Buch 5: Normale und Subnormale. Krümmungsmittelpunkte
Buch 6: Ähnliche Kegelschnitte
Buch 7: Spezielle Eigenschaften der konjugierten Durchmesser
[Buch 8: Spezielle Konstruktionsaufgaben]

Die ersten vier Bücher gelten als Systematisierung von bereits vorhandenem Wissen. Apollonius hat ferner im Gebiet der theoretischen Astronomie gearbeitet, in der Bestimmung von Planetenbahnen.

Archimedes gilt als der bedeutendste Mathematiker des Altertums. Man kann ihn als Mathematiker, Physiker und Ingenieur ansehen; er stand vermutlich im Dienst des Königs von Syrakus. Alle Berichte stimmen überein, dass er bei der Eroberung von Syrakus von einem römischen Soldaten getötet wurde. Über seine Ausbildung ist nichts bekannt; ein Besuch von ihm in Alexandrien ist wahrscheinlich. Er stand in Korrespondenz mit Mathematikern dort, insbesondere mit Eratosthenes. Archimedes hat zahlreiche Werke zur Mathematik und zur Mechanik verfasst, von denen viele erhalten sind. Sie lassen sich in drei Gruppen ordnen:

- Beweise von Theoremen zu Flächen und Inhalten von Figuren, die durch Kurven und/oder Oberflächen begrenzt sind. Hierzu gehören seine berühmten Arbeiten zur Kreismessung, zur Quadratur der Parabel, zu Kugel und Zylinder, zur Spirale und zu Konoiden und Sphäroiden;
- geometrische Studien zu statischen und hydrostatischen Problemen und die Nutzung der Statik in der Geometrie: über schwimmende Körper, über den Schwerpunkt ebener Flächen, über die Methode mechanischer Theoreme;
- weitere Werke wie das über die Sandrechnung und über das Rinderproblem.

Die Methode der Exhaustion war schon von Euklid in den *Elementen* dargestellt worden (X.1), für einbeschriebene Polygone. Archimedes hat die Methode weiterentwickelt, für um- und einbeschriebene Polygone und hat damit eine sehr gute Annäherung des Wertes von π gefunden, indem er den Prozess bis zu 96-Ecken fortsetzte. Und er hat erstmals eine genaue Flächen-Bestimmung eines Parabelsegments ermittelt. Weitere Leistungen sind Rektifikationen von Bogenlängen und Quadraturen von Oberflächen und Volumen zahlreichen Figuren wie Rotationsellipsoiden.

Mit der Konstruktionsmethode der *neusis* (Einschiebung), bei der Lineale mit Längenmarkierungen benutzt werden, hat er die von ihm ‚Spirale' benannte Kurve konstruiert und Flächenverhältnisse an ihr untersucht.

Archimedes entwickelte ingeniöse Verfahren für numerische Berechnungen. In seiner Abhandlung zur Sandrechnung erklärte er, wie man die Anzahl der Sandkörner in einer Kugel abschätzen kann, und erweiterte dies auf die Anzahl der Sandkörner, wenn der gesamte Kosmos als eine Kugel angenommen wird, als Fixsternsphäre – und dies unter Nutzung von Berechnungen nicht nur zum Umfang der Erde, sondern auch des Durchmessers des Mondes und des Durchmessers der Sonne. Auch im Rinderproblem geht es um die Berechnung sehr großer Zahlen: der Anzahl von Rindern in der Herde des Sonnengottes, mit Methoden – in heutiger Bezeichnung – von diophantischer Analysis – von Polynomgleichungen mit ganzzahligen Lösungen.

Die größte Überraschung war die Entdeckung 1906 seines Manuskripts über die Methodenlehre: das erste Dokument, in dem ein Mathematiker seinen Weg zum Auffinden mathematischer Entdeckungen beschrieb. Die Geschichte dieses Manuskripts davor und noch danach ist abenteuerlich. Es bildete einen Teil eines Pergament-Kodex, der im 10. Jahrhundert in Konstantinopel geschrieben wurde, in einer Sammlung von weiteren

Archimedes-Texten: *Über das Gleichgewicht ebener Flächen, Über Spiralen, Über Kugel und Zylinder, Kreismessung* und das *Stomachion.* Der Kodex entkam der Brandschatzung der Kreuzfahrer 1204 und gelangte zu einem Kloster orthodoxer Mönche bei Bethlehem, wo die Blätter 1229 als Palimpsest mit christlichen Texten überschrieben wurden. Dieser Palimpsest gelangte später wieder nach Istanbul, in die Bibliothek des Metochion, dem Sitz des Griechischen Patriarchats von Jerusalem. Der Katalog der Bibliothek von 1899 erwähnte sichtbare mathematische Elemente. Heiberg, aufmerksam geworden, entdeckte dort die überschriebenen Texte von Archimedes 1906, konnte Fotografien erstellen und mit bloßem Auge die Texte rekonstruieren und publizieren. Der Kodex verschwand aus dem Metochion während des griechischen Krieges gegen die Türkei nach 1922 und tauchte, beschädigt, 1998 in einer Aktion von Christie's wieder auf. Der Käufer stellte ihn der Wissenschaft zur Verfügung. Mit nunmehr modernsten Durchleuchtungs-Methoden untersucht, konnte eine revidierte Fassung erstellt werden (Netz 2011). Allerdings ergaben sich keine wesentlichen zusätzlichen Entdeckungen gegenüber der Heiberg-Transkription (Schneider 2013).

Das inhaltlich Überraschende an Archimedes' Methodenlehre war, dass er seine Entdeckungs-Methode als eine empirische beschrieb. Wie er beschrieb, nutzte er Verfahrensweise der Mechanik, um Lösungen zu finden, die er später „durch Methoden der reinen Geometrie" bewies; so mittels der Bestimmung des Schwerpunkts eines Parabelsegments, das dort aufgehängt gewogen wird, um den Flächeninhalt zu bestimmen (Czwalina 1923, S. 7).

Übersicht

„Ich bin (...) überzeugt, daß die Methode nicht weniger nützlich ist als zum Beweis der Theoreme selbst. Denn Einiges von dem, was mir auf ‚mechanische' Weise klar wurde, wurde später auf geometrische Art beweisen, weil die Betrachtungsweise dieser (‚mechanischen') Art der (strengen) Beweiskraft entbehrt. Denn es ist leichter, den Beweis zustande zu bringen, wenn man schon vorgreifend durch die ‚mechanische' Art einen Begriff von der Sache gewonnen hat, als ohne derartige Vorkenntnis"

zitiert nach: Wußing 2008, S. 198

Es ist hier angezeigt, danach zu fragen, wie griechische Texte, insbesondere Manuskripte von Archimedes, überliefert worden sind. Es hält sich hartnäckig – und nicht nur in populären Darstellungen – die als Fakt präsentierte Legende, nach der Eroberung Konstantinopels 1453 durch die Ottomanen hätten byzantinische Gelehrte griechische Manuskripte nach Italien gerettet – manchmal noch ausgeschmückt, sie hätten die Manuskripte schwimmend transportiert. Nicht nur ohne zu fragen, wohin die Gelehrten von Konstantinopel aus hätten schwimmen können, sondern auch ob es realistisch ist, wenn schwimmend, dann ausgerechnet nur mit schweren Manuskripten auf dem Rücken fliehen zu wollen. Tatsächlich gibt es keinerlei Berichte über eine Flucht von Gelehrten und eine Ankunft von Manuskripten ab 1453 in Italien – es gab dazu auch keinen Anlass: die Ottomanen praktizierten eine tolerante Politik gegenüber Christen und Juden. Während hier dem Orient die Ursache zugesprochen wird, war die Wirklichkeit schandbar für den Okzident. Beim vierten Kreuzzug 1204 veranlasste der Doge von Venedig die Kreuzfahrer, die sich von dort nach Jerusalem einschiffen wollten, stattdessen (zuerst) nach Konstantinopel zu fahren und es zu erobern, um damit die gemieteten Schiffe zu bezahlen. Tatsächlich eroberten die christlich-katholischen Kreuzfahrer die Hauptstadt des oströmischen, christlich-orthodoxen Reiches und brandschatzten Byzanz. Beute wurden nicht nur Kunstschätze wie die Quadriga, die dann San Marco in Venedig schmückte, sondern auch Manuskripte, die nicht Opfer der Flammen in Bibliotheken wurden und die von Kreuzfahrern nach Europa verbracht wurden. Als die französische Anjou-Dynastie 1265 die Invasion von Sizilien begann, besiegte deren Heer 1266 bei Benevent das Heer der bislang dort regierenden deutschen Staufer, unter König Manfred. Nach der Niederlage fanden die Franzosen im Heer der Staufer die große Anzahl von, aus Konstantinopel 1204 geraubten Archimedes-Manuskripten, die kurz darauf dem Papst übergeben wurden, und seitdem in der Vatikan-Bibliothek den wesentlichen Fundus ausmachen (Clagett 1970).

4.12 Das römische Reich und die Spätantike

Der römische Staat hatte sich stets mehr erweitert. Durch die Eroberung und Vernichtung von Karthago 146 v. u. Z. war er dominant im westlichen Mittelmeer geworden. Zunehmend hatte er immer weiter nach Osten expandiert. Nach der Eroberung von Griechenland auch 146 und schließlich von Ägypten im Jahre 30 v. u. Z. war der gesamte Mittelmeerraum unter römischer Herrschaft. Im östlichen Bereich blieb weiterhin die Kultur des Hellenismus dominierend. Der westliche Bereich wurde dagegen wenig davon bestimmt. Man hat sich immer gewundert, warum im westlichen, stärker von der römischen Kultur geprägten Bereich kein Aufschwung von Wissenschaft feststellbar ist. Struik hat dazu eine instruktive sozialhistorische Analyse gegeben:

> Das römische Imperium teilte sich ganz natürlich in einen westlichen Teil mit extensiver Landwirtschaft, die sich völlig auf Sklavenarbeit gründete, und in einen östlichen Tell mit intensiver Landwirtschaft, der Sklaven nie zu anderen Zwecken als für häusliche Dienste und öffentliche Arbeiten verwendete. Trotz des Wachstums einiger Städte und eines die ganze bekannte westliche Welt umfassenden Handels blieb die gesamte ökonomische Struktur des römischen Imperiums auf die Landwirtschaft gegründet. Die Verbreitung der Sklavenwirtschaft in einer solchen Gesellschaft war aller schöpferischen wissenschaftlichen

Arbeit äußerst abträglich. Die Klasse der Sklavenhalter ist an technischen Entdeckungen selten interessiert, einesteils deshalb, weil die Sklaven billige Arbeitskräfte darstellen, und zum anderen deswegen, weil sie sich fürchtet, Sklaven irgendein Hilfsmittel in die Hand zu geben, das ihre Intelligenz fördern könnte. Viele Angehörige der herrschenden Klasse beschäftigten sich in seichter Form mit den Künsten und Wissenschaften, und dieser ausgeprägte Dilettantismus begünstigte mehr die Mittelmäßigkeit als das produktive Denken. Als mit dem Niedergang des Sklavenmarktes die römische Wirtschaft verfiel, da gab es nur wenige Menschen, die selbst die mittelmäßige Wissenschaft der vergangenen Jahrhunderte hätten weiterpflegen können (Struik 1967, S. 56–57.).

In Darstellungen der Geschichte der Mathematik pflegt die römische Periode, als Ausdruck des westlichen Mittelmeer-Raumes, übergangen oder nur marginal erwähnt zu werden. In der Tat lassen sich, mit den Kriterien von Netz, keine Mathematiker aus dieser Kultur nennen. Im Gegensatz aber zur Verachtung der griechischen Philosophen für praktische Berufe gab es in der römischen Kultur, mit ihrem weniger philosophisch geprägten Charakter, eine sozial gut etablierte Profession: die *agrimensores,* oder Landvermesser. Man kann vier Gruppen in dieser Profession unterscheiden: a) Landvermesser im Dienste der Armee. Sie wurden offenbar innerhalb der Armee ausgebildet, nach einer Tradition, über die keine Details bekannt sind; b) Landvermesser im Dienste der Kaiser. Aufgrund ihrer griechischen Namen sind sie offenbar Sklaven oder freigesprochene Sklaven gewesen; c) Landvermesser in städtischen Diensten, und d) privat oder unabhängig arbeitende Landvermesser. Die römischen Agrimensoren haben zahlreiche Texte über ihre Praktiken verfasst; sie bilden den umfangreichen *Corpus Agrimensorum.* Die Texte dienten sicher auch zu Ausbildungszwecken; sie dokumentieren Kenntnisse und Praktiken in Astronomie, Geodäsie, Landvermessung und Rechentechniken. Allerdings ist die Erforschung dieses Corpus erheblich erschwert durch die Art von deren Überlieferung: da später für andere Zwecke umgeordnet und verändert, ist die Rekonstruktion der Texte kompliziert (Bernard et al. 2014, S. 49 f.).

Die mathematische Produktion wurde zwar in dieser späten Periode des Hellenismus im östlichen Mittelmeer-Raum fortgesetzt, aber nunmehr in gegenüber der klassischen Periode deutlich veränderten Orientierungen. Ein markantes Beispiel ist *Heron* von Alexandrien. Über seine Biographie ist nichts bekannt; er wurde lange für eine Art Handwerker gehalten. Auch der Zeitraum seines Lebens war ganz offen, bis Neugebauer eine von ihm beobachtete Sonnenfinsternis als die des Jahres 62 u. Z. ermitteln konnte. Erst seit dem Ende des 19. Jahrhunderts sind mehr überlieferte Werke von ihm bekannt, die ihn als Repräsentanten einer angewandten Mathematik ausweisen. Sein Werk *Dioptra* – die Beschreibung eines Instruments für Landvermesser – war offenbar eine Quelle für die *Agrimensores* (ibid., S. 50). Unter seinem Namen sind die Werke überliefert: *Automata, Barulkos, Belopoiica, Catoptrica,*

Cheirobalistra, Definitiones, Dioptra, Geometrica, Mechanica, De mensuris, Metrica, Pneumatica, and *Stereometrica.* Alle technischen Bücher werden ihm zugeschrieben, außer der *Cheirobalistra;* von den mathematischen nur *Definitiones* und *Metrica* – die übrigen werden als in byzantinischer Zeit stark veränderte didaktische Texte verstanden (Drachmann 1972). Seine *Pneumatics* ist ein Lehrbuch, zum Studium von Vakuum und Wasser- und Luftdruck; die *Mechanics* ist ein Lehrbuch für Architekten und Konstrukteure (ibid.). Die zahlreichen Überlieferungen und Bearbeitungen in byzantinischer Zeit belegen die Wirksamkeit seiner Arbeiten zu Anwendungen.

Das zweite charakteristische Werk ist die *Arithmetika* von *Diophant,* ein erstes Werk über Algebra. Es bildet einen markanten Bruch mit der Dominanz der Geometrie in der klassischen Periode. Dieses Lehrbuch hatte Diophant in 13 Kapiteln (wiederum: „Bücher") verfasst. Auch über sein Leben ist praktisch nichts bekannt. Meskens vermutet, dass er um 300 u.Z. gelebt hat. Er wird in Alexandrien lokalisiert. Sein Werk ist nur wenig und in komplizierter Form überliefert worden. Bis vor kurzem waren nur sechs der dreizehn Bücher bekannt, in griechischer Überlieferung. Als der Mönch Maximos Planudes (ca. 1255–1355), einer der offenbar wenigen in Byzanz an Mathematik Interessierten, in seiner Recherche nach mathematischen Manuskripten in Byzanz nach Exemplaren von Diophants Werk suchte, konnte er nur drei Exemplare finden. Alle diese Manuskripte enthielten nur die sechs griechischen Bücher (Meskens 2010, S. 116, FN 61). Nach dem Konzil in Florenz 1438–39, mit einem neuen Versuch der Einigung zwischen der „lateinischen" und orthodoxen Kirche, reisten mehrere Italiener nach Byzanz, um in dortigen Bibliotheken nach Manuskripten zu suchen; sie kehrten – vor 1453 – mit etwa 300 Manuskripten zurück, u. a. die sechs griechischen Diophant-Bücher, aus der Planudes-Tradition. Der bibliophile Kardinal Bessarion übernahm zahlreiche dieser Manuskripte; er schenkte später u. a. das Diophant-Manuskript der Marciana-Bibliothek in Venedig (ibid., S. 132 ff.). Dort bemerkte Regiomontanus kurz vor 1464 das Manuskript und wurde angeregt, nach den fehlenden sieben Büchern zu suchen – vergeblich (ibid., S. 137). Dadurch wurde Diophant in Westeuropa bekannt.

Die arabische Übersetzung der *Arithmetika* wurde zwischen 860 und 890 von Qusṭā ibn Lūqā in Bagdad geschrieben; bekannt ist, dass er jedenfalls auch die ersten drei, jetzt nur aus der griechischen Tradition bekannten, Bücher übersetzt hat (Meskens 2010, S. 110). Sie sind bekannt aus dem Werk *al-Fakhrī* von Al-Karajī (ibid., S. 112). Erst im Jahr 1968 wurde von Fuat Sezgin in der Astān Quds Bibliothek in Meschhed (Iran) ein Manuskript mit vier der noch fehlenden Bücher gefunden,[2] in einer arabischen Version, im Jahr 1198 geschrieben, auf der Grundlage von Qusta ibn Luqa's Übersetzung. Editionen des Manuskripts wurden unabhängig voneinander von Roshdi Rashed in Kairo 1975 und von Jacques Sesiano 1975 als Dissertation und dann 1982 publiziert. Sesianos Edition ist als Plagiat kritisiert worden. Jan Hogendijk hat beide Versionen genau unter-

[2] Der häufig zitierte Katalog dieser Bibliothek wurde 1971–72 publiziert.

sucht, und festgestellt, dass Sesianos Arbeit unabhängig und von erheblich besserer Qualität ist (Hogendijk 1985).

Sesiano zufolge, sind die nunmehr vorhandenen zehn Bücher so anzuordnen: griechische I, II, III, arabische I, II, III, IV, griechische IV, V, VI. Wo die noch fehlenden drei Bücher einzuordnen sind, muss offen bleiben.[3] Das Werk enthält in nach zunehmendem Schwierigkeitsgrad angeordnete arithmetische und algebraische Probleme, in allgemein formulierten Aufgabenstellungen und in konkreten, numerischen Lösungen. Das ausführliche Vorwort stellt das Werk als didaktisches Vorhaben dar: den Leser zu befähigen zur Erfindung in arithmetischen Problemen. Im algebraischen Teil geht es um die Lösung linearer und quadratischer Gleichungen und um Probleme zu rechtwinkligen Dreiecken. Wegen der auf Beispielen basierenden Darstellung ist es schwierig, Diophants mathematische Konzeptionen genauer zu bestimmen (Meskens 2010, S. 78).

Diophant benutzt in den Gleichungen Unbekannte bis zur neunten Potenz, in den griechischen Büchern allerdings nur bis zur sechsten Potenz. Schon zuvor, z. B. in Heron's *Metrica* waren rhetorische Formen zur Bezeichnung höherer Potenzen der Unbekannten benutzt worden: so δύναμις, κύβος, δυναμοδύναμις, δυναμόκυβος, κυβόκυβος (Sesiano 1982, S. 43). Diophant hat dafür abgekürzte Zeichen verwendet, zumeist mit dem ersten Buchstaben des jeweiligen Ausdrucks, als Großbuchstaben – für die erste Potenz (*arithmos*) dagegen ein „s“, vom letzten Buchstaben:

$$\Delta^{Y}, K^{Y}, \Delta^{Y}\Delta, \Delta K^{Y}, K^{YK} \text{ – in moderner Schreibweise: } x^2,\ x^3,\ x^4,\ x^5,\ x^6$$

In den arabischen Übersetzungen sind diese synkopischen Formen wieder in rhetorische Ausdrücke zurückgeführt, als entsprechende Wiederholungen von ‚*mal*‘ und ‚*ka*^{c}*b*‘, den arabischen Worten für Quadrat und Kubus (ibid., S. 46). Man kann dies in zweifacher Weise erklären: Entweder enthielt das griechische Original auch die rhetorischen Formen und wurden die synkopischen Formen erst in den byzantinischen Bearbeitungen eingesetzt, oder die arabische Übersetzung benutzte die Bearbeitung durch Hypatia (Meskens 2010, S. 105–106), die demnach statt der Zeichen die Worte benutzt hätte – während die byzantinischen Versionen auf eine originale Fassung mit Zeichen von Diophant zurückgehen. Es bleibt allerdings auch die Möglichkeit, dass die Zeichen für die arabische Übersetzung als unpraktisch erschienen und daher die rhetorische Form eingesetzt wurde.

Es ist öfters behauptet worden, Diophant habe negative Zahlen benutzt. Das ist vorwiegend aus der Diophant zugeschriebenen Zeichenregel geschlossen werden. Tatsächlich hat Diophant weder negative Zahlen eingeführt, noch mit ihnen operiert. Gemäß einem griechischen Kommentator hat man die unbestimmte Formulierung Diophants über die Multiplikation zweier „Fehlender“ zu verstehen unter Voraussetzung von zwei „Existierender“, d. h. modern ausgedrückt als $(a \pm b)(c \pm d)$ (vgl. Meskens 2010, S. 98).

[3] In Bibliotheken der Länder islamischer Zivilisation werden noch über 200.000 unkatalogisierte Manuskripte angenommen (Meskens 2010, S. 108).

In der spät-hellenistischen Periode gab es weitere bekannte Mathematiker, zumeist mit Alexandrien verbunden. Es sollen hier noch vier dieser Mathematiker hervorgehoben werden:

- Pappos von Alexandrien. Er hat unter anderem das Werk *Synagoge* oder *Collectio* (Sammlung) verfasst, ursprünglich in 12 Büchern, von denen aber nur acht erhalten sind. Es bildet eine Art Handbuch über die gesamte griechische Geometrie, mit Informationen über nicht erhaltene Arbeiten früherer Mathematiker. Hier findet sich auch der „Satz des Pappos", der eine wichtige Anregung für Descartes war. Er war auch als Astronom tätig.
- Theon von Alexandrien. Er hat den Text der *Elemente* Euklids in die Fassung gebracht, die Grundlage der meisten Überlieferungen geworden ist.
- Proklos Diadochos. Er war ein neuplatonischer Philosoph, mit starkem Interesse für die Mathematik. Er hat einen umfangreichen Kommentar zum ersten Buch von Euklids *Elementen* geschrieben, der eine vorzügliche Quelle zur Interpretation von Euklid und zugleich zum damaligen Wissen über die Geschichte der griechischen Mathematik bildet.
- Hypatia, die Tochter von Theon, und Bearbeiterin von Diophant, war die letzte markante Repräsentantin der Mathematik in Alexandrien. Sie wurde von einem, von einem christlichen Fanatiker aufgehetzten Mob gelyncht.

Zugleich wurde die Bibliothek von Alexandrien, nach dem Brand des Hauptgebäudes im Jahre 48 v. u. Z. beim Bürgerkrieg von Caesar mit Pompeius, im Jahre 391 definitiv Opfer der Flammen, als ein fanatischer Bischof einen Sturm auf den Serapeum-Tempel organisierte, der benachbart zur Tochter-Bibliothek lag (El-Abbadi 1990, S. 161). Da auch die Akademie Platons in Athen als heidnisch im Jahre 529 geschlossen wurde, markieren diese Ereignisse den Beginn der „dunklen" Periode des Mittelalters.

4.13 Aufgaben

1. In der Einführung dieses Kapitels ist die Sonderstellung berichtet worden, die die griechische Mathematik in der traditionellen Geschichtsschreibung eingenommen hat, als erste ernsthaft zur Kenntnis zu nehmender Wissenschaft – und als die einzige bis zur Neuzeit in Europa. Diese Einzigartigkeit ist seit den 1970er Jahren grundsätzlich in Frage gestellt und als Eurozentrismus kritisiert worden. Eine wissenschaftshistorisch besonders aufschlussreiche Kritik war das drei-bändige Werk von Martin Bernal: *Black Athena. The Afroasiatic Roots of Classical Civilization* (1987, 1991 und 2006), in dem afrikanische Ursprünge der griechischen Mathematik herausgearbeitet worden sind. Leihen Sie sich in Ihrer Bibliothek den ersten Band aus, lesen vorrangig die ausführliche *Introduction* und nach Ihrer Wahl Sie interessierende Kapitel – z. B. II, VI und VII – und schreiben Ihre Gedanken über die Argumente auf.

2. Die Kosinus-Regeln
   Die Sätze 11 und 12 des Buches II der Elemente lauten, in der Übersetzung von Thaer:
   II. 11. An jedem stumpfwinkligen Dreieck ist das Quadrat über der dem stumpfen Winkel gegenüberliegenden Seite größer als die Quadrate über den den stumpfen Winkel umfassenden Seiten zusammen um zweimal das Rechteck aus einer der Seiten um den stumpfen Winkel, nämlich der, auf die das Lot fällt, und der durch das Lot außen abgeschnittenen Strecke an der stumpfen Ecke.
   II. 12. An jedem spitzwinkligen Dreieck ist das Quadrat über der einem spitzen Winkel gegenüberliegenden Seite kleiner als die Quadrate über den diesen spitzen Winkel umfassenden Seiten zusammen um zweimal das Rechteck aus einer der Seiten um diesen spitzen Winkel, nämlich der, auf die das Lot fällt, und der durch das Lot innen abgeschnittenen Strecke an der spitzen Ecke.
   Benutzen Sie diese Sätze des Euklid, um die Kosinus-Regeln zu beweisen!

3. Ein Kernsatz in der Kritik von André Weil (1978) an Ungurus Kritik der geometrischen Algebra lautete:

   > As everyone knows, words, too, are symbols. The content of a theorem does not change greatly, whether it is expressed in words or in formulas: the choice is, as we all know, mostly a matter of taste and of style (Weil 1978, p. 92).

   Was hätten Sie, in Kenntnis von Nesselmanns Kategorisierung der historischen Prozesse der Algebraisierung (S: 85 f.), an Stelle von Unguru, Weil geantwortet?

5 Dunkles Mittelalter? Licht aus dem Orient

In traditionellen Büchern zur Mathematik-Geschichte pflegen die Autoren möglichst rasch und kurz über das Mittelalter hinwegzugehen – nach kurzen Erwähnungen der Inder und ihrer Ziffern und der Araber sowie von Fibonacci als Anzeichen eines Neubeginns in Europa streben die Texte rasch, über die Algebra bei Cardano, zu Descartes und Newton. Charakteristisch ist die Darstellung in Florian Cajoris seit 1894 vielfach aufgelegtem und bearbeitetem Buch; hier aus der fünften Auflage von 1991. Die Araber werden dort als „an obscure people of Semitic race" eingeführt, die plötzlich einen wichtigen Teil im historischen Drama einnahmen:

> „The Arabs were destined to be the custodians of the torch of Greek and Indian science, to keep it ablaze during the period of confusion and chaos in the Occident, and afterwards to pass it over to the Europeans. Thus science passed from Europe to the Arabs, and then back again to Europe." (Cajori 1991, S. 99).

Seit der ersten Auflage war der letzte Satz, bis zur revidierten vierten Auflage von 1985, in rassistischen Termini ausgedrückt: "Thus science passed from the Aryan to Semitic races, and then back again to the Aryan", und war mit der Zuschreibung wissenschaftlicher Inferiorität fortgesetzt worden:

> "The Mohammedans have added but little to the knowledge in mathematics which they received. They now and then explored a small region to which the path had been previously pointed out, but they were quite incapable of discovering new fields" (Cajori 1985, S. 99).

Den Arabern wird nur das kleine Verdienst zugesprochen, das Wissen der Antike soweit lebendig gehalten zu haben, bis die Europäer wieder in der Lage waren, die Fackel zu übernehmen und zu nunmehr ganz neuem Feuer zu erwecken. Die Inder werden hier höher geschätzt – sie werden ja in diesen Sichtweisen als Indo-Europäer, mithin als Arier eingestuft.

© Der/die Autor(en), exklusiv lizenziert durch Springer Nature Switzerland AG 2021

G. Schubring, *Geschichte der Mathematik in ihren Kontexten,* Mathematik Kompakt,
https://doi.org/10.1007/978-3-030-69483-8_5

5.1 Mathematik in der indischen Kultur

Nach dem Ende der Kultur von Harappa und Mohenjo-Daro im Indus-Tal (s. Kap. 3) ist die Entwicklung von Mathematik in der vedischen Kultur erfolgt, Diese Kultur beruhte auf der Religion des Veda, einer frühen Form des Hinduismus. Der Veda, in Sanskrit verfasst und aus vier Teilen bestehend, war der heilige Text, der – in Versform – über Jahrtausende oral überliefert wurde. Diese orale Überlieferung wurde durch ausgefeilte Memorisierungs-Techniken gesichert, in denen die Brahmanen, die oberste Kaste, ausgebildet wurden. Man unterscheidet zwei Epochen: die eigentlich vedische Zeit, von ca. 2.500 v. u. Z. bis 500 v. u. Z., und von 500 v. u. Z. bis zum 12. Jahrhundert – sowie danach eine Prä-Moderne, vom 13. bis zum 18. Jahrhundert.

In der vedischen Epoche wurden die *śulbasūtras* („Regeln der Sehne") entwickelt, wohl zwischen dem 8. und dem 5. Jahrhundert v. u. Z., die man als Beiträge zu einer Mathematisierung der Astronomie verstehen kann. Sie bilden Teile längerer ritueller Texte und gehören verschiedenen religiösen Schulen an, werden aber meist als ein Korpus zusammengefasst. Auch sie sind in Versform verfasst.

> They indeed have many rules and topics in common. They describe the construction of Vedic ritual altars and delimitate ritual grounds. They provide algorithms to construct with strings and poles, oriented geometrical figures (square, rectangles, right triangles, etc.) having a given size. Procedures describe how to transform a figure into another having the same (or a proportional) area (a rectangle into a square, an isosceles triangle into a square etc.). Rules to construct altars of given shapes (some quite complex as that of a hawk with open wings) with a fixed amount of bricks are given as well. Each *śulbasūtra* often gives several separate procedures for a same aim. It also contains rules that have a general scope, such as a procedure for the Pythagorean Theorem. [...]. Each separate text itself discusses several ritual schools, thus exposing contradictory data on the length of this altar, or the size of that brick (Keller 2014, S. 71 f.).

Die mathematischen Probleme der *śulbasūtras* dienten mithin einer einzigen religiösen Anforderung: der Konstruktion von Altären mit verschiedenen Formen aber gleichen Flächen. Mathematik war Teil einer theologisch ausgerichteten Wissenschaft, „astrale" Wissenschaft genannt, und aus drei Komponenten bestehend: mathematische Wissenschaften (*gaṇita)*, Horoskop-Astrologie und Prophezeiung.[1]

[1] Es gibt eine Reihe von Publikationen zu einer sogenannten vedischen Mathematik. Es handelt sich dabei um Rückprojektionen mehr oder weniger moderner Mathematik in antik erscheinende Texte. Diese Texte sind nicht nur anachronistisch, sondern auch ohne historische Substanz.

Nach dem Ende der vedischen Epoche entstanden weitere religiöse Richtungen, u. a. der Buddhismus und Jainismus. Deren Texte waren nicht in Sanskrit verfasst. Man weiß von buddhistischen Texten zur Mathematik und Astronomie; sie sind jedoch nicht überliefert. Vom Jainismus sind mathematische Texte in späteren Fassungen überliefert, zu mathematischen Grundlagen, zur Arithmetik und zu „astraler" Wissenschaft (ibid., S. 72).

Nach über 1000 Jahren, aus denen keine Sanskrit-Texte zur Mathematik und der astralen Wissenschaft überliefert sind, treten zwei Arten mathematischer Texte in Sanskrit auf: einerseits Kapitel zur Mathematik innerhalb von Lehrbüchern zur Astronomie, und andererseits Texte zu „weltlicher" Mathematik", zumeist in Kontexten des Jainismus. Beide Texte waren weiterhin in Versform geschrieben, als Regeln – mehr oder weniger aphoristisch, mit Definitionen und Prozeduren (ibid., S. 73).

Ein wichtiger Text der ersten Richtung war die *Āryabhaṭīya* des Āryabhaṭa (geb. 476), aus dem Jahre 499. Sein Werk zur Astronomie enthält ein Kapitel zur Mathematik, mit 33 Merkversen zur Elementargeometrie, sphärischer Geometrie, quadratischen Gleichungen, arithmetischen Reihen, Näherungs-Verfahren für Quadrat- und Kubikwurzeln und Tafeln für *sinus* und *sinus versus.* Insbesondere enthält das Kapitel eine Definition des Stellenwertsystems.

In der Tat bildet die Etablierung des dezimalen Stellenwertsystems einen der wichtigsten Beiträge indischer Mathematiker für die weitere Entwicklung der Mathematik. Die seit dem 3. Jahrhundert v. u. Z.. gebräuchlichen Brāhmī-Ziffern benutzten bereits eine Ziffernschreibweise für die Zahlen von 1 bis 9 (Wußing 2008, S. 98 f.). Die Bezeichnung *śūnya* als Wort für ‚Leere' ist nachgewiesen im Werk *Pañcasiddhāṇta* (Fünf astronomische Abhandlungen) von Varahamhihira aus dem Jahr 505 (Tropfke 1980, S. 16). Die indischen Mathematiker waren spätestens seit Brahmagupta (geb. 598) mit dem Rechnen mit der Null vertraut (ibid., S. 142). Die Reihe der zehn Ziffern von 1 bis 0 wurde im 1881 aufgefundenen Bakhshālī Manuskript benutzt (ibid., S. 66). Die Datierung ist strittig: entweder 3. oder 9. Jahrhundert. Eine Null in Kreisform erscheint in den Gwalior-Inschriften (870).

Im Werk des Brahmagupta (598-ca. 665) zur Astronomie (628) sind vier der 25 Kapitel der Mathematik gewidmet: Rechnen mit Größen, Brüche, Proportionen, Gleichungen ersten und zweiten Grades – als Regeln, ohne Beweise. Das gleichfalls astronomische Werk von Bhāskara I (ca. 600 – 680) enthält ein Kapitel zur Mathematik, das ein Kommentar zur *Āryabhaṭīya* ist und erläuternde Beispiele enthält, mit einer Verifizierung der Antworten.

Die Texte der sog. weltlichen Mathematik – oder auch Brett-Mathematik, weil Berechnungen und Zeichnungen auf einer Platte ausgeführt wurden – wurden mehr zufällig gefunden, so das Bakhshālī Manuskript. Seit dem 12. Jahrhundert findet man Synthesen der beiden verschiedenen Formen. Ein charakteristisches Beispiel sind die beiden Werke *Līlāvatī* (zur Arithmetik), und *Bījagaṇita* („Keim der Mathematik", zur Algebra); beide bilden Kapitel der astronomischen Abhandlung, der *Siddāntaśiromāṇi* von Bhāskara II (1114-ca. 1185). Neben Algebra (quadratische und unbestimmte

Gleichungen) und räumlicher Geometrie enthalten sie viel zur, für die Astronomie wichtigen Trigonometrie.

In der Literatur findet man öfters die Aussage, in der indischen Mathematik seien negative Zahlen benutzt worden. Bhāskara II, als entwickeltster Stand dieser Periode, gab bei quadratischen Gleichungen manchmal nur eine Lösung, auch wenn beide positiv gewesen wären. Bei Problemen mit konkreten Größen lehnte er negative Lösungen ab; bei abstrakteren Problemen re-interpretierte er negative Lösungen, wenn es eine passende entgegengesetzte Größe gab. So erklärte er in einem Problem über die Anzahl von Affen in einer Herde, „die Leute akzeptieren keine negativen absoluten Zahlen" (Sesiano 1985, S. 106). Dagegen interpretierte er in einem geometrischen Problem eine negative Lösung als Strecke in der entgegengesetzten Richtung (ibid., S. 107).

In brasilianischen Schulbüchern wird die allgemeine Lösung der quadratischen Gleichung:

$$x = \frac{-b \pm \sqrt{b^2 - 4ac}}{2a}$$

als Formel des Bhāskara bezeichnet. Tatsächlich waren auch dessen Werke in rhetorischer Form geschrieben, ohne jeglichen Formalismus, und ohne einen Anspruch, allgemeine Verfahren anzugeben und insbesondere nicht zugleich für positive und negative Lösungen.

5.2 Islamische Mathematik

Man spricht meistens von ‚arabischer Mathematik'. Diese Bezeichnung ist aber nicht geeignet. Ausgehend von Medina, im Jahr der *Hidschra* (622 u. Z.) waren zunächst die Stämme in der arabischen Halbinsel unter der Religion des Islam geeinigt worden; dann erfolgte eine enorme Expansion. Zunächst eroberten die Araber beträchtliche Teile des oströmischen Reiches: zuerst Syrien (636–637) und dann Ägypten (640). Die weitere Expansion erfolgte sowohl nach Osten wie nach Westen. Sie eroberten das Sassaniden-Reich (651) und eroberten immer weitere Teile Nordafrikas. Ganz Nordafrika wurde bis Ende des 7. Jahrhunderts erobert. Ab dem Jahre 711 folgte die fast vollständige Eroberung der iberischen Halbinsel (bis 719), mit nunmehr vorwiegend Berbern als Truppen. Einige Teile im Süden von Frankreich wurden kurzzeitig besetzt. Nach Osten folgten weitere Expansionen bis nach Zentralasien und Indien. Das Großreich zerfiel in mehrere Staaten, auch aufgrund der Spaltung des Islam in Sunniten und Schiiten (Schlacht von Kerbela 680). Das Gemeinsame war die Islamisierung der Völker in den eroberten Gebieten, in denen die Araber nur eine Minderheit bildeten. Und auch Arabisch bildete nicht die überall gemeinsame Sprache – in Persien und den von dort aus dominierten Gebieten im Osten war Persisch die gemeinsame Sprache.[2] Korrekt sollte man also von ‚Mathematik in Ländern der islamischen Zivilisation' sprechen – oder kurz von ‚islamischer Mathematik'.

5.2.1 Funktionen der Mathematik und Lehre der Mathematik

Mathematik hatte in der islamischen Religion zwei allgemeine Funktionen. Die heilige Schrift des Islam, der Koran, enthielt in seinen Suren detaillierte Vorschriften zur Erbteilung (die auch die weiblichen Mitglieder der Familie einschloss), deren Praktizierung eine detaillierte Kenntnis der Bruchrechnung erforderten. Während diese Funktion eine breitere Bildung in Arithmetik notwendig machten, gab es auf einem höheren Bildungsniveau, für Architekten, die Notwendigkeit astronomischer Kenntnisse und Praktiken: die Gebetsrichtung der Moscheen – die *qibla* – hatte nach Mekka, zur Kaaba, orientiert zu sein. Eine Nische in der Stirnwand der Moscheen, der *mirhab,* zeigt diese Richtung an. Eine Vielzahl geeigneter astronomischer Instrumente sind von Mathematikern entwickelt worden, um die *qibla* korrekt zu bestimmen (King 1987).

Wie schon zuvor in der griechisch-römischen Welt gab es in den Ländern der islamischen Zivilisation keine staatlichen Initiativen oder eine Organisation für ein Bildungswesen. Die erforderliche Kenntnis des Lesens und Schreibens, um den Koran lesen und rezitieren zu können, wurde häuslich oder von den Moscheen aus organisiert. Das Erreichen von darüberhinausgehenden Niveaus der Bildung von Jugendlichen waren der Initiative der Eltern überlassen; dort konnten Kenntnisse der Arithmetik, insbesondere zur Erbteilung erworben werden. Jüngere Erwachsene, die etwa intensiveren Unterricht in Mathematik erhalten wollten, hatten Reisen zu unternehmen, um kompetente Lehrer zu finden und von ihnen zu lernen (Abdeljaouad 2012, pp. 3–5). Es waren ebenso private Initiativen, die zur Gründung von Institutionen höherer Bildung führten. Die charakteristische solche Institution in der klassischen islamischen Zivilisation war die *madrasa.* Sie entstand spätestens im 12. Jahrhundert, vorrangig in Syrien, Ägypten, Iran und Iraq (Brentjes 2014, S. 86). Ihr Hauptziel war die Lehre in den sog. religiösen Wissenschaften, in *fiqh* (positives Recht) und *hadith* (religiöse Überlieferung) – also zur Ausbildung der Richter (*kadis*) und islamischen Rechtsgelehrten (*muftis*) – und sie konnten nur durch ein *waqf* gegründet werden: eine fromme Stiftung, d. h. mit einer religiösen Zielsetzung (Makdisi 1981, S. 35 ff.). Die Stiftung sicherte den Unterhalt des Gebäudes, den Lebensunterhalt des/der Lehrer und die Unterkunft der Studenten (ibid., S. 32). Nur durch *waqf* gegründete und gesicherte Institutionen konnten unbefristet errichtet werden (ibid., S. 38).

[2] Genauer gesagt: mittel-Persisch, oder Pahlavi; das neu-Persische heißt Farsi.

Die Vorgängerinstitution der *madrasa* war, seit dem 8. Jahrhundert, das *masjid,* auch durch *waqf* gegründet und finanziert, und gleichfalls der Ausbildung in den religiösen Wissenschaften gewidmet. Bereits diese Institution finanzierte den Lehrer und forderte keine Gebühren von den zugelassenen Studenten. Die sog. ausländischen Wissenschaften waren von der Lehre an den *masjid* ausgeschlossen (ibid., S. 21 ff.). Unter ‚ausländischen Wissenschaften' – auch „sciences of the Ancients" genannt und wegen ihres „heidnischen" Charakters verdächtig (ibid., S. 77) – wurde das hellenistische Wissen verstanden, das die arabischen Eroberer in Syrien und Ägypten antrafen und kennenlernten, also vorrangig Philosophie, Mathematik und Naturwissenschaften. Es ist kennzeichnend für das charakteristische Problem, über das individualistische System des Islam allgemeine Aussagen zu machen, dass sich in den *masjid* des sunnitischen Islam in dieser Periode vier juristische Schulen herausgebildet haben: die shāfi'īya, die hanafīya, die mālikiya und die hanbaiīya; diese Schulen standen im Gegensatz, mehr rationalistisch oder mehr traditionalistisch orientiert zu sein. In der Zeit der frühen Abbasiden-Kalifen, insbesondere von al-Rashid und al-Ma'mūn, dominierte die rationalistische Richtung, so dass eine kulturelle Offenheit gegenüber den „Wissenschaften der Alten" bestand (ibid., S. 80). Unter dem Kalifen al-Mutawakkil (849) setzte dagegen eine orthodoxe Reaktion ein.

An den *madrasa* wurden neben den religiösen Wissenschaften, oder ‚Wissenschaften des Islam', auch Hilfswissenschaften gelehrt. Dazu gehörten arabische Sprache und Grammatik. Der Stifter konnte bestimmt haben, auch Wissenschaften der „Alten" zu lehren. Auch wenn das nicht in der Stifterurkunde vorgesehen war, hinderte nichts einen Studenten, selbst mittels der Bibliothek mathematische Schriften zu studieren. Auch konnte ein in Mathematik gleichfalls kompetenter Lehrer Mathematik unterrichten, unter einem Deckmantel, er handle von *hadith.* (ibid., S. 80).

Der generelle Ausschluss der Mathematik von Lehre an Institutionen, die man als höchstes Niveau in dieser Zivilisation zu bewerten hat, ist vielfach diskutiert worden. A. I. Sabra hat den Ausschluss als ‚Marginalitäts-These' bezeichnet und gefragt: „How did a significant scientific tradition maintain itself for such a long time largely outside the only stable institution of higher learning in medieval Islam?" (Sabra 1987, S. 234). Eine Antwort besteht darin, auf eine andere Sphäre als die der religiös definierten Institutionen zu verweisen: auf die Patronage an Höfen von Kalifen, Sultanen und Emiren. Dort sind Mathematiker für Aufgaben in Astronomie und Astrologie beschäftigt worden (Brentjes 2014, S. 86); und diese konnten ihre Position auch für Lehre in den mathematischen Wissenschaften nutzen.[3]

[3] Brentjes zufolge ist Arithmetik (vor allem für Erbteilungen) und Zeitmessung an *madrasas* in späteren Jahrhunderten gelehrt worden, so im mamelukischen Ägypten, im osmanischen Reich und dem safavidischen Persien (Brentjes 2019, S. 83).

Für diese Form des Einsatzes und der Entwicklung mathematischen Wissens gibt es zwei signifikante Belege. Der erste Beleg ist verbunden mit dem *Beit-al- Ḥekma,* Haus der Weisheit, in Bagdad, der 762 von den Abbasiden-Kalifen gegründeten neuen Hauptstadt des damals noch einheitlichen islamischen Reiches und zugleich kulturellem Zentrum des Reiches: dessen Einrichtung wird dem Kalifen al-Ma'mūn (813–833) zugeschrieben, als Bibliothek und zur Übersetzung ausländischer Werke. Das *Beit-al-Ḥekma* ist anachronistisch verklärt worden, als eine Universität; um solche falschen Zuschreibungen auszuschließen, bezeichnet neuere Forschung die Einrichtung als Übersetzungs-„Büro" (Gutas 1998, S. 56). Tatsächlich ist nicht nur *Beit-al-Ḥekma* die Übersetzung des Ausdrucks im Persischen für ‚Bibliothek', sondern nachweisbar sind dort auch nur Übersetzungen von Werken aus dem Persischen (Gutas 1998, S. 58). Die Bewegung der Übersetzung der Werke griechischer Philosophen und Wissenschaftler erfolgte unabhängig vom *Beit-al-Ḥekma,* aber gleichfalls von den abbasidischen Kalifen initiiert und realisiert – und schon früher, vom Kalifen al-Manṣūr (754–775), dem Gründer von Bagdad, intensiv begonnen. Es war in der Tat al-Manṣūr, der sich vom Kaiser in Byzanz die *Elemente* Euklids senden und das Werk vom Griechischen ins Arabische übersetzen ließ (ibid., S. 32) – eine erste Übersetzung, die später verbessert wurde. Immerhin bestätigt aber eine Quelle, dass al-Khwārizmī am *Beit-al-Ḥekma* „im Dienste von al-Ma'mūn" beschäftigt war (ibid., S. 58). Da von al-Khwārizmī keine Übersetzungen bekannt sind, er sein Algebra-Buch aber in der Tat diesem Kalifen gewidmet hat, kann man annehmen, dass er dort offiziell als Bibliothekar eingestellt war.

Der zweite signifikante Beleg ist die Gründung von astronomischen Observatorien, gleichfalls an Höfen von Souveränen. Die Funktionsweise der Observatorien im Islam bestätigt, dass nur Institutionen, die mittels *waqf* gestiftet wurden, zeitlich unbeschränkt errichtet werden konnten. Wie Aydın Sayılı in seinem gut dokumentierten Buch "The Observatory in Islam" (1960) überzeugend gezeigt hat, funktionierten alle Observatorien im klassischen Islam nur für eine begrenzte Zeit. Sie wurden mit einer präzisen und konkreten Beobachtungsaufgabe eingerichtet und nicht mit einem allgemeinen Auftrag für permanente Forschung. Die meisten Observatorien in der islamischen Geschichte existierten nur für ein oder zwei Jahre. Die einzige bekannte Ausnahme bildet das Observatorium in Maragha, im heutigen Iran, mit einer längeren Existenzdauer, von 1260 bis 1304. Es wurde gegründet von Hulagu Khan, einem Enkel des Mongolen Dschingis Khan. Der erste Leiter war der Mathematiker Nasīr al-Dīn al-Tūsī (1201–1274), der dort 1272 bedeutende astronomische Tafeln fertiggestellt hat. Man nimmt an, dass im östlichen Islam die Regeln des Islam etwas anders interpretiert wurden.

5.2.2 Bedeutende Mathematiker

Ebenso wie in der griechisch-römischen Welt hat es in der islamischen Zivilisation keine Professionalisierung der Mathematik gegeben. Wer Mathematik lehrte oder forschte, war zugleich auch in anderen wissenschaftlichen Bereichen und/oder Berufen tätig. Ibn-

Sīnā, zum Beispiel, im Westen als Avicenna bekannt, hat neben seinen wissenschaftlichen Studien insbesondere als Philosoph, zugleich aber auch als Arzt praktiziert. Fuat Sezgin hat ein monumentales Werk, in 17 Bänden, in jahrzehntelangen Recherchen in Bibliotheken islamischer Länder erarbeitet: *Geschichte des arabischen Schrifttums* (1967–2015). Es enthält die Bio-Bibliographien der Schriften islamischer Gelehrten und Schriftsteller bis ungefähr zum Jahre 430 H (1038 u. Z.), nach Sachgebieten geordnet. Band 5 enthält die Mathematik und die Bände 10 und 13 mathematische Geographie und Kartographie. Jeder Eintrag enthält die Ergebnisse intensiver Recherchen nach biographischen Informationen über den Autor. Allein im Band 5, für die (nur) etwa 400 Jahre bis 1038, sind 138 Autoren aufgeführt, neben 23 anonymen Verfassern. Das einen wesentlich größeren Zeitraum umfassende Werk, mit über 830 Seiten, von Boris Rosenfeld und Ekmeleddin Ihsanoglu: *Mathematicians, Astronomers, and other scholars of Islamic civilization and their works (7th to 19th c.)* enthält gleichfalls bio-bibliographische Daten von Gelehrten, auf 450 Seiten. Es wäre zweifelsohne sehr lohnend, aus diesen Daten prosopographische Profile der Personen zu erarbeiten, die Schriften zur Mathematik verfasst haben. Solche Auswertungen stehen noch aus. Sie würden es erlauben, die Beiträge der – wie die Engländer diese professionelle Gruppe nennen – *practitioners* für die Entwicklung der Mathematik genauer zu bestimmen. Gerade diese Gruppe, die von Netz für seine Analyse griechischer Mathematiker ausgeschlossen wurden, erweist sich als wesentlich.

Es folgt hier eine Liste bedeutender islamischer Mathematiker, mit Angabe der geographischen Zuordnung (in modernen staatlichen Bezeichnungen).

ca. 820	al-Khwārizmī	Usbekistan
ca. 810 – ca. 870	Banū Mūsā (Brüder Mohammed, Ahmed und al-Hasan	Irak
836–901	Thābit ibn Qurra	Irak
ca. 850–930	Abū Kāmil	Ägypten
940- ca. 997	Abū al-Wafā	Iran und Irak
973–1050	al-Bīrūnī	Afghanistan
980–1037	ibn-Sīnā	Iran
ca. 1010	al-Karajī	Iran
965–1041	ibn al-Haytham	Ägypten
ca. 1045–1123	Omar al-Khayyām	Iran
ca. 1070	al-Mu'taman	Spanien
?–1174	al-Samaw'al	Iran
1201–1274	Nasīr al-Dīn al-Tūsī	Iran und Irak
ca. 1380–1429	Jamshid al-Kāshī	Samarkand (Iran)

Bedeutende islamische Mathematiker, nach Grattan-Guinness 1997, S. 115.

Aus dieser Aufstellung ersieht man eine zeitliche Konzentration, auf das 9. bis 13. Jahrhundert, als der Hauptperiode der Produktivität islamischer Mathematiker. Zugleich bemerkt man eine geographische Konzentration auf den Iran, Irak und Zentralasien. Der ganze islamische Westen ist nur durch den König al-Mu'tamam, der eine Enzyklopädie der Mathematik verfasst hat, vertreten. Diese traditionelle Sichtweise ist in den letzten Jahrzehnten korrigiert worden, aufgrund intensiver Forschungen, die mathematische Leistungen im Maghreb aufgedeckt haben. Das Buch von Driss Lamrabet zur Geschichte der Mathematik im Maghreb (Lamrabet 2020) hat diese Forschungen dokumentiert. Es führt für al-Andalus, das islamische Iberien, 371 Biographien auf, und für den Maghreb 617 Gelehrte bis zum Beginn des 21. Jahrhunderts, davon 241 vom Ende des 8. Jahrhunderts bis 1513: auch für diese westlichen Gebiete islamischer Zivilisation also eine bemerkenswerte Anzahl von *practitioners,* die genauer systematisiert werden müsste.

Bedeutende Mathematiker des Maghreb:

Abu Bakr al-Ḥaṣṣār (fl. 1157)
Ibn al-Yāsamīn (gest. 1204)
Ibn al-Bannā al-Marrākuchī (1256-1321)
Ibn Qunfudh (1320-1406)
al-Qalaṣādi (1412-1486)
Ibn Ghāzī al-Maknāssī (1437-1513)

5.2.3 Hauptgebiete der islamischen Mathematik

Die Algebra war das Gebiet, in dem die meisten Beiträge islamischer Mathematiker geleistet worden sind. Auch unter Rezeption der Arbeiten indischer Mathematiker haben sie das Arbeiten mit Gleichungen systematisch entwickelt. Die erste Schrift dazu ist paradigmatisch geworden, aus ihrem Titel hat sich das Wort ‚Algebra' gebildet: es ist das von Muhammed ibn Musā al-Khwārizmī verfasste Werk: *al-kitāb al-muhtasar fi ḥisab al-jabr wa-l-muqābala* – übersetzbar als: Kurzgefasstes Buch über die Rechenverfahren mittels Ergänzen und Ausgleichen.

Diese beiden Methoden verlangten, Gleichungen auf eine Normalform zu bringen. Ein Beispiel für *al-jabr,* zum Beseitigen subtraktiver Terme:

$$10x^2 - 20 = 20$$
$$10x^2 = 40$$

und ein Beispiel für *al-muqābala,* zur Reduzierung auf je einen Term der Potenzen:

$$10x^2 + 35x = 15x^2 + 10x$$
$$25x = 5x^2$$

Noch in Newtons *Universal Arithmetic* werden auf diese Weise Gleichungen auf eine Normalform gebracht. Mit diesen Normalisierungsverfahren hat al-Khwārizmī sechs

Normalformen linearer und quadratischer Gleichungen aufgestellt (in modernisierter Form; er hatte alles rhetorisch, ohne Zeichen geschrieben):

$ax^2 = bx$	$ax^2 + bx = c$
$ax^2 = c$	$ax^2 + c = bx$
$bx = c$	$ax^2 = bx + c$

Diese Normalformen implizieren, dass alle Koeffizienten als positiv vorausgesetzt und dass keine negativen Lösungen zugelassen wurden. Al-Khwārizmī benutzte keinerlei Symbole: alles war rhetorisch ausgedrückt. Z.B. schrieb er für die vierte Gleichung „properties are equal to roots plus numbers". Und die Gleichung in moderner Schreibweise: $4x^2 - 3 = 2x$ schrieb er als: „four properties except three dirhams are equal to two roots" (Hogendijk 1994, S. 74).[4]

Neben den Abschnitten über das Lösen von Gleichungen enthielt seine Schrift umfangreiche Abschnitte über die Lösung praktischer Probleme, insbesondere über Erbteilungen und über Landvermessung.

Al-Khwārizmī hat eine zweite für die Mathematik-Geschichte bedeutsame Schrift verfasst: über das Rechnen mit den indischen Ziffern. Ein indischer Gelehrter hatte im Jahre 773 eine indische astronomische Schrift nach Bagdad gebracht, mit Hinweisen zum indischen dezimalen Stellenwert-System. Al-Khwārizmī hat die erste bekannte Schrift für deren Rezeption in der islamischen Mathematik geschrieben. Das arabische Original ist verloren, es ist in Europa in vielen lateinischen Übersetzungen in Exzerpten bekannt und genutzt worden. Eine vollständige lateinische Fassung ist von Menso Folkerts gefunden und 1997 publiziert worden. In der Einleitung erklärte al-Khwārizmī, er habe sich entschlossen, darzulegen „die Rechenweise der Inder mit Hilfe von 9 Symbolen, mit denen man jede einzelne Zahl um der Leichtigkeit und abgekürzten Form willen darstellen [kann], damit nämlich dieses Verfahren leichter wird für denjenigen, der sich um die Arithmetik bemüht, d. h. sowohl um eine sehr große als auch um eine sehr kleine Zahl und um all das, was mit ihr geschieht an Multiplikation und Division, Addition und Zerlegung, und um die übrigen Dinge" (Folkerts 1997, nach Wußing 2008, S. 242). Das Werk stellte alle diese Operationen dar, bis zur Division von Sexagesimalbrüchen und dezimalen Brüchen.

Es ist aufschlussreich, dass al-Khwārizmī nur von 9 Ziffern spricht, den Zeichen für die Zahlen von 1 bis 9; die Null, die er mit einem kleinen Punkt bezeichnete, hat er nicht als Zahl anerkannt. Auch in dem Werk von al-Uqlīdisī über das Rechnen mit indischen Zahlen, 952/53 in Damaskus verfasst, in einem Manuskript von 1157 erhalten und 1978 ediert, werden nur „neun Ziffern" als solche anerkannt (Saidan 1978).

[4]Das arabische Wort *māl* ist schwer übersetzbar; Hogendijk hat einen Ausdruck gewählt, der Reichtum ausdrückt. Häufig lässt man den Ausdruck unübersetzt, oder bereits im mathematischen Sinn als Quadrat.

Obwohl man in Europa diese Zahlen zumeist kurz als „arabische Zahlen“ bezeichnet, statt korrekter als „indisch-arabisch“, haben sich diese Ziffern nicht generell in der islamischen Kultur durchgesetzt. In der Alltagspraxis blieb die Zahlbezeichnung mit den Buchstaben des Alphabets dominierend, also in Analogie zu der in der griechischen Kultur dominierenden Praxis des Systems von Milet (siehe Abb. 2.2, Kap. 2). Eben so wenig wurde das Dezimalsystem dominierend. Noch bis ins 19. Jahrhundert hinein blieb es das sexagesimale System, das allgemein praktiziert wurde (Abdeljaouad 1981, S. 82).

Die Zahlenschreibweise hat sich in den islamischen Ländern differenziert, in ost-arabische Ziffern und in west-arabische Ziffern. Die in Westeuropa übernommenen waren die im Maghreb gebräuchlichen – und das waren, trotz ihres Namens, die ost-arabischen, *ghubār* genannt (Sand-Zahlen):

١, ٢, ٣, ۴, ۵, ۶, ٧, ٨, ٩, ٠

Nach al-Khwārizmī haben islamische Mathematiker die Algebra weiterentwickelt. Abū Kāmil hat quadratische Gleichungen mit irrationalen Koeffizienten untersucht und biquadratische Gleichungen, die leicht auf quadratische reduzierbar sind. Al-Karajī und al-Samaw'al haben Ausdrücke mit ganzzahligen Potenzen der Unbekannten untersucht; die Benennung der Potenzen erfolgte additiv mittels der Worte für Quadrat und Kubus. Al-Karajī hat Quadratwurzeln von Polynomen untersucht. Al-Samaw'al stellte fest, dass die Methode zur Division dezimaler Zahlen verallgemeinert werden kann zur Division von Polynomen. Islamische Mathematiker versuchten, kubische Gleichungen zu lösen, aber ohne Erfolg; es gelang jedoch mit geometrischen Methoden, mittels Schnittpunkten von Kegelschnitten.

Die zahlentheoretischen Teile von Euklids Elementen und die Schriften von Diophant sind intensiv von islamischen Mathematikern studiert wurden. Befreundete Zahlen waren ein viel bearbeitetes Gebiet, insbesondere von Thābit ibn Qurra. Ibn al-Haytham hat Primzahl-Eigenschaften untersucht. Diophantische Gleichungen waren Gegenstand vieler Arbeiten. Al-Kāshī hat in seinem Lehrbuch *Miftāh al-Ḥisāb* (Schlüssel der Arithmetik) Dezimalzahlen in linearer Schreibweise konzipiert und jede Dezimalstelle als eine Potenz 10^{-n} erklärt; z. B. hat er 358,501 als 358/501 geschrieben (Abdeljaouad 2005a, Sect. 5.4). Zugleich hat er das Operieren mit diesen Dezimalstellen dargestellt; Allerdings hat diese Einführung weder Rezeption in seine Kultur erfahren, noch ist sie in der Geschichtsschreibung bislang präsent.

Die geometrischen Werke der Griechen, insbesondere von Euklid, Apollonius und Archimedes sind von islamischen Mathematikern übersetzt und vielfach bearbeitet worden. Die *Elemente* sind stark benutzt und kommentiert worden. Nasīr al-Dīn al-Tūsī's stark erweiterte Fassung ist vor allem in persisch-sprachigen Ländern über Jahrhunderte benutzt worden, so in Indien im 19. Jahrhundert (de Young 2012). Es hat mehrere Versuche gegeben, das Parallelen-Postulat zu beweisen. In Rezeption von Archimedes' Arbeiten hat Ibn al-Haytham mehrere Volumen-Bestimmungen durchgeführt. Vielfach ist über den Wert für π gearbeitet worden. Ein bedeutender Fortschritt gelang al-Kāshī, der die ersten siebzehn Dezimalstellen korrekt bestimmt hat (Hogendijk 1994, S. 73 ff.).

Aufgrund ihrer stark praktischen Orientierung haben islamische Mathematiker auch wichtige Leistungen in der numerischen Lösung algebraischer Gleichungen erreicht. Insbesondere wurde Iteration entwickelt als Methode zur numerischen Lösung von Gleichungen. Al-Kāshī hat sie für kubische Gleichungen eingesetzt (ibid., S. 77).

5.2.4 Symbolisierung in der Algebra

Keine der algebraischen Schriften von al-Khwārizmī, Abū Kāmil, al-Karajī, al-Samaw'al, al-Khayyām (Omar Khayyam), und Sharaf al-Dīn al-Tūsī zeigt irgendeine Benutzung von Zeichen oder einer Notation; alles ist in Worten ausgedrückt. Die Einführung von Symbolen und des Operierens auf der symbolischen Ebene bildet den bedeutenden Beitrag des islamischen Westens, vor allem des Maghreb, und das vorrangig ab dem 13. Jahrhundert, einer Periode, in der aus den bislang produktiven Regionen nur noch wenige Beiträge erfolgten. Um die Bedeutung der Einführung von Notationen besser zu verstehen, ist es notwendig, die Periodisierung des Prozesses der Algebraisierung zu benutzen, die von Ferdinand Nesselmann in seinem Buch zur Algebra der Griechen 1842 entwickelt worden ist:

Übersicht

- Die erste und unterste Stufe wird *rhetorische* Algebra genannt: Der gesamte mathematische Sachverhalt mit all seinen Operationen wird in Worten ausgedrückt. Da keine Symbole eingeführt und verwendet werden, dienen Wörter der jeweiligen Sprache dazu, die mathematische Bedeutung auszudrücken.
- In der zweiten Stufe, der *synkopierten* Algebra, ist die Darstellung des mathematischen Themas grundsätzlich auch rhetorisch, aber hier werden für häufig verwendete Begriffe und Operationen immer die gleichen Abkürzungen eingeführt – anstelle der vollständigen Wörter. Man könnte jedoch jederzeit von der Abkürzung zum ursprünglichen vollständigen Wort zurückkehren.
- Die dritte Stufe, die der *symbolischen* Algebra, repräsentiert alle Formen und Ausdrücke durch eine Symbolsprache, die unabhängig von der normalen Sprache eingeführt ist. Es gibt praktisch keinen Weg zurück von den Operationen an den Symbolen zu einem rhetorischen Text

In der klassischen islamischen Mathematik wurden Zahlen rhetorisch, d. h. als Worte geschrieben. Auch Potenzen der Unbekannten wurden mit Worten bezeichnet: Höhere Potenzen als die dritte wurden rhetorisch geschrieben als additive Verbindung der zweiten und der dritten, also von *māl* und *ka*^{c}*b,* zum Beispiel *māl māl* für die vierte Potenz und *māl ka*^{c}*b* für die fünfte.

Nicht nur zufolge Nesselmann, sondern auch zufolge der Standardüberlieferung in der Geschichtsschreibung der Mathematik wurde die symbolische Algebra erst in Europa in der Neuzeit etabliert. Tatsächlich war aber der wohl erste Text, der eine mathematische Symbolik verwendete, ein in al-Andalus produzierter Text. Seltsamerweise ist dieser Text – bis jetzt – nur in einer lateinischen Übersetzung von etwa 1180 bekannt, die 1851 von Boncompagni veröffentlicht wurde. Diese Übersetzung wurde lange Zeit Gerard von Cremona zugeschrieben, aber fälschlicherweise, wie man heute weiß. Das arabische Original war eine Adaption eines Textes von al-Khwārizmī. Es ist interessant, die dort verwendete Symbolik zu sehen: für Brüche einerseits und für die Unbekannte und deren Potenz andererseits:

2	3	4
<u>3</u>	<u>4</u>	<u>5</u>
<u>c</u>	<u>r</u>	<u>d</u>

In moderner Notation bedeutet dies $\frac{2}{3}x^2 + \frac{3}{4}x + \frac{4}{5}$. Das Symbol <u>*c*</u> kürzt ab *census* (Quadrat der Unbekannten), <u>*r*</u> kürzt ab *radix* (Wurzel, im Sinne von ‚Unbekannte') und <u>*d*</u> für *dragme* (drachme/Geld) (Boncompagni 1851, p. 421; cf. Moyon 2007). Man kann annehmen, dass der Ursprung der Zeichen und ihres operativen Einsatzes in al-Andalus und im Maghreb des Mittelalters zu finden ist. Man findet die symbolische Notation in einem Lehrbuch von al- Ḥaṣṣār (um 1157) (Abdeljaouad 2007, S. 9). Eine weitere Bestätigung für diese Annahme bildet eine Bemerkung von Ibn al-Hā'im (1352–1412), ein Gelehrter aus Ägypten, über „Spezialisten der Terminologie" – offenbar des Maghreb -, die Symbole benutzten, um Potenzen der Unbekannten auszudrücken:

> „Ebenso schreiben sie [= die Terminologie-Spezialisten] in indischer oder *Ghubār*-Schrift jeder Species ein Zeichen zu; wie *Shin*[5] für *Shay* [Dinge], *Mim*[6] für *Mal* [Quadrat], *Kaf*[7] für die Kuben und so weiter, und sie weisen der Zahl [der Konstante] kein Zeichen einer Existenz zu; daraus folgt, dass das Fehlen eines Zeichens ein Zeichen ist" (zit. nach Abdeljaouad 2005, S. 24).

Sein Hinweis, dass das Fehlen eines Symbols seinerseits ein Zeichen ist, zeigt eine bemerkenswerte Bewusstheit für die Bedeutung von Zeichen. Der Kommentar von Ibn al-Hā'im machte diese Bemerkung in seinem Kommentar, aus dem Jahr 789 H/1380 u. Z., zu einem Algebra-Manuskript, das 1191 in Sevilla, im al-Andalus, geschrieben worden ist, ganz im rhetorischen Stil, von Ibn al-Yāsamīn (gest. 1204), in der damals üblichen Form eines Poems (al-Uriuza): *Al-Urjuza fil jabr wal muqābala.*

[5] d. h., der arabische Buchstabe ش, der erste Buchstabe des Wortes 'shay'.

[6] d. h., der arabische Buchstabe م, ebenso von 'mal'.

[7] d. h., der arabische Buchstabe ك, ebenso von 'kaf'.

Ibn al-Hā'im's Kommentar hatte als Titel:

Sharḥ al-urjuza al-yasminiya fil jabr wal muqābala (1380, Ägypten).

Die aufschlussreiche Bestätigung des Übergangs von der rhetorischen zur symbolischen Praxis ist jedoch, dass der Text von Ibn al-Hā'im später von einem solchen „Spezialisten der Terminologie" auf höchst innovative Weise bearbeitet wurde: durch Transkribieren des rhetorischen Textes am Rand der Manuskriptblätter in symbolischen Text, mit Formeln (siehe die Reproduktion eines charakteristischen Blatts, Abb. 5.1). Dieses bearbeitete Exemplar wurde vom tunesischen Mathematik-Historiker Mahdi

Abb. 5.1 Djerba-Manuskript, Bl. 140a. Privatbesitz Mongi Bessi (Djerba, Tunesien)

Abdeljaouad entdeckt, der es als „Djerba-Manuskript“ bezeichnet hat, da es auf der Insel Djerba in Privatbesitz aufbewahrt wird. Es wird deutlich, dass der Text am Rand nicht mehr nur eine illustrative Funktion in Bezug auf einen noch immer überwiegend rhetorischen Text hat, sondern den Übergang zu einem rein symbolischen Text operativen Charakters darstellt. Das Manuskript stammt aus dem Jahr 1157 H / 1747 u. Z., und ist als Abschrift bezeichnet. Es ist Abdeljaouad später gelungen, das Original zu finden. Es wurde von Ibrāhīm al-Halabī (gest. 1787) in Istanbul geschrieben, der in den 1740ern dort Algebra bei Mustafa Sidqi (gest. 1769) gelernt hatte, der in der osmanischen Armee diente, aber zugleich die Mathematik des Maghreb studiert hatte. In einer Zeit politischer Krise des osmanischen Reichs war eine Hinwendung zu klassischen Arbeiten der islamischen Kultur, und auch der Mathematik erfolgt. Das Original von al-Halabī befindet sich heute in der Sulaymaniya Bibliothek in Istanbul. Ein Schüler von al-Halabī, Muhammad Amīn al-Bāssī, hat eine sehr sorgfältige Kopie angefertigt; es ist das Manuskript, das sich heute im Besitz von dessen Nachfahren in Djerba befindet (Abdeljaouad 2007, S. 9 ff.).

Es wird hier eine kurze Einführung in diese Symbolik und Notation gegeben – einerseits, um sie anschließend in den Aufgaben anzuwenden und dadurch dem Lehrer die Möglichkeit zu geben, Schüler in diese anregende Praxis einzuführen, und andererseits, um algebraische Symbolik in späteren. westeuropäischen Praktiken von Algebra anknüpfen zu können. Dafür hier zunächst die Notationen für Operationen. Das Bemerkenswerte ist, dass es zwei verschiedene arithmetische Grundoperationen gibt: die Angabe für eine auszuführende Operation und die Feststellung des Resultats (Oaks 2012, S. 51). Daher gibt es die zwei Serien von Ausdrücken für die vier Operationen (Abb. 5.2):

Operation	auszuführen	Feststellung	des Resultats
Addiere!	الى - *Ilā*	plus	و - *wa*
Subtrahiere!	من - *min*	minus	الا - *illa*
(multipliziere!) mit	في - *fi*	mal	في - *fi*
(teile!) durch	على - *ᶜAlā*	geteilt	مقسوم - *maqsum* مق - *maq*

Abb. 5.2 Die arabischen Ausdrücke für Operationen und Resultate

Während für die Operationen die arabischen Worte benutzt wurden, war für „ist gleich“ der letzte Buchstabe ل (*lām*) des Wortes يعدل (*Yaᶜdilu* – gleich) in Gebrauch. Für die Potenzen der Unbekannten wurde der erste Buchstabe des arabischen Wortes als Symbol benutzt: عـ für عدد,(ᶜadad), شـ für شيء (*Shayᶜ*), مـ für مال (*Māl*), كـ für كعب (*Kaᶜb*), جـ für جذر ((*Jidhr*=Quadrat-Wurzel; Abb. 5.3):

Number	عدد	عـ
x	شيء	شـ
x^2	مال	مـ
x^3	كعب	كـ
√	جذر	جـ

Abb. 5.3 Die arabischen Symbole für Potenzen der Unbekannten

Es folgt hier ein Beispiel (Abb. 5.4) für die zwei Etappen einer Aufgabe: in der oberen Zeile die Aufgabenstellung, und darunter das Resultat:

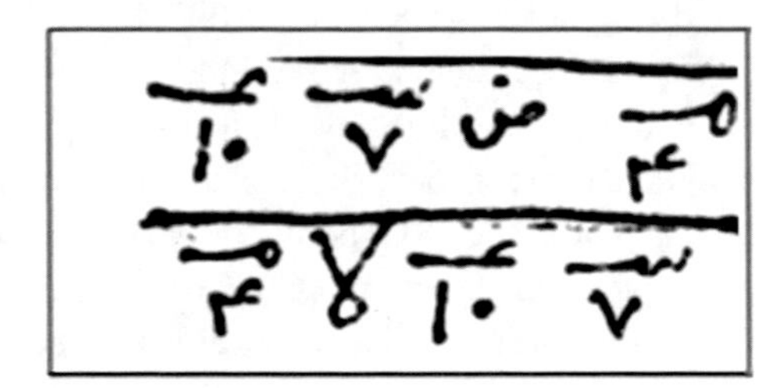

Abb. 5.4 Aufgabe und Resultat. Abdeljaouad 2005, S. 59

Die Aufgabe lautet: Subtrahiere $4x^2$ von $7x+10$. Resultat: $7x+10-4x^2$.

Höhere Potenzen als die dritte wurden nunmehr geschrieben entweder als additive Übereinander-Stellung der Symbole für die zweite und für die dritte Potenz, also von مـ und كـ, zum Beispiel مم , مك für die vierte Potenz und für die fünfte Potenz, oder als Nebeneinander-Stellung:

مـمـ	مـكـ	كـكـ

Es folgt hier ein Beispiel für das Operieren mit diesen Symbolen (Abb. 5.5).

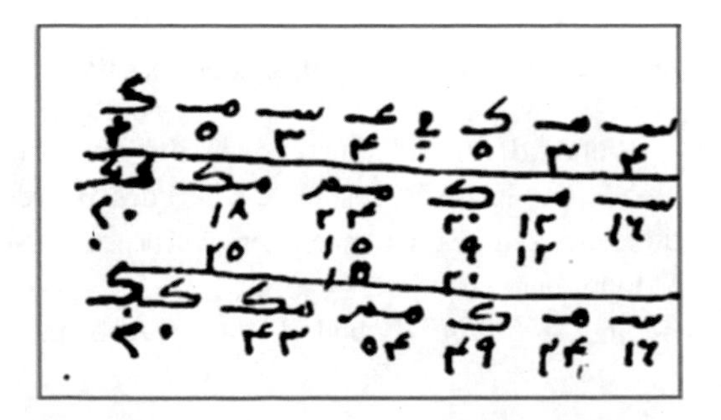

Abb. 5.5 Multiplikation von $(5x^3+3x^2+4x)(4x^3+5x^2+3x+4)$, Abdeljaouad 2005, S. 60. (Aufgabe V.1)

Und hier ein Beispiel für die Ausführung der Multiplikationsaufgabe: 392 mal 574 (Abb. 5.6 und Aufgabe V.2):

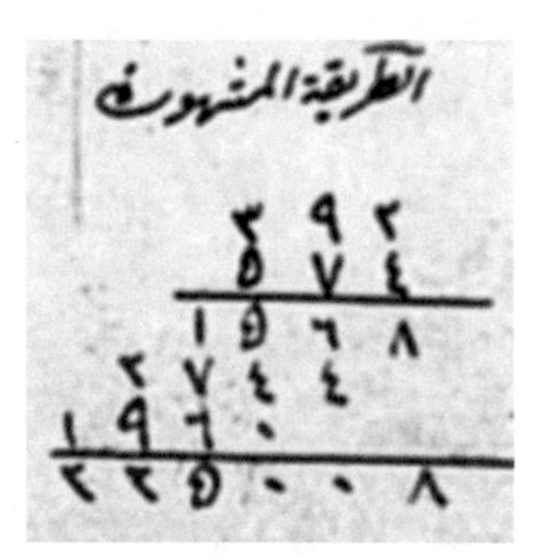

Abb. 5.6 Die Ausführung einer Multiplikation (Abdeljaouad 2011a, S. 28)

5.3 Langsame Anfänge in West-Europa

Nach vielen Jahrhunderten des sog. dunklen Mittelalters und ersten Anfängen unter Karl dem Großen, Bildung und Schulen wieder zu begründen, beschränkten sich die weiteren Entwicklungen auf das westliche Europa. Im östlichen Europa, kulturell getrennt durch die im oströmischen Reich dominierende christlich-orthodoxe Kirche, hat sich keine analoge Entwicklung entfaltet.

Der Neubeginn von Mathematik in Westeuropa erfolgte in Arbeiten zur Algebra, ausgehend vom Schwerpunkt der islamischen Mathematik. Traditionell wird diese Transmission mit den Arbeiten von Leonardo Fibonacci (ca. 1170 - ca. 1240) verbunden, der in seiner Jugend im Maghreb islamische Mathematik gelernt hatte – als sein Vater dort kommerziell für die Stadt Pisa tätig war. Noch im neuesten Buch zur Geschichte der Algebra von Victor Katz und Karen Parshall bildet Fibonacci's Buch *liber abaci* (1202) den Schwerpunkt der Darstellung zur Algebra im europäischen Mittelalter; die Entwicklungen in Spanien und in der Provence erscheinen als Einfluss aus Italien (Katz & Parshall 2015, p. 204). Die Forschungen von Jens Høyrup über die vorhergehende und parallele Periode in Spanien und in der Provence werden nur gelegentlich in Fußnoten erwähnt (z. B. ibid., S. 19). Høyrup hat es dagegen als „conventional wisdom" bezeichnet, dass die italienische Abakus-Mathematik und deren spätere Aneignung in Katalonien, der Provence, Deutschland etc. nur durch diesen „narrow and unique gate" übermittelt und ausgelöst wurden, und demgegenüber festgestellt:

> „However, much evidence - presented both in his own book, in later Italian abbacus books and in similar writings from the Iberian and the Provencal regions - shows that the *Liber abbaci* did not play a central role in the later adoption. Romance abbacus culture came about in a broad process of interaction with Arabic non-scholarly traditions, at least until ca. 1350 within an open space, apparently concentrated around the Iberian region" (Høyrup 2014, S. 219).

Ein Beleg, dass Fibonacci sich seine Kenntnisse nicht nur im Maghreb, sondern auch bei weiteren Reisen, insbesondere in Spanien angeeignet hat, bildet seine Einleitung des *liber abaci:*

> „After my father's appointment by his homeland [die Stadt Pisa] as state official in the customs house of Bugia for the Pisan merchants who thronged to it, he took charge; and, in view of its future usefulness and convenience, had me in my boyhood come to him and there wanted me to devote myself to and be instructed in the study of calculation for some days. There, following my introduction, as a consequence of marvellous instruction in the art, to the nine digits of the Hindus, the knowledge of the art very much appealed to me before all others, and for it I realized that all its aspects were studied in Egypt, Syria, Greece, Sicily, and Provence, with their varying methods; and at these places thereafter, while on business, I pursued my study in depth and learned the give-and-take of disputation (zit. nach Høyrup 2014a, S. 220).

In der Tat ist der erste Kontakt von Westeuropäern mit islamischer Mathematik dort erfolgt, wo Christen in einer islamisch geprägten Kultur lebten; im nördlichen Teil von al-Andalus, in Katalonien. Es ist charakteristisch für Transmissions-Prozesse, dass das erste Kennenlernen durch Übersetzungen erfolgte.

Der bekannteste erste Fall für Transmission durch Übersetzung bildet Gerbert von Aurillac (ca. 950–1003), der als junger Benediktiner-Mönch 967 von einem spanischen Adligen nach Barcelona mitgenommen wurde, vermutlich als Sekretär, und dort arabische Schriften studierte und übersetzte. Nach seiner Rückkehr hat er eine kirchliche Karriere gemacht, Bischof, Abt und schließlich Papst (Sylvester II). Eine Zeitlang hat er an der Kathedralschule in Reims sein erworbenes Wissen zum Unterricht eingesetzt, insbesondere in Mathematik, wohl vor allem in praktischer Arithmetik (Høyrup 2014, S. 112 f.).

Die Periode intensiver Übersetzungen aus dem Arabischen war das 11. und 12. Jahrhundert. Als Übersetzer mathematischer Werke ist vor allem Gerard von Cremona (1114–1187) zu nennen, der u. a. die *Elemente* Euklids übersetzt hat. Er arbeitete in Toledo, das rückerobert worden war, aber eine multikulturelle Praxis bot. Ein anderer wichtiger Übersetzer antiker Werke aus dem Arabischen war der Engländer Adelard von Bath (ca. 1070 bis ca. 1152), der seine Arabisch-Kenntnisse auf ausgedehnten Reisen erworben hat, insbesondere in Sizilien, das zuvor zwei Jahrhunderte lang islamisch gewesen war, und in Spanien. Adelard hat intensiv an Euklid-Übersetzungen gearbeitet. Auch Übersetzungen von al-Khwārizmī's Algebra ins Lateinische sind im multikulturellen Kontext Spaniens im 12. Jahrhundert erfolgt.

Es fällt auf, dass sich unter den recht wenigen bekannten Mathematikern des europäischen Mittelalters keine befinden, die an den seit dem 12. Jahrhundert im Westen entstehenden Universitäten tätig waren.[8] Oft wird angenommen, Jordanus de Nemore (13. Jahrhundert) habe an der Universität Paris gelehrt. Er hat zwar wahrscheinlich in

[8] Zeitgenössische Bezeichnungen für Universitäten waren: Studium generale, Archigymnasium, Hohe Studien, Universitas magistrorum et scholarum.

Paris gelehrt, aber nicht an der Universität, sondern mit einem Kreis von Personen, die mit der Artisten-Fakultät dort verbunden waren. Jordanus hat mehrere Werke zur Mathematik verfasst. Bemerkenswert sind Schriften zur Konsistenz des Operierens mit arithmetischen Algorithmen. Auch seine Schriften zur Algebra, Geometrie und Astronomie zeigen einen theoretisch-begründenden Ansatz. Høyrup nennt ihn einen ersten reinen Mathematiker (Høyrup 1988).

Der andere Mathematiker des Mittelalters mit bedeutenden Beiträgen war Nicole Oresme (1323–1382). Er hat an der Universität Paris studiert, als Theologe. Nach einer kurzen Tätigkeit als Sekretär in königlichen Diensten hat er eine Kleriker-Karriere absolviert. Von seinen Werken ist insbesondere *De Configurationibus qualitatum* für die Mathematik relevant. Er zeigte dort, in rhetorischer Weise, die Konvergenz einiger Reihen; und er untersuchte die Veränderung der Intensität von Phänomenen wie Hitze, Licht, Farbe, Geschwindigkeit in Abhängigkeit von deren Extension. Er benutzte dafür auch die Ausdrücke *Latitudo* und *longitudo.* Dies ist verstanden worden als eine Interpretation von Bewegungen in einem Koordinatensystem und daher als eine Etappe in der Entwicklung des Funktionsbegriffs (Youschkevitch 1976, S. 45 ff.). Sowohl Jordanus wie Oresme hatten zeitgenössisch nur eine geringe Wirkung.

Die Ursache, warum die Mathematik an den mittelalterlichen Universitäten marginal war – in etwa analog zu den islamischen *madrasa* – liegt in der Konzeption der *septem artes liberales* und der Funktion der Fakultäten in den Universitäten begründet. Das *trivium* war das Hauptstudium in den *artes* Fakultäten der Universitäten des Pariser Modells (der *artes* Fakultät als propädeutischem Studium vor der Fortsetzung in einer der drei höheren Fakultäten), während das *quadrivium* nur ein Nebenfachstudium bildete. Zudem gab es an dieser Fakultät keine spezialisierten Dozenten – die Vorlesungen wurden von den *baccalaurei* gehalten, die nach absolviertem *artes*-Studium an einer der höheren Fakultäten weiterstudierten. Und die zu lesenden Texte wurden vor Semesterbeginn per Los unter den *baccalaurei* verteilt (Schöner 1994, S. 62). Die Einführung spezialisierter Professoren erfolgte erst mit der Humanismus-Bewegung in der Renaissance (s. Kap. 6).

Die Vorlesungen des *quadrivium* waren recht elementar: die ersten Bücher des Euklid, der *Tractatus de sphaera* – ein Text über populäre Astronomie von dem britischen Mönch Johannes Sacrobosco -, und *computus,* eine Anwendung der Astronomie für künftige Geistliche, um die Daten der kirchlichen Feiertage berechnen zu können. Dies zeigt, in wie vielen Kulturen soziale Anforderungen an Astronomie ein wesentliches Motiv für die Entwicklung von Mathematik war.

Allerdings muss diese Darstellung differenziert werden: neben dem Pariser Modell, das auf kirchlichen Präbenden beruhte, gab es das zweite Modell, das der Universität Bologna, das ohne kirchlichen Kontext entstanden war, aus zunächst privaten Vorlesungen in Bologna über römisches Recht einerseits, und über Medizin andererseits. Daraus entstanden praktisch zwei Universitäten, eine für Medizin und die andere für Jura. Die Professoren wurden „berufen" und finanziert von Studenten, die aus allen Teilen Europas nach Bologna kamen. Es waren auch die Studenten, die den Rektor wählten – daher der

Name *universitas magistrorum et scholaraum* für das Bologna-Modell. Universitäten wie Padua und Siena folgten diesem Modell. Die *artes*-Fakultät funktionierte hier in ganz verschiedenen Strukturen: Vorlesungen des *trivium* fanden als Propädeutik zur Jura-Fakultät/Universität statt, die des *quadrivium* dagegen als Vorstufe zur Medizin. Aus dieser institutionellen Verbindung von Mathematik und Medizin entstand auch ein eigener Bereich von Mathematik, die Iatromathematik.[9] In den Zeiten, in denen das Studium der Medizin auf das Studium klassischer Texte konzentriert war, diente diese Mathematik der Anwendung von Astrologie in medizinischen Praktiken. Die weitere Besonderheit des Bologna-Modells war, dass hier Fachlekturen für die Disziplinen des Artisten-Curriculum bestanden: die fortgeschrittenen Studenten wählten jährlich den Lehrenden; damit wurde erstmals der Modus spezialisierter Dozenten eingeführt, in markantem Gegensatz zur Praxis an den Pariser-Model-lUniversitäten nördlich der Alpen – allerdings in der Konzeption des Iatromathematik (Schöner 1994, S. 44 ff.). Später wurde die Wahl durch die Studenten abgelöst von der Einstellung und Finanzierung durch die Kommunen (ibid., S. 53). Die Fachlektur in Mathematik hat sich im 15. Jahrhundert auch an einzelnen Universitäten nördlich der Alpen eingebürgert, insbesondere in Krakau (ibid., S. 60).

Neue strukturelle Elemente entstanden jedoch im Bereich professioneller Ausbildung. Eine charakteristische Struktur bildete die Korporation der Baumeister der gotischen Kathedralen, die in den berühmten *Bauhütten* organisiert waren; sie hielten ihr geometrisch-architektonisches praktisches Wissen geheim. Das Wissen wurde nur intern in der Korporation, in der Lehrlings-Ausbildung weitergegeben (siehe Høyrup 2014, S. 121).

Die stärksten Anstöße für eine Ausbreitung arithmetischen Wissens und dessen Weiterentwicklung zu Praktiken der Algebra gingen von Italien aus, zusammen mit dem dort entstehenden Kapitalismus. Seit dem 13. Jahrhundert verbreiteten sich, ausgehend von Florenz, dem aufstrebenden Handelszentrum Westeuropas, die *scuole d'abbaco,* Schulen zur Ausbildung in Techniken kommerzieller Arithmetik. Die *maestri d'abbaco,* als Leiter dieser Schulen, verfassten zahlreiche Schriften über diese Techniken; in diesen Kontext gehört Fibonaccis *liber abaci.* Die Produktion dieser Lehrbücher ist intensiv erforscht worden (siehe van Egmond 1976). Angesichts der Bedeutung dieser Schulen für das Aufblühen ihrer Wirtschaft überwachten mehrere Stadtregierungen, die nun als neue Organe für die Organisation von (Aus-)Bildung auftraten, zumindest die Funktionsweise dieser Schulen und wiesen ihnen damit einen gewissen „öffentlichen“ Charakter zu. Jüngste Forschungsergebnisse bestätigen, dass ein beträchtlicher Teil der Jugendlichen, die in städtischen Zentren aufwachsen – etwa ein Drittel von ihnen – die zweijährigen *scuole d'abaco* besuchten und praktische Arithmetik lernte:

> "From around 1260 onwards, such schools were created in the commercial towns between Genova, Milan and Venice to the north and Umbria to the south. It was attended in particular by merchants' and artisans' sons, but patricians like Machiavelli and even Medici sons also visited it" (Høyrup 2014, S. 120).

[9] *Iatros* ist der griechische Term für Arzt.

Es ist vielfach behauptet worden, die katholische Kirche habe 1299 in Florenz die Benutzung der arabischen Ziffern verboten. Die Behauptung macht schon an sich keinen Sinn, da die katholische Kirche keinen entsprechenden Status in der Republik Florenz einnahm. Heinz Lüneburg hat den Sachverhalt aufgeklärt: Florenz wurde damals, nach dem Sturz der Adels-Geschlechter, in Form einer Republik von den gewerblichen Zünften regiert. Eine dieser Zünfte, die Zunft der Geldwechsler hatte in ihren *statuti dell'arte del cambio* vor der Benutzung dieser Ziffern gewarnt; sie hatte die Benutzung der ausgeschriebenen Worte für die Zahlen empfohlen (Lüneburg 2008, S. 108 ff.). In der Tat war es damals leicht, die arabischen Ziffern miss-zu-verstehen oder zu fälschen, da ja keinerlei Normierung für ihre Schreibweise vorlag. Eine Normierung erfolgte erst mit der Einführung der Druckerpresse.

5.4 Aufgaben

1) Übertragen Sie die Multiplikation der beiden Polynome in Abb. 4.6 in die moderne Schreibweise und vollziehen die einzelnen Operationsschritte nach!
2) Vollziehen Sie die Ausführung der Multiplikation in Abb. 4.7 nach; vergleichen Sie mit dem Verfahren, das Sie für solche Multiplikationen gelernt haben!

Die wissenschaftliche Revolution in West-Europa

6

Die Renaissance, die in West-Europa etwa in der Mitte des 15. Jahrhunderts einsetzte, leitete tiefgreifende sozio-kulturelle Veränderungen ein, die für den Bereich von Mathematik und Naturwissenschaften als wissenschaftliche Revolution bezeichnet werden.

6.1 Beschränkung auf West-Europa und die Thesen von Weber und Zilsel

Es ist ein äußerst bemerkenswertes Phänomen, dass diese wissenschaftliche Revolution sich sehr regional beschränkt ereignet hat: nur in West-Europa. Da die Mathematik sich in allen Kulturen entwickelt hat, erfordert es also Antworten, warum keine analogen Niveaus wissenschaftlichen Fortschritts in anderen Regionen in diesem Zeitraum erfolgt sind. Als am relevantesten zur Erklärung haben sich die Thesen von Max Weber (1864–1920) und von Edgar Zilsel (1891–1944) erwiesen, ergänzt um die Merton-These, die auf sozio-ökonomische Ursachen verweisen.

Am bekanntesten davon ist die These von Max Weber, zuerst 1904/1905 publiziert, die die Entstehung des Kapitalismus auf die frühe Neuzeit datiert und auf West-Europa lokalisiert – und dort genauer gesagt auf eine religiöse Richtung, auf den Protestantismus, und noch genauer gesagt auf den Calvinismus. Weber hat den „Geist des Kapitalismus“ analysiert als die „rücksichtslose Hingabe an den ‚Beruf‘ des Geldverdienens“, als eine Art von Askese (Weber 2016, S. 55). Diese Berufs-Konzeption sah Weber nicht vom lutheranischen Protestantismus realisiert, sondern von den Richtungen des Protestantismus, die eine innerweltliche Asketik anstrebten, insbesondere Calvinismus und Pietismus. Weber hat den calvinistischen Gottesbegriff so charakterisiert:

© Der/die Autor(en), exklusiv lizenziert durch Springer Nature Switzerland AG 2021

G. Schubring, *Geschichte der Mathematik in ihren Kontexten*, Mathematik Kompakt,
https://doi.org/10.1007/978-3-030-69483-8_6

> Gott will die soziale Leistung des Christen, *denn* er will, daß die soziale Gestaltung des Lebens seinen Geboten gemäß und so eingerichtet werde, daß sie jenem Zweck entspreche. Die *soziale* Arbeit des Calvinisten in der Welt ist lediglich Arbeit „in majorem gloriam *Dei*" (ibid., S. 90).

Weber hatte bereits vermutet, dass der Geist des Kapitalismus zugleich einen Antrieb zu wissenschaftlicher Tätigkeit bildet. Zu der Frage, ob der Puritanismus sich etwa feindlich gegenüber „nicht direkt religiös zu wertenden ‚Kulturgütern'" verhalten habe, erklärte er dezidiert: „Das gerade Gegenteil ist wenigstens für die Wissenschaft [...] richtig" (ibid., S. 159).

Zilsel hat dann genauer untersucht, wer die Träger des neuen wissenschaftlichen Ethos waren. Für das Mittelalter vor der Renaissance hat er zwei Gruppen als strikt sozial getrennt konstatiert. Sie entsprachen der für die römische Kultur charakteristischen Separierung der *artes librales* und der *artes mecanicas* – der Trennung von Kopf und Hand: einerseits Gelehrte der Universitäten, die der Scholastik verpflichtet sind, mit dem statischen Wissenschaftsbegriff und der Verteidigung von Dogmen, und andererseits die Handwerker aus den unteren sozialen Schichten, die in Zünften organisiert die ererbten Verfahren und Techniken praktizierten. Seit etwa dem 14. Jahrhundert hatte sich jedoch eine neue Gruppe gebildet: Sekretäre und Beamten von Stadtverwaltungen, Prinzen, Fürsten und dem Papst; sie wurden schließlich im 15. Jahrhundert die Träger des Humanismus. Ihr Ziel waren Meisterschaft im Schreiben und im Sprechen und Perfektion des Stils. Als Humanisten wurden sie zunehmend freie *literati* (ein Beispiel sind die *poetae laureati*), im Dienste von Prinzen, Adligen und Bankiers, die die neue Form der Patronage ausübten. Sie folgten Autoren der Antike als Autoritäten für guten Stil, in durchaus analoger Weise wie die Theologen ihren Autoritäten der Schrift folgten, und vernachlässigten Ursachen-Forschung und experimentelle Methoden (Zilsel 2003, S. 3 f.).

Neben diesen *university-scholars* und *humanisitic literati* bildete sich dann eine neue Gruppe von Handwerkern – Zilsel nannte sie „superior craftsmen": die wichtigsten unter ihnen nannte er „artist-engineers". Sie malten nicht nur ihre Bilder, meißelten ihre Skulpturen und bauten ihre Kathedralen, sondern konstruierten auch Hebe-Gerüste, Erdbauten, Kanäle und Schleusen, Gewehre und Befestigungen; sie entdeckten die geometrischen Grundlagen der Perspektive und erfanden neue Messinstrumente für Bautechnik und Ballistik. Ihr paradigmatischer Repräsentant ist Leonardo da Vinci (1452–1519). Zilsel unterstreicht ihre Verbindung von theoretischem Wissen mit manueller Praxis: sie erfanden, experimentierten, sezierten. Sie entwickelten bereits beträchtliches theoretisches Wissen in Mechanik, Chemie, Metallurgie, Geometrie, Anatomie und Akustik. Aber sie setzten ihre einzelnen Entdeckungen nicht um in systematische Erforschung ihrer Ergebnisse – er charakterisiert sie als unmittelbare Vorgänger von Wissenschaft. Zwei Komponenten wissenschaftlicher Methode waren weiterhin getrennt: methodische intellektuelle Ausbildung, noch der Oberschicht vorbehalten, und Experiment und Beobachtung, noch den Handwerkern der Unterschicht vorbehalten. Wirkliche (moderne) Wissenschaft sah er erst entstanden, wenn – mit dem Fortschritt der Technologie – die experimentelle Methode der Handwerker das Vorurteil gegen Handarbeit überwindet und von den rational ausgebildeten universitären Gelehrten angenommen wird. Diese Vereinigung und „take-off" sah Zilsel vor allem mit Galileo Galilei (1564–1642) realisiert (ibid., S. 5). Der große Propagator des Imperativs zu eigener experimenteller Forschung und der Absage an das Bauen auf den Schriften von Autoritäten wurde der britische Kanzler Bacon von Verulam (1561–1626).

Robert Merton (1910–2003), der die wissenschaftliche Revolution vorrangig in England verwirklicht sah, hat in Anknüpfung an Max Weber die Ursprünge der neuen Wissenschaft in England im Puritanismus herausgearbeitet. So ist die Gründung der Royal Society auf die Initiative von puritanischen Wissenschaftlern zurückzuführen (Merton 1938, S. 441 ff.). Robert Boyle hat die Verbindung von Puritanismus und Wissenschaft paradigmatisch ausgedrückt. Für ihn war experimentelle Forschung eine religiöse Forderung, um die Werke des Herrn zu loben. Er wünschte den Fellows der Royal Society:

> Wishing them also a happy success in their laudable Attempts, to discover the true Nature of the Works of God; and praying that they and all other Searchers into Physical Truths, may Cordially refer their Attainments to the Glory of the Great Author of Nature, and to the comfort of Mankind (Merton 1938, S. 447).

Merton hat zudem auf bildungssoziologische Erhebungen verwiesen, wonach der Bildungswillen in katholischer Bevölkerung in Europa wesentlich schwächer wirksam war (ibid., S. 487 ff.). In einem eigenen Abschnitt hat er das Überwiegen protestantischer Wissenschaftler gegenüber katholischen in Großbritannien dargestellt (ibid., S. 490 ff.).

Bereits Max Weber hatte gefragt, warum der Kapitalismus in dieser modernen Form nur in Europa entstanden ist. Er hatte dies als Forschungsaufgabe für die Soziologie der Religionen hinterlassen. Zilsel hat die Frage aufgegriffen und eine erste soziologische Antwort gegeben: ein zentraler Unterschied zwischen den klassischen Zivilisationen und der frühen kapitalistischen Gesellschaft sei, dass Technologie, Maschinenwesen und Wissenschaft sich nicht in einer Gesellschaft entwickeln können, die auf Sklavenarbeit basiert: „Slaves generally are unskilled and cannot be intrusted with handling complex devices. Moreover, slave labor seems to be cheap enough to make introduction of machines superfluous" (Zilsel 2003, S. 18). Sklaverei macht soziale Verachtung für manuelle Arbeit zu stark, als dass sie von Gebildeten überwunden werden könnte. In der Antike konnten intellektuelle Entwicklungen nicht die Barriere zwischen Kopf und Hand überwinden; nur Gelehrte mit den geringsten Vorurteilen mochten Experimente unternehmen. Der frühe europäische Kapitalismus beruhte auf freier Arbeit. Es gab in dieser Epoche nur wenige Sklaven, und diese wurden nicht in der Produktion eingesetzt, sondern waren „luxury gifts in the possession of princes" (ibid., S. 19).

Zilsel machte aber auch darauf aufmerksam, dass das Fehlen von Sklavenarbeit zwar eine notwenige, aber nicht hinreichende Bedingung für die Entstehung von Kapitalismus ist. Er verwies auf China als Gegenbeispiel, da dort Sklavenarbeit nicht dominant war und es sowohl hochqualifizierte Handwerker als auch Gelehrte-Beamten gab. Es mangele also eine Erklärung, warum sich der Kapitalismus nicht in China entwickelt hat (ibid.). In der Tat war es eines der Motive für Joseph Needhams monumentales, sieben-bändiges Werk *Science and Civilisation in China* (1954–2015), eine Antwort auf diese Frage zu finden. Im zweiten Teil des siebten Bandes, *General Conclusions and Reflections,* hat er versucht, eine Synthese seiner Forschungen zu geben, und in dessen letztem Abschnitt „Modern Science: Why from Europe?" eine Antwort auf die Frage Zilsels. Needham konstatiert für China über 4000 Jahre ununterbrochenen Fortschritts in Wissenschaft und Technologie. Technologie konnte sich gut entwickeln, unbehindert von Sklavenarbeit. Obwohl viele der Faktoren für die Entwicklung von Wissenschaft sowohl im Westen wie in China gegeben waren, war es West-Europa, das die neue Wissenschaft etabliert hat. Auf die Frage, welche weiteren Faktoren es gab, die China fehlten, gibt Needham als Hauptantwort: „the rise of the bourgeoisie for the first time in history", als Element der Entstehung des Kapitalismus. Man müsse daher erklären, warum es in China keine bürgerliche Revolution gegeben hat (Needham 2004, S. 224 ff.).

6.2 Der Buchdruck als Initiator für Modernisierung

Es ist allerdings erstaunlich, wie wenig die vielleicht wichtigste technische Erfindung als eine Bedingung der wissenschaftlichen Revolution in Europa erwähnt und analysiert wird: die Erfindung des Buchdrucks durch Johannes Gutenberg (ca. 1400 bis 1468). Es existierte bereits vor ihm die Praxis des Druckens: als Reproduktion einzelner Blätter, mit in Holz oder Kupfer gravierten Vorlagen. Die wesentliche Neuerung bestand in der Erfindung beweglicher Lettern, verbunden mit der Erfindung eines Handgießinstruments, zur Herstellung dieser Lettern, mit einer gleichfalls von ihm entwickelten Legierung aus Zinn, Blei und Antimon sowie einer ölhaltigen Druckerfarbe. Diese Erfindungen wurden komplettiert durch die Entwicklung der Druckerpresse; die Integration all dieser Elemente ermöglichte die rasche Vervielfältigung und den manufakturmäßigen Druck von Büchern. Ab 1450 druckte Gutenberg einerseits Wörterbücher, Kurzgrammatiken, Ablassbriefe und Kalender und andererseits die Gutenberg-Bibel (1452–1454). Die Bedeutung dieser Erfindung für die soziale, kulturelle und wissenschaftliche Entwicklung kann gar nicht überschätzt werden. So hätte sich die Reformation nicht so rasch durchsetzen können, ohne die leichte und rasche Verbreitung von Flugschriften und kurzen Traktaten.

In der umfangreichen Literatur zur Erfindung des Buchdrucks erscheint diese technische Innovation als ein unmittelbarer Erfolg und als generelle Durchsetzung. Auch in dem klassischen Werk von Elizabeth Eisenstein (1983) ist Widerstand gegen die Erfindung kein eigenes Thema. Einerseits ist die Verbreitung des Buchdrucks ein weiteres Element für die Untersuchung, warum die wissenschaftliche Revolution zunächst auf West-Europa beschränkt blieb. So ist im Osmanischen Reich der Druck mit arabischen Lettern erst 1726 eingeführt worden – und hat danach zunächst nur mit

Unterbrechungen bestanden, während Druckereien für christliche und jüdische Texte bereits seit 1493 in Istanbul bestanden hatten, von den jeweiligen religiösen Gruppen installiert. Der Haupt-Widerstand gegen die Einführung ging von der großen Gruppe der Schreiber aus und von islamischen Geistlichen, die sich dem Druck heiliger Schriften widersetzten. (Schubring 2000, S. 27). Im Persischen Reich ist der Buchdruck erst 1816 eingeführt worden (de Young 2017, S. 87 f.). Zugleich waren europäische Kolonialmächte sich bewusst, dass der Buchdruck ein Motor für Entwicklung sein wird. Spanien ließ daher in Lateinamerika Buchdruck erst ab 1777 zu, als Wirkung von Aufklärungspolitik im eigenen Land; und in Brasilien wurde Buchdruck erst ab 1808 möglich, als der Hof von Lissabon nach Rio de Janeiro verlegt wurde.

Andererseits hat es auch in Westeuropa zunächst Widerstände gegen den Buchdruck gegeben, wie man einem kleinen Kapitel im umfangreichen Werk von Giesecke entnehmen kann, etwa als Widerstand von Klerikern gegen den Druck von Übersetzungen der Bibel in Muttersprachen und als Widerstand der traditionellen Schreibergruppen (Giesecke 1991; 175 ff. und 182 ff.). Insbesondere hat es Widerstand in den Universitäten gegeben. Dort wurde die neue Technologie auch als Bedrohung des traditionellen, auf Oralität beruhenden Systems des mündlichen Vortrags aus kanonischen Texten verstanden (s. Rüegg 1996, S. 458). Versuche im Mittelalter, die strikte Trennung von Lehre und Forschung ebenso zu überwinden wie die rein passive Haltung der Studenten im Hören der mündlichen Vorträge waren erfolglos geblieben. Die Universitäten konnten diese Strukturen gerade dank des Buchdrucks entscheidend verändern – sie konnten nunmehr wesentliche Modernisierungen erreichen.[1] Aufgrund der Zugänglichkeit der Texte jetzt auch für die Studenten waren die *Magistri* und Regentes nunmehr der Aufgabe enthoben, die Korrektheit der Transkription von aus den Manuskripten diktierten Texte zu überprüfen. Universitäten stellten nunmehr Drucker für die Publikation ihrer Schriften ein – wenngleich mehr auf äußeren Druck hin, als aus eigener Reform-Initiative; die Drucker wurden zu Mitgliedern der universitären Korporation.

Und es war der Buchdruck, der eine enorme Wirkung auf die Entwicklung der Mathematik ausübte. Diese Wirkung bestätigt erneut die Anforderungen aus Handel und Technik als entscheidende Bedingung für die soziale Verankerung der Mathematik. Das erste bislang bekannte gedruckte mathematische Buch war die *Aritmetica di Treviso,* ein italienisches Lehrbuch der Handelsrechnung von 1478. Es bildete sozusagen die Initialzündung für eine stets zahlreichere Produktion von Lehrbüchern praktischer Arithmetik in einer Vielzahl von Ländern. Direkte Nachfolger waren das *Bamberger Rechenbuch* von Ulrich Wagner, von 1483, und das *Rechenbuch für die Kauffmannschaft* von Johannes Widmann, von 1489, gedruckt in Eger (Böhmen). Ein wesentliches Kennzeichen dieser Produktion war, dass diese Bücher, wie schon ihr Modell, die

[1] Im ersten Band der europäischen Universitätsgeschichte, zum Mittelalter, wird der Buchdruck als „ally of Humanism" dargestellt (Rüegg 1992, S. 465 ff.).

italienischen *liber d'abaci,* in den jeweiligen Muttersprachen publiziert wurden. Gut untersucht und dokumentiert ist die Produktion dieser Arithmetik-Bücher für Italien, Deutschland, Frankreich, Niederlande, Portugal und England (siehe Schubring 2003, S. 41 ff.).

Aber natürlich bildete der Buchdruck auch einen starken Stimulus für die Entwicklung „höherer" Mathematik. Zunächst wurden die Manuskripte von Texten aus der Antike gedruckt. Der erste Druck der *Elemente* des Euklid erfolgte 1482, in einer lateinischen Fassung. Eine griechische Version folgte im Jahre 1533. Die *Elemente* in lateinisch wurden in immer steigender Anzahl und in neuen Editionen gedruckt, schließlich gefolgt von Übersetzungen in modernen Sprachen – so zwischen 1543 und 1564 in Italienisch, Englisch, Deutsch und Französisch.

6.3 Humanismus und Mathematik

Der Humanismus, als Teil der Renaissance, bedeutete, Wissenschaft wieder so zu betreiben, wie man verstand, dass sie im Altertum praktiziert worden war, und das implizierte für die Mathematik, sie als wissenschaftliche Disziplin zu lehren, ausgehend von den nunmehr wieder zugänglichen klassischen Texten. Träger dieser Mathematik waren aber nicht die *baccalaurei,* die an den Universitäten Vorlesungen des artistischen Curriculums hielten.

Es war vielmehr eine Gruppe analog zu den an Höfen islamischer Fürsten beschäftigten Mathematikern. Schöner hat diese Gruppe *Wandermathematiker* genannt: sie boten ihre Dienste dem einen oder anderen Fürsten oder Mäzen an, und wanderten gegebenenfalls weiter, zu einem anderen Hof (Schöner 1994, S. 162). Es war insbesondere seit der zweiten Hälfte des 15. Jahrhunderts, dass Personen mit mathematischen Qualifikationen von Fürsten oder Mäzenen eingestellt wurden. Ihre Profile waren durchaus heterogen: von versierten Rechenmeistern über Astrologen zu Kartographen und einigen ersten universitär gebildeten Mathematikern – den sogenannten Mathematiker-Humanisten (ibid., S. 97 ff.).

Von den Höfen gingen nunmehr auch Initiativen aus zur Modernisierung des Lehrbetriebs an den Universitäten. Die mittelalterlichen Universitäten bildeten geschlossene Korporationen. Wenn man vom Modell der Universität von Bologna absieht, wo begüterte Studenten die Professoren für ihre Vorlesungen bezahlten,[2] war es der mit einer Universität verbundene (kirchliche) Grundbesitz, der die laufenden Kosten finanzierte. Nicht nur die Lehre war statisch und Innovationen gegenüber ablehnend, sondern auch die Struktur war statisch: eine Expansion der Stellen war nicht finanzierbar. Mit dem Ende des Mittelalters kamen Universitäten zunehmend unter die Kontrolle der Souveräne

[2] Die Besoldung ist später zunehmend von den Kommunen übernommen worden (Schöner 1994, S. 53.

des Territoriums, in dem sie gelegen waren. Und die Souveräne nutzten ihren Einfluss, um Reformen im Sinne des Humanismus zu fördern. Es war solcher Druck von außen, der zur Einsetzung erster spezialisierter Professuren für Mathematik seit Ende des 15. Jahrhunderts führte. Wegen fehlender Mittel der Universitäten war es zumeist die Schatulle eines Fürsten, die die Besoldung des neuen Professors sicherte.

Allerdings waren die solcherart von außen Oktroyierten zunächst konservativem hartnäckigem Widerstand ausgesetzt: aufgrund der Statuten konnten die neuen Mathematiker keine offiziellen Funktionen – wie Teilnahme am Fakultätskonzil – ausüben. Typische Wandermathematiker, aus denen sich die ersten Professoren rekrutierten, hatten zumeist keinerlei Studien absolviert und mithin keinen Grad erworben – und diese Grade waren Voraussetzung für jegliche Teilnahme an den Gremien der Hochschulen. Zumeist erst in der zweiten Generation, mit Schülern der ersten Generation von Professoren, die nunmehr Grade erworben hatten, konnten Mathematiker gleichberechtigt in den Fakultäten agieren (ibid., S. 109). Die den Universitäten von außen, dank der Humanismus-Bewegung aufgenötigten Professoren wurden als *humanistische* oder als *öffentliche* Professoren benannt. An der Universität Köln bestanden vier solche öffentlichen Professuren, für Griechisch, Hebräisch, Geschichte und Mathematik; ihre Besoldung übernahm die Stadt Köln (Schöner 1994, S. 389).

Es gibt einen Quellentyp, der zumeist in den Archiven der alten Universitäten erhalten ist, der den Übergang von den nicht spezialisierten *baccalaurei* zu den spezialisierten Professoren eindrücklich belegt: es sind die „rotuli", die Listen der Dozenten, die dokumentieren, wer im jeweiligen Semester die Standard-Vorlesungen gehalten hat. Dort bemerkt man nämlich – zumeist gegen Ende des 15. oder zu Anfang des 16. Jahrhunderts -, dass plötzlich nicht mehr etwa jedes Jahr ein anderer Dozent aufgeführt ist, sondern dass ein Name für einen längeren Zeitraum für die Mathematik-Vorlesungen geführt ist. Allerdings hat es einige wenige Universitäten in Westeuropa gegeben, die keine Reformen des Humanismus realisiert haben, sondern ihre bisherige Struktur beibehalten haben. Ein wichtiger solcher Fall war die Universität Paris, die als Korporation so stark war, dass der französische König keinen effektiven Einfluss nehmen konnte. Dies war der Grund, warum er 1530 das *Collège Royal* gegründet hat, an der die Disziplinen des Humanismus gelehrt werden konnten. Ebenso hat die Universität Salamanca offenbar keine Reformen des Humanismus akzeptiert.

Neben der nunmehr entstehenden Gruppe von Mathematikern an Universitäten entwickelte sich weiterhin die Gruppe der Praktiker, in verstärkter Fortführung der aus dem Italien des Mittelalters bekannten Gruppe der Rechenmeister (*maestri d'abaco*). Leider ist diese Gruppe im Allgemeinen nicht gut erforscht. Für England gibt es eine ausgezeichnete Analyse dieser Gruppe, der *mathematical practitioners,* für das sechzehnte und siebzehnte Jahrhundert (Taylor 1954) sowie eine Fortsetzung für das achtzehnte Jahrhundert (Taylor 1966). In Deutschland gibt es eine Vielzahl von Forschungen zu den zumeist in städtischen Diensten stehenden Rechenmeistern, die systematisch vom Adam-

Ries-Bund angeregt und in Tagungen zusammengeführt werden.[3] Der wohl bekannteste deutsche Rechenmeister war Adam Ries (1492–1559), der in der Bergwerkstadt Annaberg als „Bergbeamter" fungierte und eine Rechenschule leitete. Er ist sprichwörtlich für die elementaren Rechenpraktiken, hat aber auch zur Algebra publiziert, mit seiner *Deutschen Coss* (Ries 1992).

6.4 Die Wirkungen von Reformation und Gegenreformation

Hatte der Humanismus zunächst in den westeuropäischen Gesellschaften erste Grundlagen gelegt für die Entwicklung von Bildung und Wissenschaft, so hat in der Früh-Moderne die Reformation, ab 1517, weitere wichtige Impulse gegeben, die aber zugleich zur Spaltung der Entwicklung in zwei unterschiedliche Formen führte, mit gleichfalls verschiedenen Konsequenzen und Funktionen für die Mathematik: in katholischen Ländern und in protestantischen Ländern West-Europas.

Das neue Struktur-Element in den entstehenden nationalen Bildungssystemen war die Etablierung von (Sekundar-)Schulen, zunächst als Ausdifferenzierung aus der *artes*-Fakultät der Universitäten, die bislang auch schon Jugendliche immatrikuliert hatte. Diese Schulen wurden schließlich, in der Form von Jahrgangsklassen, zur mittleren Bildungsstufe zwischen Grundschule und Universität. Unter Bezeichnungen wie höhere Schule, Gymnasium, Kolleg, *college, collège* war ihre Funktion über lange Zeit die Vorbereitung auf Universitätsstudien. Ihre Verbindung mit der Universität war unterschiedlich in katholischen und in protestantischen Bildungssystemen. Deren Gegensatz war der wesentliche Faktor für die Herausbildung der verschiedenen Funktionen und Strukturen. Während in protestantischen, insbesondere lutherischen Territorien die Artisten-Fakultät eine eigenständige Position erringen konnte – mit größeren Entwicklungsmöglichkeiten für ihre Fächer – und den Aufstieg durch die Umbenennung zur „Philosophischen Fakultät" dokumentierte, verblieb in· katholischen Territorien die Fakultät nicht nur in ihrer untergeordneten Funktion, sie wurde sogar zu wesentlichen Teilen von den sekundarschulartigen Kollegs ersetzt. Dieser radikale Funktionswandel in den katholischen Territorien war im Wesentlichen eine Folge des Wirkens des. Jesuitenordens, der im ersten Jahrhundert des Wirkens der Gegenreformation, ab etwa 1550, faktisch als einzige Kraft ein höheres katholisches Bildungssystem aufbaute.

Neben der konsekutiven Form von Sekundarschulen und Philosophischer Fakultät gab es die beiden Extremformen, dass die Fakultät von den Sekundarschulen „aufgesaugt" wurde und dass die Sekundarschulen als Vorstufe einen Teil der Fakultät bildeten.

Die Unterrichtsorganisation mit der Übernahme der Vorbildungs-Funktion der Artisten-Fakultät und mit ihrer Möglichkeit einer viel effizienteren Disziplin als im universitären Kontext gewann für die Jesuiten eine zentrale Funktion. Dem neuen Orden

[3] Siehe: http://www.adam-ries-bund.de/

der Jesuiten kam es für sein Ziel, der Sicherung der katholischen Kirche, darauf an, die ganze Vorbereitung zum Theologie-Studium und nach Möglichkeit auch die Theologie-Fakultät in die· eigene Hand zu bekommen. Der Orden traf aber vielfach auf erbitterten Widerstand der Universitäts-Korporationen und konnte, außer bei Neugründungen, nur· selten in die Kern-Fakultäten vordringen.

Schließlich konnten die Jesuiten erreichen, dass praktisch das gesamte Lehrprogramm der Artistenfakultät in ihrem Gymnasium, zumeist unter dem Namen „Kolleg", gelehrt wurde. Das Curriculum reduzierte sich dabei auf das Studium des Lateinischen, als transformierter Form des „trivium", und auf Philosophie, das von den Jesuiten eingeführte Fach, das sie in eine starre aristotelische Form gebracht hatten; Philologie mit dem Griechischen, die Hauptinnovation der Humanisten, war damit ebenso wieder beseitigt wie Mathematik. Soweit noch vom Kolleg unabhängige, sog. „öffentliche" Lehrstühle der Fakultät übrigblieben, etwa für Geschichte oder Mathematik, verschwanden sie zumeist. bald. Die Artisten-Fakultät war somit faktisch darauf reduziert, **Prüfungen** vor dem Übergang zu höheren Fakultäten durchzuführen – denn die Kollegs hatten die Jesuiten nicht das Recht, Grade zu verleihen.

Die Universität Ingolstadt, später nach München verlegt, bildet einen besonders aufschlussreichen Fall für die strukturellen Divergenzen zwischen der humanistischen Periode und der Gegenreformation. Die Universität war 1472 vom Herzog von Bayern gegründet worden, zunächst im Wesentlichen nach dem Pariser Modell. In der Anfangszeit wurde Mathematik wie die anderen artistischen Fächer von per Los zu ermittelnden Kollegiaten gelesen, in gleichfalls traditionell niedrigem Niveau (Schöner 1994, S. 125). 1489 erfolgte erstmals in Deutschland die Schaffung einer Speziallektur für Mathematik, offenbar aufgrund des Interesses der Universität an einer spezialisierten Lektur (ibid., S. 218); sie war eine „öffentliche" Lektur, „eher neben der Universität" und nicht in der Artisten-Fakultät verankert (ibid., S. 285). Als erster solcher wurde Friedrich Weiß eingestellt, der von 1489 bis 1492 amtierte und noch nicht als Berufsmathematiker bezeichnet werden kann. Sein Nachfolger wurde Johannes Engel, der sich während seiner Tätigkeit bis 1497 vom Iatromathematiker zum humanistischen Mathematiker, mit Schwerpunkt in Astronomie wandelte. Von 1506 bis 1513 war Johannes Ostermaier der Lektor, der vom Herzog vorgeschlagen worden war, ein astronomischer Praktiker ohne einen Magistergrad. Eine Universitätsreform von 1507 ermöglichte, die beiden humanistischen Lekturen der Poetik und Mathematik, bislang außerhalb der vier Fakultäten, in den Senat zu integrieren, doch diese Praxis hielt sich nur kurze Zeit (ibid., S. 307). Ab 1515 modernisierte der herzogliche Rat Leonhard von Eck energisch die Universität. 1526 wurde die Praxis aufgehoben, dass die artistischen Lehrbücher vor Beginn jedes Semesters unter den Magistern verlost wurden; der Unterschied zwischen artistischen und humanistischen Lehrenden war somit aufgehoben. Eck erreichte 1526 die Berufung von Peter Apian, der ebenso wie dessen Sohn als spezialisierter Mathematik-Lektor amtierte. Ohne die erforderlichen Grade blieben aber auch sie von der Artisten-Fakultät ausgeschlossen (ibid., S. 314, 364 f., 380 ff.). Zugleich waren beide als Drucker der Universität und als Hofmathematiker tätig. In Bayern waren größere

Teile zur Reformation übergetreten. Der Herzog rief daher die Jesuiten ins Land, um mit der Gegenreformation die abtrünnigen Adligen und Gläubigen zurückzugewinnen. Philipp Apian wurde 1568 entlassen, weil er nicht den von allen Professoren geforderten Eid auf das Tridentinum ablegen wollte. Dessen Nachfolger praktizierte wieder die alte Form der Iatromathematik. Zudem hatte der Herzog den Jesuiten die verwaiste Theologie-Fakultät übertragen. Die Jesuiten nutzten den Auftrag, um ein Pädagogium zu gründen, das sich mit herzoglicher Förderung als eine zur weltlichen Artisten-Fakultät parallele Fakultät etablierte. Der Herzog ließ die weltliche Fakultät immer mehr reduzieren und löste sie 1585 ganz auf. Die nicht innerhalb der Fakultät bestehende Mathematik-Lektur wurde in das nunmehrige Jesuiten-Kolleg und einem dortigen Pater übertragen, um dort schließlich die normale Form von Unterricht innerhalb der *Ratio Studiorum* zu übernehmen (ibid., S. 437 ff.).

In Staaten mit lutherischem Glaubensbekenntnis konnten sich die Philosophischen Fakultäten, als Keimzellen wissenschaftlicher disziplinärer Entwicklung, neben den Gymnasien bzw. Gelehrtenschulen· behaupten. Es etablierte sich eine, wenngleich fragile, Arbeitsteilung zwischen einem schulmäßigen Unterricht in den Vorbereitungsfächern und einer höheren, wissenschaftlichen Allgemeinbildung. Im Gegensatz zu den Professoren an den protestantischen philosophischen Fakultäten waren die Lehrenden der Jesuiten-Kollegs durchweg Geistliche. Etwaige eigene wissenschaftliche Orientierungen waren nachrangig zu der strikten Weisungsgebundenheit gegenüber dem Orden sowie der alles beherrschenden Erziehungsfunktion. Ab dem 17. Jahrhundert traten in katholischen Staaten zwar noch weitere Orden in Konkurrenz zu den Jesuiten, in Frankreich vor allem die Benediktiner und die Oratorier, aber sie verblieben innerhalb der von den Jesuiten etablierten Strukturen und versuchten nicht, curriculare Änderungen zu erreichen.

Deutschland war das Land in Westeuropa, wo man beide Funktionsweisen vergleichen kann: protestantische Universitäten mit Mathematik-Professoren, zumeist in Norddeutschland, und katholische Kollegs mit marginalem Mathematikunterricht in Süddeutschland. In den Gebieten lutherischer Konfession behaupteten sich die Philosophischen Fakultäten gegenüber den sich etablierenden Sekundarschulen.

Das Beispiel der Universität Jena – 1648 gegründet, aber erst 1658 mit dem kaiserlichen Privileg anerkannt – zeigt den Prozess der Professionalisierung. Der erste Lektor, Christoph Dürfeld, verstarb bereits nach einem Jahr; er hatte Mathematik und Griechisch vorgetragen. Sein Nachfolger ab 1651 war Michael Neander; er las ebenfalls über Mathematik und Griechisch, wechselte aber 1560 in die Medizin-Fakultät. Sein Nachfolger Aegidius Salius las bis zu seinem Ruhestand 1569 über Arithmetik und Astronomie. Stifel war für wenige Jahre Lektor, seit 1558; er wurde aus der Schatulle des Herzogs besoldet. Die zwei Nachfolger von Salius als Professoren für Mathematik und Astronomie wechselten zur Theologie – einer als Professor und der andere als Pastor. Die beiden nächsten Nachfolger wechselten wiederum zu einer Medizin-Professur. Erstmals für längere Zeit und ohne Fachwechsel war Georg Limmnäus Professor für Mathematik und Astronomie (einschließlich Lehre zur Astrologie), von 1588 bis 1611. Definitiv spezialisiert und langfristig war Heinrich Hofmann

Mathematik-Professor, von 1613 bis 1652; er hat eine deutsche Euklid-Übersetzung publiziert. Mit seinem Nachfolger Erhard Weigel (1625–1699), seit 1653, war endgültig ein Niveau nicht nur spezialisierter Lehre, sondern auch mit eigener Forschung erreicht; Leibniz gehörte 1663 zu seinen Hörern (Schubring 1992).

An Hochschulen für die reformierte Konfession der Calvinisten bestand im Deutschen Reich nur die Hohe Schule Herborn, im Herzogtum Oranien-Nassau, die aber aus verschiedenen Gründen nicht vollausgebaut war. Typischerweise bildete in Gebieten reformierten Glaubens (Niederlande, Schweizer Kantone) die Vorbildung in Lateinschulen, „unteren Schulen" oder Pädagogien einen mit der· höheren Artisten-Fakultät integrierten Teil der akademischen Ausbildung.

Die Strukturen in Frankreich waren sehr verschieden von den deutschen. Die Universitäten hier waren durchgehends katholisch. Nur die durch die Besetzung des Elsaß 1681 französisch gewordene protestantische Universität Straßburg blieb ein Sonderfall in Frankreich mit einer eigenständigen Philosophischen Fakultät. Die Lehre der Artisten-Fakultät war sonst durch die *collèges* ersetzt worden – nicht nur dort, wo die Jesuiten – und später andere Orden – diese Fakultäten übernommen hatten: auch in Paris, wo die Universitätskorporation besonders stark war und sich lange gegen das Eindringen der ultramontanen Jesuiten hatte wehren können, so dass schließlich nur eines der zahlreichen *collèges* (Louis-le-Grand) den Jesuiten unterstand, war die Artistenfakultät auf das Durchführen der Prüfungen reduziert worden – für die Zulassung zu den drei BerufsFakultäten. Die Expansion der *collèges* zu Lasten der *facultés des arts* wurde so in Frankreich zu einer generellen Entwicklung. Eine Auswirkung dieser Entwicklung war, dass in Frankreich diese Fakultäten nicht zu Trägern einer wissenschaftlichen Disziplinen-Bildung wurden (Schubring 2002, S. 367).

Andererseits. war in Frankreich wissenschaftliche Kultur nicht auf die Universitäten und deren Kontext beschränkt. Insbesondere in der Aristokratie war eine nennenswerte Trägerschicht für aktive wissenschaftliche Tätigkeit vorhanden. Die *Académie des Sciences* in Paris, 1666 gegründet, wurde rasch zu einem Kristallisationskern für mathematische und naturwissenschaftliche Forschung.

Eine alternative Struktur stellte das *Collège Royal* in Paris dar, das – 1530 gegründet – eine einzigartige Institution war: ohne zu Prüfungen oder zu Graden zu führen, gab es hier Lehre in modernen wissenschaftlichen Kursen.; Neu-Entwicklungen von Disziplinen bewirkten häufig die Stiftung zusätzlicher Professuren oder die Umwidmung von bestehenden.

In England entstanden wiederum unterschiedliche Strukturen. Sie sind gekennzeichnet von der Durchsetzung der „Collegiate University". Schon im Mittelalter waren die *colleges* charakteristisch für das studentische Leben an den beiden englischen Universitäten Oxford und Cambridge. Etwa in der Mitte des 16. Jahrhunderts aber, als Teilprozess der Etablierung der anglikanischen Nationalkirche, erfolgte der Übergang zur ausschließlich in *colleges* organisierten Universität: Die Studenten hatten nun nicht nur in *colleges* zusammengefasst zu leben; unter deren Aufsicht und unter persönlicher Zuordnung zu einem Tutor; auch die Lehre erfolgte nunmehr im Wesentlichen innerhalb der *colleges*. Anders aber als in dem von den Jesuiten etablierten katholischen Modell beschränkte sich deren Lehre nicht auf die Fächer der Artistenfakultät, sondern umfasste die Lehrgebiete sämtlicher Fakultäten. In Oxford und Cambridge bestand aber eine analoge Doppelstruktur aus *colleges* und Fakultäten. Neben der Lehre durch Tutoren oder *lecturer* innerhalb der *colleges* bestanden die Fakultäten weiter, aber reduziert auf die Prüfungen. Zusätzlich konnte es auch „öffentliche" Vorlesungen geben, außerhalb des Curriculums, durch Professoren, deren „chairs" durch private Stiftungen gegründet worden waren – wie der *Lucasian chair* in Cambridge, den Isaac Barrow und Newton innehatten, und der *Savilian Chair of Geometry*, in Oxford. In der sog. Elizabethanischen Reform von 1570 wurden die Universitäten eingreifend umstrukturiert: sie wurden unter strikte staatliche Aufsicht gestellt und zugleich anglikanisch-kirchlich organisiert. Die Mathematik wurde mit diesen Statuten aus dem Anfangsstudium ausgeschlossen; Rhetorik und Logik wurden zu den Hauptfächern (ibid., S. 368).

Wie war die Mathematik in den neu entstandenen Bildungssystemen vertreten? In den Gymnasien bzw. Gelehrtenschulen der lutherischen Länder war die Mathematik ein Nebenfach. Es gab kein einheitliches Curriculum, da diese Schulen meist städtischen Patronats waren. Bis zum 18. Jahrhundert gab es Arithmetik-Unterricht in den Anfangsklassen und Geometrie in den Abschlussklassen. An den Universitäten war die Mathematik gut durch Professoren und Dozenten vertreten; häufig lehrten sie noch weitere Fächer wie Physik oder Astronomie.

Die Situation im katholischen Bereich unterschied sich davon erheblich. Die ersten fünf Jahre im Lehrplan der Kollegs waren ausschließlich den *humanidades* vorbehalten (Grammatik, Rhetorik, Dialektik). In den abschließenden drei bzw. zwei Jahren der Philosophie-Klasse war, gemäß dem von den Jesuiten praktizierten Verständnis von Aristoteles, die Mathematik Teil der Physik, und wurde dort im Jahr der Physik für einige Monate gelehrt, beschränkt auf die ersten Bücher der Elemente Euklids und populäre Astronomie gemäß Sacrobosco. Die Versuche von Christoph Clavius (1537–1612), dem führenden Mathematiker und Astronomen des Ordens und Mathematik-Professor an der Ordens-Hochschule, dem *Collegium Romanum* in Rom, der Mathematik im Lehrplan eine stärkere Rolle zu sichern, scheiterten. In den Beratungen der *Ratio Studiorum*, dem ab 1599 an allen Jesuiten-Kollegs generell gültigen Lehrplan, wurde von den Ordens-Provinzen der Mathematik ein sekundärer Status zugesprochen. Die Mathematik blieb ein marginaler Lehrstoff ohne Prüfungsrelevanz. Über die erforderliche Qualifikation zum Mathematiklehrer gab es keine Regelungen – im Gegensatz zu sehr präzisen etwa für Philosophielehrer (Schubring 2002, 368 f.).

6.5 Entwicklungen der Mathematik in West-Europa

Die Anfänge der Mathematik in der Früh-Moderne knüpften an den Schwerpunkt der islamischen Mathematik an, vorrangig wie sie in al-Andalus und im Maghreb praktiziert worden war, als Algebra. Diese Arbeiten bildeten aber keine einheitliche

Entwicklung. Vielmehr sind sie durch eine „Pluralität der Algebra in der Renaissance“ gekennzeichnet (Rommevaux et al. 2012) gekennzeichnet: eine in Italien praktizierte Algebra – von den Florenzer Rechenmeistern zu Cardano und Bombelli, und der von Spanien aus inspirierten Algebra in der Provence – mit Nicolas Chuquet, zu der Algebra der deutschen Cossisten und der Algebra in Frankreich – mit Viète und schließlich der Algebra in England im Anschluss an Thomas Harriot. Die zumeist nur marginal erwähnte Algebra der Cossisten (s. Katz & Parshall 2015) hat am direktesten an die symbolische Algebra des Maghreb angeknüpft und die Algebra in Frankreich beeinflusst.

Natürlich waren die Arbeiten der italienischen Mathematiker ganz wesentlich für Fortschritte im Lösen von Gleichungen von höherem als dem zweiten Grade; insbesondere die Ergebnisse von Girolamo Cardano (1501–1576) zur Lösung von Gleichungen des dritten und vierten Grades, in seinem Buch *Ars Magna* (1545), und von Raffaelle Bombelli (1526–1572), mit ersten Ergebnissen zum Operieren mit komplexen Zahlen, in seinen Büchern *L'Algebra* (1572).

Der Schwerpunkt der Anaye hier liegt auf dem Prozess der Algebraisierung, durch zunehmende Entwicklung der Symbolisierung in der Algebra.

Die cossistische Algebra – ‚coss‘ vom italienischen ‚cosa‘, der Übersetzung des arabischen Ausdrucks ‚shay‘ für die Unbekannte – hat die Symbolik des Maghreb aufgegriffen und weiter entwickelt. Die Potenzen der Unbekannten wurden multiplikativ gebildet und die Zeichen für höhere Potenzen waren nur zum Teil Vielfache der ersten drei Potenzen; es wurden neue Zeichen für mehrere der höheren Potenzen festgelegt. Das erste bereits bedeutende Werk dieser Algebra war das Buch *Die Coß* (1525) von Christoff Rudolff (ca. 1499–1543); der Anfang des langen Titels ist *Behend unnd Hübsch Rechnung durch die kunstreichen regeln Algebre.* Über den Autor ist nur wenig bekannt; er wurde in Jauer (Schlesien) geboren; er studierte Mathematik in Wien, zwischen 1517 und 1521, und gab danach offenbar Privatunterricht, in Wien. Er führte die Zeichen für die Zahlen und für die ersten neun Potenzen der Unbekannten ein, die fortan von den Cossisten benutzt wurden (Abb. 6.1).

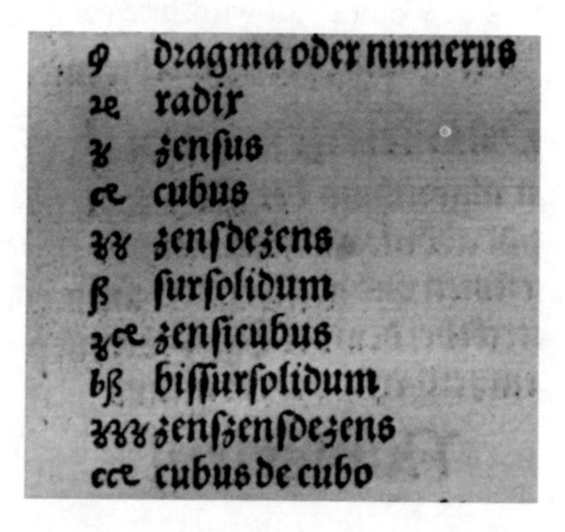
φ dragma oder numerus
ℛ radix
ʒ zensus
ce cubus
ʒʒ zensdezens
ß sursolidum
ʒce zensicubus
bß bissursolidum
ʒʒʒ zenszensdezens
cce cubus de cubo

Abb. 6.1 Rudolff 1525, S. 24v

Sein Buch war in deutscher Sprache abgefasst. Mit den Cossisten ist die Symbolisierung in der Algebra weiter systematisiert worden. Das zweite wichtige Werk war die *Arithmetica Integra* (1544), in lateinischer Sprache, von Michael Stifel (ca. 1487–1567). Stifel, ursprünglich ein Augustiner-Mönch, wurde Pastor, in verschiedenen Gemeinden, und studierte Mathematik in Wittenberg bei Jacob Milich. Später war er Mathematiklektor in Königsberg und in Jena. Das Werk, als Pastor in dem kleinen Ort Holzdorf erarbeitet, zeigt, dass diese Algebra nicht isoliert entwickelt wurde. Es hat dort mehrfach Arbeiten von Cardano rezipiert. Und es leistete zwei wichtige Innovationen; es hat die Anzahl der Potenzen der Unbekannten über 9 hinaus beliebig allgemein gefasst und damit den Begriff der Unbekannten von geometrischen Konnotationen gelöst und algebraisiert. Stifel hat die Folge der Symbole bis zur 16. Potenz angegeben und dort mit „deinceps in infinitum." als unbegrenzt erklärt (Abb. 6.2).

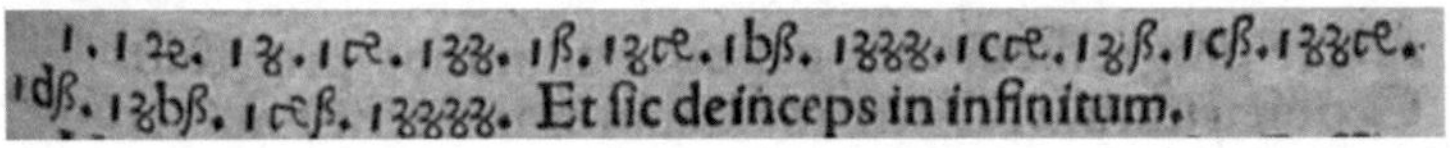

Abb. 6.2 Stifel 1544, S. 235r

Stifel hat im ersten Teil „abstrakte Zahlen" eingeführt und rationale Zahlen als Brüche sowie die Grundoperationen mit ihnen. Negative Zahlen („numeri absurdi") hat er in einer Graphik als Fortsetzung der Reihe positiver Zahlen über Null hinaus dargestellt (Stifel 1544, S. 249v). Arithmetische und geometrische Progressionen, Proportionen, figurierte Zahlen, Quadrat- und Kubik-Wurzeln waren weitere Abschnitte. Auch das Wurzelziehen hat er als im Prinzip beliebig fortführbar dargestellt; er gab Beispiele zur sechsten, siebten, achten, neunten und zehnten Wurzel. Der zweite Teil enthält eine ausführliche Darstellung des Operierens mit irrationalen Zahlen.

Die zweite wichtige Innovation war die Einführung von weiteren Unbekannten. Die Symbolik des Maghreb war auf eine Unbekannte beschränkt geblieben. In einigen der italienischen *libri d'abaco* war eine rhetorische Praxis einer zweiten Unbekannten eingeführt worden. So wird in einer Aufgabe mit zwei Unbekannten im *Trattato di Fioretti* (1373) des Florentiners Antonio de' Mazzinghi mit „eine Größe" und „eine andere Größe" rhetorisch operiert (Radford 1997, S. 85). Und Cardano benutzte in seiner Ars Magna (1545) diese rhetorische Praxis, um mit drei Unbekannten zu operieren: die für drei Männer gesuchten Werte nannte er „positio", „quantitá" und der dritte Wert wurde als Verbindung der beiden anderen Unbekannten ausgedrückt (ibid., S. 90 f.). Auch Rudolff hat in seiner *Coss* mit einer zweiten Unbekannten operiert; auch er hat sie noch rhetorisch als „quantitet" bezeichnet, und damit gleichzeitig operiert, von der Art (Abb. 6.3):

$$\frac{1}{2}x + \frac{1}{3}\,\text{quantitet}$$

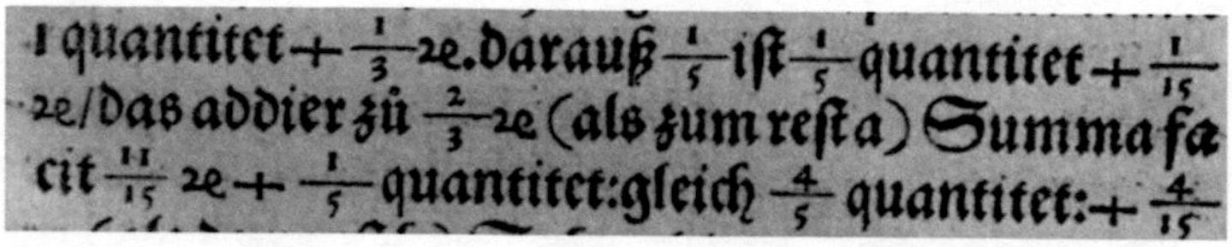
1 quantitet + 1/3 ℞. darauß 1/5 ist 1/5 quantitet + 1/15 ℞/ Das addier zů 2/3 ℞ (als zum rest a) Summa facit 11/15 ℞ + 1/5 quantitet: gleich 4/5 quantitet: + 4/15

Abb. 6.3 Rudolff 1525, S. 118r

Stifel war dagegen der erste, der nicht nur Symbole für weitere als die erste Unbekannte eingeführt hat, sondern auch hier deren Anzahl nicht begrenzt hat. Er erwähnte, dass Rudolff und Cardano eine zweite Unbekannte mit dem Wort *quantitas* eingeführt hatten (Stifel 1544, S. 252r). Die erste Unbekannte hat Stifel als „numerus absconditus" bezeichnet und die weiteren Unbekannten als „secundi radices", zweite Lösungen (Stifel 1544, S. 251v). Stifel erklärte: wenn in einer Aufgabe nach einer mit 1 × bezeichneten Unbekannten eine weitere Unbekannte auftritt, dann bezeichnet man sie als 1 A, oder ausführlicher als 1*Ax*. Man müsse die zweiten Lösungen von den ersten durch andere Zeichen unterscheiden. Er verstehe auch dritte, vierte, fünfte, etc. Lösungen als „secundi radices". Alle diese weiteren Unbekannten nenne man aus didaktischen Gründen zweite Lösungen, in Bezug auf die erste Lösung (Unbekannte). Mit diesen könne man alle üblichen Operationen ausführen (ibid.). Für diese weiteren Unbekannten benutzte Stifel nicht mehr die cossischen gotischen Buchstaben als Symbole, sondern die lateinischen (Groß-)Buchstaben des Alphabets: wiederum ohne Begrenzung in ihrer Anzahl – und jedenfalls in der Anzahl der Buchstaben des Alphabets (Abb. 6.4):

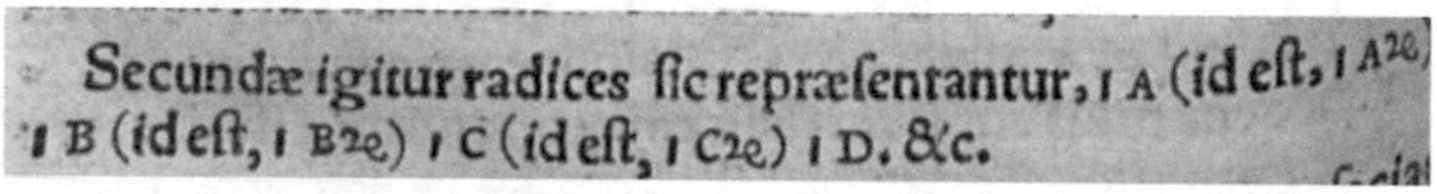
Secundæ igitur radices sic repræsentantur, 1 A (id est, 1 A℞) 1 B (id est, 1 B℞) 1 C (id est, 1 C℞) 1 D. &c.

Abb. 6.4 Stifel 1544, S. 251v

Stifel hat detailliert dargestellt, wie man mit den so eingeführten vielfachen Unbekannten zu operieren hat. Er begann dies mit der Multiplikation, mit zahlreichen Beispielen. Multiplizieeren von 2 × mit 2 A ergibt 4*xA*, und 3 A mit 9*B* ergibt 27*AB*. Das Potenzieren einer zweiten Unbekannten zeigte er den Exponenten mit dem Symbol der entsprechenden Potenz der (ersten) Unbekannten an – hier beim Kubieren mit dem cossischen Symbol für die dritte Potenz (Abb. 6.5):

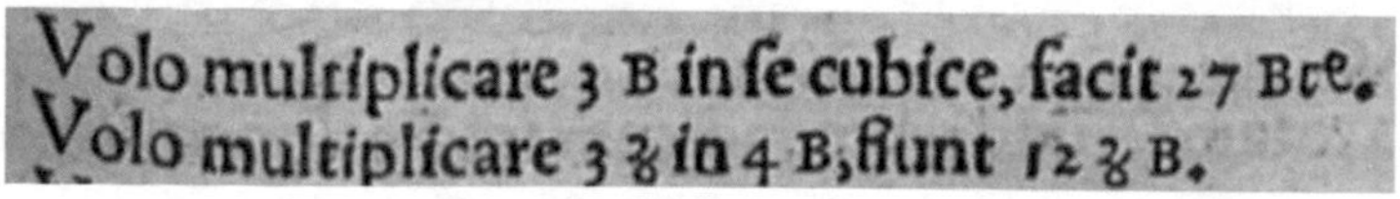
Volo multiplicare 3 B in se cubice, facit 27 Bce.
Volo multiplicare 3 ℨ in 4 B, fiunt 12 ℨ B.

Abb. 6.5 Stifel 1544, S. 252r

Danach stellte er die Division sowie Addition und Subtraktion dar, sowie die Anwendung in Gleichungen und als Beispiel, wie eine Aufgabe mit sieben Unbekannten zu lösen ist. In einem weiteren Kapitel hat Stifel Aufgaben von Rudolff und Adam Ries (Adami Gigantis) mit seinem neuen symbolischen Ansatz mit mehrfachen Unbekannten behandelt (ibid., S. 292 ff.).

Ebenso wie die cossistische Algebra sich nicht isoliert entwickelt hat, sondern in Rezeption anderer algebraischer Ansätze, so ist sie nicht isoliert in Europa geblieben, sondern ist ihrerseits rezipiert worden. Eine sehr rasche Rezeption gerade der Innovation der mehrfachen Unbekannten ist in Frankreich erfolgt, durch Jacques Peletier du Mans (1517–1582), in seinem Buch *L'Algèbre* (1554). Peletier, ein Humanist mit breiten Interessen und Bildung in Literatur, Mathematik und Medizin, hat in seinem Werk die cossischen Symbole übernommen, die also keine isolierte deutsche Sonderentwicklung darstellen. Schon im Vorwort hat er die Beiträge von Christoff Rudolff, Adam Ries, Michael Stifel und Johann Scheubel zur Algebra herausgestellt, und erklärt, dass er die „nombres cossiques" Stifels als Grundlage nehme (Peletier 1554, S. 4). Im Werk unterstreicht er stets die Bedeutung von Zeichen. Er hat die Symbole Rudolffs und Stifels übernommen, in einer Liste auch bis zur 16. Potenz, mit der Variation, dass er anstatt des komplizierten Symbols für x das schon von Nicolas Chuquet 1484, in seiner *Triparty en la science des nombres,* gleichfalls in Provençal geschrieben, benutzte Symbol für die *racine* – Wurzel im Sinne von Lösung -, ein R mit einem Schrägstrich ℞ als Abkürzung des ersten Buchstabens, einsetzte (Abb. 6.6).

Abb. 6.6 Peletier 1554, S. 8

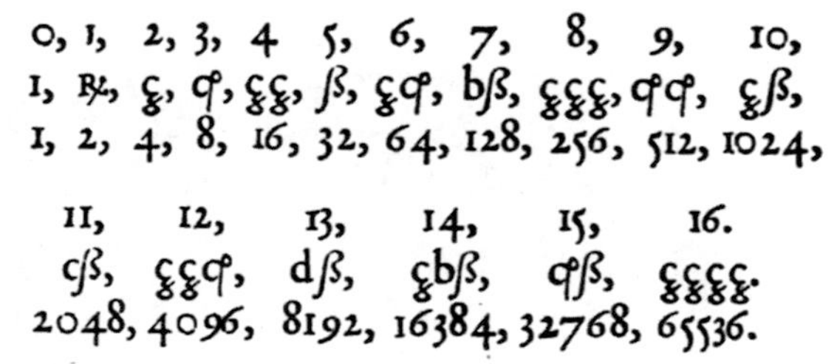

0, 1, 2, 3, 4, 5, 6, 7, 8, 9, 10,
1, ℞, ʓ, ꝗ, ʓʓ, ß, ʓꝗ, bß, ʓʓʓ, ꝗꝗ, ʓß,
1, 2, 4, 8, 16, 32, 64, 128, 256, 512, 1024,

11, 12, 13, 14, 15, 16.
cß, ʓʓꝗ, dß, ʓbß, ꝗß, ʓʓʓʓ.
2048, 4096, 8192, 16384, 32768, 65536.

Peletier benutzte auch die cossischen Zeichen für Exponenten von Zahlen und Größen (ibid., S. 12). Den *secondes racines* hat er mehrere Kapitel gewidmet. Er unterstrich, dass er für sie nicht die rhetorischen Benennungen verwenden werde, sondern die von Stifel eingeführten Zeichen – wegen ihrer leichteren.

Handbarkeit und besseren Anwendung (ibid., S. 96 f.). Er führte zunächst die Symbole für die zweite, dritte und vierte Unbekannte ein:

> „Nous mettrons donq auec lui, pour 1 seconde Racine, 1A; pour 1 tierce Racine 1B; pour 1 quarte Racine, 1C: c'ét a dire, 1A ℞, ou 1 deusieme ℞: 1B ℞, ou 1 tierce ℞, etc." (ibid., S. 97).

1. 2. 4. 8. 16. 32. 64. 128. 256. 512. 1024. 2048. 4096.
u. l. q. c. bq. ſ. qc. bſ. tq. cc. ſq. tſ. bqc.

Abb. 6.7 Ramus 1560, S. 1

Anschließend stellte er, wie bei Stifel, die Operationen mit den Unbekannten dar und gab dann Anwendungen.

Eine weitere wirkungsträchtige Rezeption in Frankreich erfolgte durch Pierre de la Ramée, oder latinisiert Petrus Ramus (1515–1572). Ramus hatte zunächst versucht, an der Sorbonne für humanistische Reformen einzutreten, war aber am dortigen doktrinären Aristotelismus gescheitert. Er wurde danach Lektor am *Collège Royal* und hat dort eine Professur für Mathematik gestiftet. Wegen seines Eintretens für den Humanismus und seines Übertretens zum Calvinismus war er in Frankreich verfolgt. Er hielt sich daher zwei Jahre in Deutschland auf, als Professor an mehreren Universitäten. Er wurde in der Bartholomäusnacht ermordet, dem vom französischen Königshaus initiierten tausendfachen Massaker an den Calvinisten – genauer gesagt, am dritten Tag des Massakers, beim Beten in einer Kirche. Ramus war der erste, der die *Elemente* Euklids als Lehrbuch kritisiert hat, wegen mangelnder Methode. Er ist der erste Autor eines Werks über den Unterricht der Mathematik: *Scholarum Mathematicarum* (1569). Ramus hat die deutschen Mathematiker als die „modernen" bezeichnet (Goulding 2010, S. 36).

In seiner *Algebra* (1560) und in der erweiterten revidierten, posthumen Fassung von 1586 hat er die cossischen Zeichen zur Grundlage seiner Darstellung gemacht. Allerdings hat er deren gotische Buchstaben in lateinische umgewandelt und sie somit leichter international anwendbar gemacht. Zudem hat er Buchstaben als Zeichen verwendet, die Abkürzungen von Ausdrücken mit einer geometrischen Bedeutung waren (Abb. 6.7):

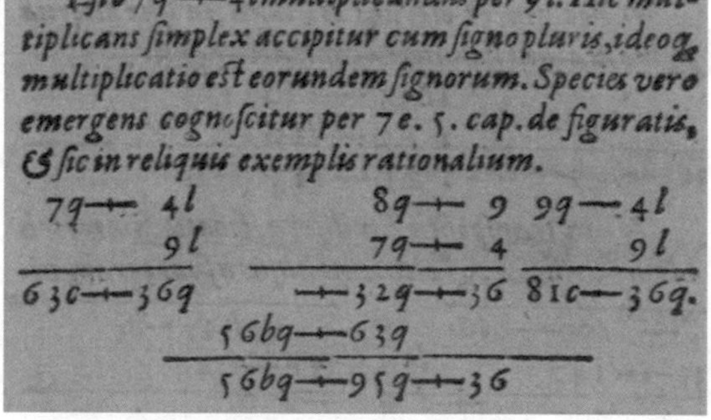

Abb. 6.8 Ramus 1586, S. 328

Esto 7q + 4l multiplicandus per 9 l. Hic multiplicans simplex accipitur cum signo pluris, ideoq; multiplicatio est eorundem signorum. Species vero emergens cognoscitur per 7 e. 5. cap. de figuratis, & sic in reliquis exemplis rationalium.

7q + 4l / 9l / 63c + 36q

8q + 9 / 7q + 4 / + 32q + 36 / 56bq + 63q / 56bq + 95q + 36

9q − 4l / 9l / 81c − 36q.

Die Zeichen hier bedeuteten: u = unitas; 1 = latus; q = quadratum; c = cubus; bq = biquadratum; s = solidum; qc = quadraticubum; bs = bisolidum; usw. Und die Bildung der höheren Potenzen erfolgte nicht multiplikativ, sondern additiv. Die Multiplikation einer Größe q mit einer in l ergab eine Größe mit c; analog q mit q ergab bq. Das folgende Beispiel, in der Ramus die von ihm Diophant zugeschriebene Zeichenregel anwendet, verdeutlicht die Praxis des Operierens mit diesen Zeichen (Abb. 6.8):

Allerdings ist Ramus weder in der ersten, noch in der zweiten Auflage auf mehrfache Unbekannte eingegangen.

Die cossistische Algebra ist im 16. Jahrhundert, und auch noch im 17. Jahrhundert in vielen europäischen Ländern rezipiert und praktiziert worden – außer in Frankreich in Spanien, Holland und England.[4] Die Algebra von Clavius, zuerst 1608 in Bamberg publiziert, ganz als cossische Algebra geschrieben, hat keine weiteren Beiträge zur Entwicklung der Algebra gebracht. Peter Treutlein, einer der wenigen, der die deutsche *Coss* genauer untersucht hat, hat dieses Buch als schwachen „Abklatsch" von Stifels Werk charakterisiert, mit vielen direkten Übernahmen ohne jeglichen Hinweis auf Stifel (Treutlein 1879, S. 21). Es gab in seinem Buch nur einen kurzen Abschnitt von drei Seiten über mehrfache Unbekannte, in der er Stifels Innovation, als *radices secundae,* übernahm (ohne die Quelle zu nennen); im weiteren Text wurde aber davon keine Anwendung gemacht. Über die Hälfte der 380 Seiten waren Problemaufgaben, im Sinne von Unterhaltungs-Mathematik, in dem gesuchte verschiedene Unbekannte in rhetorischen Termen ausgedrückt wurden.

Üblicherweise werden die Beiträge von François Viète (1540–1603) in der Literatur als die nächsten neuen Schritte in der Algebra nach den italienischen Beiträgen dargestellt. Tatsächlich bilden sie einen Entwicklungsstrang, der sich nicht als Rezeption etwa der deutschen Coss-Algebra oder deren Rezeption in Frankreich oder als Anknüpfen an diese Arbeiten ausweist.

Für die Symbolik hat Viète die wichtige Neuerung eingeführt, die Koeffizienten der Unbekannten mit allgemeinen Zeichen anzugeben; bislang waren stets konkrete Zahlen in den Gleichungen eingesetzt worden. Dies ermöglichte eine bedeutende Verallgemeinerung. In der Bezeichnung der Unbekannten hat er dagegen nicht an die Ansätze in Deutschland und Frankreich angeknüpft, sondern eine eigene Praxis vorgeschlagen, nämlich sie mit den Vokalen des Alphabets zu bezeichnen, während er die Konsonanten für die Koeffizienten benutzte, beides in Kleinbuchstaben (Viète 1591). Für die Koeffizienten hatte er damit eine große Anzahl zur Verfügung, für die Unbekannten dagegen nur fünf – im Gegensatz zur praktisch nicht beschränkten Anzahl bei Stifel und bei Peletier. Schließlich durchgesetzt hat sich die von Descartes 1637 vorgeschlagene Notation: die Anfangsbuchstaben des Alphabets für die Koeffizienten und die letzten Buchstaben des Alphabets für die Unbekannten bzw. Variablen – eine Verbindung der Ansätze von Stifel und Viète.

Die Dimensionen der Größen hat Viète in traditioneller Weise mit geometrischen Ausdrücken bezeichnet, von *latus* bis zur neunten Dimension *cubo-cubo-cubus.* Er hat zwar gesagt, man könne die Reihe nach dieser Dimension fortsetzen, aber auch gefragt, ob

[4] Die Arbeiten über Descartes, die – wie Gaukroger (1995, S. 98) – bedauern, dass Descartes deren „clumsy cossic notation" benutzt hat, urteilen von der heutigen Algebra aus, ohne Kenntnis der zeitgenössischen Praxis.

es eine Verwendung von Größen über die dritte oder höchstens vierte Dimension hinaus „im Menschlichen geben kann“ (Bos & Reich 1990, S. 188).

Thomas Harriot (1560–1621), wie Viète ein Amateur-Mathematiker, hat die algebraischen Arbeiten von Viète rezipiert und sie in etwas extremer Weise zu einer Praxis symbolischer Algebra umgestaltet, die in England eine starke Entwicklung der Algebra angeregt hat. Seine Manuskripte bestehen fast nur aus Zeichen, mit ganz wenig verbindendem Text (siehe Stedall 2003, S. 15). Nach seinem Tod haben Freunde seine Manuskripte in eine lesbare Form umgesetzt, dabei allerdings einige Neuerungen nicht übernommen. Hier ein Ausschnitt aus der englischen Übersetzung des Buchs *Artis analyticae Praxis* von 1631 des (Seltman & Goulding 2007, S. 51; Abb. 6.9).

PROBLEM 4

To reduce the trinomial equation
$$\begin{array}{l} aaa + baa + bca \\ \quad + caa - bda \\ \quad - daa - cda = +bcd \end{array}$$

to the binomial
$$\begin{array}{l} aaa - bba \\ \quad - bca \\ \quad - cca = +bbc \\ \qquad\qquad + bcc, \end{array}$$
that is, by removing the second degree aa.

Abb. 6.9 Harriots redigierte Praxis von Symbolik

Jackie Stedall hat die ursprünglichen Manuskripte 2003 ediert, nur leicht modernisierend. Man müsste mindestens eine ganz Seite reproduzieren, um Harriots Vorgehen nachzuvollziehen, wozu hier aber der Platz fehlt. Es wird dies dem Leser als Aufgabe überlassen.

In diesem Zeitraum der frühen Neuzeit wurden drei neue begriffliche Entwicklungen in der Mathematik eingeleitet, die in den folgenden Jahrzehnten und Jahrhunderten entscheidende Umgestaltungen der gesamten Mathematik bewirkt haben.

Die erste so entstehende Disziplin war die analytische Geometrie, 1637 von Descartes (1596–1650) entwickelt, um mit Hilfe von Gleichungen Probleme der Geometrie zu lösen. Anders als es die Bezeichnung ‚cartesische Koordinaten‘ nahelegt, hat Descartes weder den Ausdruck ‚Koordinaten‘ benutzt, noch ein Koordinatensystem konstruiert. Alle seine Figuren sind als im ersten Quadranten konstruiert zu verstehen. Der wesentliche Schritt war, den Linien „einen Namen zu geben“, d. h. geometrischen Objekten eine Gleichung zuzuordnen (Descartes 1637, S. 300). Und Descartes hob das bisher dominante Prinzip der Homogenität von Größen auf, das seit der Dominanz der griechischen Proportionentheorie gegolten hatte und das noch bei Viète eine der Grundlagen war. Ein Ausdruck wie a^2 oder b^3 repräsentierten daher einfache Linien (ibid., S. 299). Explizite Etablierungen von Koordinatensystemen, mit den vier Quadranten, sind aber späteren Datums. Das Verständnis der Koordinatenachsen als Zahlenstrahlen datiert sogar erst vom 19. Jahrhundert (Amadeo 2018). Die *Géométrie*, Teil des *Discours de la méthode*, war von Descartes in Französisch publiziert worden und erlangte erst mit der Übersetzung durch Frans van Schooten 1649 ins Lateinische eine internationale

Rezeption. Frans van Schooten Jr. (1615–1660), Dozent an der, der Universität Leiden angegliederten Ingenieurschule, hat nicht nur eng mit Descartes zusammengearbeitet, er hat auch als erster die Arbeitsform einer Gruppe von Mathematikern initiiert: mit Schülern und mit holländischen und französischen Mathematikern hat er die Arbeiten von Descartes studiert. Die Zusammenarbeit führte, wohl auch erstmals, zur Publikation von Sammelbänden mit Beiträgen mehrerer Mathematiker: schon der Band von 1649 enthielt kommentierende Beiträge. Die zweite Auflage von 1659–1661, nunmehr in zwei Bänden, enthielt außer Descartes' Übersetzung Beiträge von sechs Autoren (van Schooten 1659–1661). Besonders wichtig für die Entwicklung der analytischen Geometrie waren die Beiträge von Jan de Witt (1625–1672), die jetzt in einer zweisprachigen Edition vorliegen (de Witt 2000; 2010).

Zugleich entstanden Konzepte für eine andere Art von Geometrie: Girard Desargues (1591–1661), ein französischer Ingenieur, entwickelte Konzepte einer projektiven Geometrie. Seine Arbeiten wurden von Philippe de La Hire (1640–1718) fortgesetzt, aber eine breitere Entwicklung erfolgte erst im 19. Jahrhundert.

Die Infinitesimalrechung, die so charakteristisch ist für die Mathematik der Moderne, blieb der folgenden Periode vorbehalten. In der frühen Neuzeit entwickelten sich ihre beiden Elemente noch getrennt: Methoden zur Flächen- und Inhaltsbestimmung insbesondere durch Johannes Kepler und durch die Methode der Indivisibilien von Bonaventura Cavalieri (1598–1647) – alles noch für statische geometrische Objekte, ohne einen Bezug zu Variablen. Und auf der anderen Seite Methoden zur Bestimmung von Tangenten an Kurven; die Arbeit von Pierre de Fermat (1601–1665) Methodus ad disquirendam maximam et minimam (1679) war dafür ein wichtiger Beitrag.

6.6 Eine andere Art von Rezeption im Fernen Osten. Japan

Die Mathematik in Japan hatte sich über lange Perioden in direkter Transmission der chinesischen Mathematik entwickelt. Ab dem 17. Jahrhundert erfolgte jedoch eine ganz eigenständige Entwicklung, die später als *wasan* benannt worden ist. Zwei Faktoren haben diese unabhängige Entwicklung bewirkt. Ende des 16. Jahrhunderts brachte ein japanischer Gelehrter, Mori Kambei Shigeyoshi, der offenbar vom Shogun (Taiko) Hideyoshi Toyotomi nach China gesandt worden war, um mathematische Wissen mitzubringen (Smith & Mikami 1914, S. 32), zwei Bücher aus China oder Korea nach Japan: *Suanxue Qimeng* von Zhu Shiji (Einführung in die Mathematik, 1299; in Japanisch: *Sangaku Keimo*) und *Suanfa Tongzong* von Cheng Dawei (Darstellung der Arithmetik, 1592; *Sampo Toso* in Japanisch). Das zweite Werk war eine Einführung in elementare Mathematik und enthielt eine Anleitung für den Abakus, der als der japanische *Soroban* entwickelt wurde. Es diente als Grundlage für das Buch *Jinkoki* (Buch von den kleinsten und größten Zahlen, 1627) von Yoshida Mitsuyoshi, das eine große Verbreitung in Japan gewann (Murata 1994, S. 105).

Die Entstehung von *wasan* geht dagegen auf die eigenständige Rezeption von *Suanxue Qimeng* zurück. Es war in Korea als Lehrbuch benutzt worden, aber während Moris Aufenthalt gab es dort niemanden mehr, der dieses Werk erklären konnte. Das Werk war in der letzten Phase hoher Entwicklung der Mathematik in China verfasst worden, aber war nach einem Bürgerkrieg dort nicht mehr verständlich. In Japan war daher keiner in der Lage, das Werk zu verstehen, und Japaner setzten sich daran, es zu entziffern und zu interpretieren. Das Werk enthielt verschiedene Regeln zum Lösen numerischer Gleichungen von höheren Graden, ohne jegliche Erklärungen. In einer seltenen Form von Rezeption waren es vor allem drei japanische Mathematiker, die aus dieser Aneignung *wasan* entwickelten: Takakazu Seki (1640/42–1708), Katahiro Takebe (1664–1739) und Yoshihiro Kurushima (gest. 1757).

Der zweite wesentliche Faktor für die unabhängige Entwicklung dieser selbständigen Mathematik war die Abschließung Japans während der Edo-Periode (1603–1867), als die Häfen des Landes für Ausländer geschlossen waren, so dass die zunächst aus Europa angekommenen Portugiesen ausgewiesen wurden und es keine Transmission westlicher Wissenschaft gab. Erst durch die von amerikanischer Marine erzwungenen Öffnung der Häfen begann die Meiji-Periode, in der nunmehr westliche Wissenschaft *wasan* verdrängte. Erst dann wurde der Name geprägt: japanische Mathematik, im Unterschied zu *yosan* – westliche Mathematik.

Wasan ging von algebraischen Problemen aus, und behandelte – neben ebener Geometrie von Polygonen, Kreisen und Ellipsen – unbestimmte Gleichungen, pythagoräische Dreiecke, Theorie von Determinanten, Probleme von Summen von Progressionen. Bemerkenswerte Ergebnisse wurden in analytischen Methoden zur Bestimmung der Längen von Kreisbögen, und verschiedenen Kurven erzielt, sowie in der Berechnung der Inhalte und Oberflächen verschiedener Körper. Hervorragende Ergebnisse wurden in der Berechnung von π erreicht; Katahiro Takebe ermittelte den Wert von π bis zur 41. Dezimalstelle.

Es gibt die Tendenz in Japan, einen direkten Vergleich mit europäischer Mathematik zu unternehmen und Prioritäten oder Äquivalenzen zu behaupten. So wird Sekis noch unvollständige Determinanten-Theorie als vor Leibniz publiziert berichtet, oder von Formeln als äquivalent zur Taylor-Entwicklung und von Tabellen „bestimmter Integrale" (ibid., 106 ff.). Andererseits wird analysiert, dass Grundkonzepte wie „Winkel, Variable, Funktion und Differenzierung" nie aufgetreten sind, ebenso wenig wie etwa das Fundamental-Theorem der Infinitesimal-Rechnung (ibid., S. 109).

Während die Praxis elementarer Mathematik auf der Basis von *Jinkoki,* mittels des *soroban,* in Japan weit verbreitet war, hat sich *wasan* nicht als professionelle Mathematik etabliert:

> „The only concern of *Wasanists* was to obtain elegant results, numerically or by construction, and for this purpose they made enormous calculations. Thus it should be said that many *Wasanists* were men of fine arts rather than men of Mathematics in the European sense" (ibid., S. 105).

Es wird berichtet, dass ihnen die chinesische Übersetzung von Euklids *Elementen* bekannt wurde (in der bereits die meisten Beweise weggelassen worden waren), dass sie aber die Bedeutung apodiktischen Argumentierens nicht teilten und das Werk wegen zu elementarer Inhalte ablehnten (ibid., S. 109).

6.7 Aufgaben

1. Eines der von Clavius in seiner Algebra gestellten Probleme lautete:
   Datum numerorum in duos partiri in data proportione, qui inter se multiplicati gignant numerum, qui ad quadratum minoris numeri proportionem habeat eandam datam.
   - Übersetze die Aufgabe ins Deutsche.
   - Löse die Aufgabe mit den Mitteln von Clavius, mit einer Unbekannten.
   - Löse die Aufgabe mit Dir bekannten Mitteln.
2. Leihe Dir das Buch von Jackie Stedall (2003) aus der Bibliothek aus und wähle daraus eine der *Propositions*. Übertrage das Problem und den angegebenen Weg der *solution* in die Dir bekannte mathematische Praxis; kommentiere das Vorgehen von Harriot (siehe Abschnitt VI.5).

Der Ausbau der Mathematik im 17. und 18. Jahrhundert

7

7.1 Die Begründer der Infinitesimalrechnung und ihre Konzepte

Die Infinitesimalrechnung bildete die eingreifendste begriffliche Neu-Entwicklung de Mathematik seit der Antike. Sie führte fundamentale neue Grundbegriffe ein, die die gesamte Mathematik rekonstruierten – oder „elementarisierten" -, sie öffnete der Mathematik ganz neue Anwendungen. Diese Anwendungen führten zur Entstehung neuer wissenschaftlicher Disziplinen – z. B. der theoretischen Physik, die wiederum neue Entwicklungen in der Mathematik anregten.

Die beiden Hauptautoren der Infinitesimalrechnung, Isaac Newton (1643–1727) und Gottfried Wilhelm Leibniz (1646–1716), bildeten ihre begrifflichen Schöpfungen zunächst einmal als neue Techniken. Der Titel der ersten einschlägigen Publikation – von Leibniz 1684 – kündet eine neue Methode zur Bestimmung von Maxima und Minima von Kurven und von Tangenten an. Die zugrunde liegenden Begriffe wurden erst in einem längeren Prozess identifiziert und definiert und schließlich weiter differenziert. Der bisherige Grundbegriff der Algebra, ‚Unbekannte', wandelte sich rasch zur ‚Variablen', und ‚Funktion' – als neuer Grundbegriff neben dem bisherigen Grundbegriff ‚Kurve' der Geometrie – etablierte sich ab 1698 (Youschkevitch 1976, S. 57). Die weiteren grundlegenden Begriffe wie Grenzwert, Stetigkeit und Konvergenz, erforderlich für die neuen Operationen des Differenzierens, des Integrierens und der Untersuchung von unendlichen Reihen, wurden dagegen erst in komplizierten begrifflichen Auseinandersetzungen bis zu den ersten Jahrzehnten des 19. Jahrhunderts konzeptuell gesichert.

Die Begründung der Infinitesimalrechnung ist überschattet durch den von Newton initiierten – und 1712 parteiisch von der Royal Society zugunsten ihres Präsidenten dekretierten – Prioritätsstreit zwischen ihm und Leibniz. Inzwischen steht fest, dass

© Der/die Autor(en), exklusiv lizenziert durch Springer Nature Switzerland AG 2021

G. Schubring, *Geschichte der Mathematik in ihren Kontexten,* Mathematik Kompakt,
https://doi.org/10.1007/978-3-030-69483-8_7

beide Forscher unabhängig gearbeitet haben, aber Newton zeitlich früher, ab 1665, während Leibniz seinen *calculus* erst während seines Aufenthalts in Paris, zwischen 1672 und 1676, begründet hat. Ausgangspunkt für Newton waren kinematische Prozesse, in Verbindung von Mathematik und Mechanik. Er hat seinen *calculus* als eine Fluxionsrechnung erarbeitet. Leibniz ging dagegen von algebraischen Prozessen der Bildung von Differenzen aus; der Name ‚Differentialrechnung' leitet sich davon ab.

Der Hauptsatz der Infinitesimalrechnung, mit dem die beiden Forschungs-Richtungen zur Tangentenbestimmung und zur Flächenbestimmung zusammengeführt und als inverse Probleme erkannt wurden, findet sich in Manuskripten Newtons von 1666 und in Manuskripten von Leibniz von 1675. Allerdings hatte der Hauptsatz zunächst zur Folge, dass die Integration als Anti-Differentiation verstanden und daher dem Begriff des Integrals keine eigenen Forschungen gewidmet wurden – bis zu den Forschungen Cauchys, ab 1823.

Einige der Grundideen von Newton und Leibniz werden hier kurz referiert, die die weiteren Entwicklungen angeregt haben. Newtons Konzepte bilden keine Einheit. Es sind drei verschiedene Methoden identifiziert worden:

- die Methode der Infinitesimalien.
- die Methode der Fluxionsrechnung, und
- die Methode „ersten und letzten Verhältnisse".

Guicciardini hat argumentiert, die drei Methoden stellen eine zeitliche Abfolge dar in Newtons Bemühen, die Verwendung unendlicher kleiner Größen zu vermeiden. Er hat die dritte Methode als eine „intuitive theory of limits" charakterisiert (Guicciardini 1989, S. 5). Mit der Methode der „prime and ultimate ratios" wollte Newton bei der Annäherung der Fluenten, als zeitabhängiger Variablen, an einen bestimmten Zeitpunkt den Grenzwert bestimmen, dem sich die Variable annähert; er hat dafür den Ausdruck „limites" benutzt – allerdings ohne eine Definition, als aus der Geometrie bekanntem Begriff (Schubring 2005, S. 166). In der Tat hatte Newton in der Methode der Infinitesimalien und der Fluxionen das Problem, den mit o bezeichneten Zuwachs zu interpretieren: in einem Kontext war es eine endliche Größe und konnte daher geteilt werden, in einem anderen war es aber „unendlich klein" und konnte weggelassen werden.

Leibniz ging von algebraischen Konzepten aus. Er betrachtete Kurven als identifizierbar mit Polygonzügen, die aus beliebig kleinen Strecken zusammengesetzt sind. Indem er die Folgen der Ordinaten und Abszissen der einzelnen endlichen Strecken betrachtete, konnte er auf diese Folgen die Theorien der Zahlenfolgen sowie der Differenzenfolgen und Summenfolgen dieser Folgen anwenden. Aufgrund der Identifizierung der Kurve mit einem Polygonzug nahm Leibniz die Differenzen dann als unendlich klein an – in dem Sinne, dass diese Differenzen zwar als vernachlässigbar gegenüber endlichen Größen angesehen wurden, aber auch als ungleich Null. Er nannte diese neuen Größen ‚Differential' (ibid., S. 169). Die Bildung von Grenzwerten ist implizit in Leibniz'

Konzeptionen; er hat sie aber nicht expliziert. Er hat es auch stets vermieden, unendlich kleine Größen zu Grundbegriffen seiner Theorie zu erheben. Er hat sich auch immer von solchen Interpretationen distanziert. So hat er von „unvergleichlich klein" gesprochen, und dass unendlich kleine Größen keine real existierenden Größen seien, sondern nur als nützliche Fiktionen dienen (Schubring 2005, S. 173).

Die Zuschreibung unendlich kleiner Größen als ein Grundbegriff bei Leibniz ist dagegen bei Johann Bernoulli (1667–1748) erfolgt, der sich in enger Korrespondenz mit Leibniz die Infinitesimalrechnung angeeignet hatte. Sein Verständnis der Infinitesimalen wurde die Grundlage des von ihm inspirierten Lehrbuchs von L'Hôpital (1696); nach dem frühen Tod von Leibniz wurde Bernoulli der Hauptvertreter der Theorie (ibid., S. 187 ff.).

7.2 Kontroversen und Tendenzen der Algebraisierung

Die Infinitesimalrechnung war die erste mathematische Theorie, die zu einer ausgedehnten internationalen und scharfen Debatte über die Grundlagen führte – nach einer noch auf Frankreich begrenzten Kontroverse über die Grundlagen des Konzepts der negativen Größen: zwischen Antoine Arnauld (1612–1694) und Jean Prestet (1648–1691), über die Zulässigkeit der Multiplikation (ibid., S. 49 ff.). Diese Debatte wurde 1732 ausgelöst vom englischen Bischof George Berkeley (1685–1753), der mit seiner Schrift *The Analyst* die Konzeption verschwindender Größen bei Newton als unvereinbar mit den Prinzipien der Geometrie erklärte. Seine Attacke löste in England eine Vielzahl von Schriften zur Verteidigung von Newtons *calculus* aus; das wirkungsvollste war das zweibändige Werk des schottischen Mathematikers Colin MacLaurin *A Treatise of Fluxions* (1742), das in 760 Seiten Newtons Methoden in den Methoden der antiken Exhaustions-Methode darstellte.

Der französische Mathematiker Jean d'Alembert (1717–1783) hat aus diesen Grundlagendebatten als Konsequenz gezogen, dass das Konzept unendlich kleiner Größen abgelehnt werden muss und dass dagegen der Begriff des Grenzwerts „die exakte Metaphysik der Infinitesimalrechnung" bilde. Er hat daher in der *Encyclopédie* sogar ein Stichwort zum Grenzwert eingeführt. Dort wurde eine Definition von ‚Grenzwert' gegeben, aber noch in rhetorischer Form, und in allgemeinen Ausdrücken über ‚Größen', ohne Benutzung von Variablen und einem festen Wert (ibid., S. 212).

In der Folgezeit bildete es einen wesentlichen Strang der Entwicklung zur Strenge, den Grenzwert-Begriff in algebraischer Form zu präzisieren. Gleichzeitig stellte auch das Konzept unendlich kleiner Größen stets eine Herausforderung dar, aufgrund der Attraktivität ihrer Benutzung, insbesondere in der Praxis – und dann auch in der Ausbildung – von Ingenieuren.

Die Verbreitung der neuen Theorie erfolgte in Lehrbüchern. Weder Newton noch Leibniz haben Lehrbücher dazu publiziert; Leibniz hatte die Absicht, hat sie aber nicht realisiert. Das erste Lehrbuch wurde schon ein Jahr nach Leibniz erstem Artikel publiziert: 1785, von einem Engländer, mit den Notationen von Leibniz, unter den Augen von Newton: von John Craig: *Methodus figurarum lineis rectis & curvis comprehensarum quadraturas determinandi.* Das erste Lehrbuch, das eine enorme Verbreitung der neuen Konzeptionen bewirkte, war *Analyse des infiniment petits* (1696), vom Marquis de L'Hôpital (1661–1704). Es beruhte auf einem Kurs, den ihm Johann Bernoulli 1691/92 gegeben hatte, enthält aber auch eigenständige Entwicklungen (ibid., S. 187). Sein Lehrbuch ist von Jean-Pierre Crousaz (1663–1750), in dessem *Commentaire sur l'Analyse des Infiniment Petits* (1721), als dasjenige bezeichnet worden, das sich an die *savants* gerichtet hatte (Crousaz 1721, Préface). In der Tat sind in der ersten Hälfte des 18. Jahrhunderts in Europa nur wenige weitere Lehrbücher publiziert worden.

Eine enorme Wirkung zur weiteren Ausbreitung der Infinitesimalrechnung, die sie auch zum Lehrgegenstand für Studenten machte, hatten dagegen die drei Lehrbücher von Leonhard Euler (1707–1783): *Introductio in analysin infinitorum* (1748), *Institutiones calculi differentialis* (1755) und *Institutiones calculi integralis* (1768–1770). Die drei Werke gaben eine erste systematische Gesamtdarstellung der Analysis und wurden die Grundlage für die weitere Lehre und Forschung. Der erste Band[1] der *Introductio* bildete die seitdem klassische Einführung in die Analysis, mit der Darstellung des Funktionsbegriffs und des Operierens mit Funktionen sowie der Theorie unendlicher Reihen. Die drei Bände der Integralrechnung enthielten detaillierte Bestimmungen von Integralen, zur Lösung von gewöhnlichen und partiellen Differentialgleichungen, die sich als elementare Funktionen ausdrücken lassen – als unbestimmte Integrale, ohne weitergehende Forschungen über den Integralbegriff. Die Differentialrechnung hat Euler in Rezeption von Leibniz's Konzeption von Differenzen- und Summen-Reihen in weiter algebraisierter Konzeption dargestellt. Euler hat eine umfassende algebraische Operationalisierung einer eigenständigen Differenzen-Rechnung eingeführt, einschließlich Differenzen-Reihen höherer Ordnung – und analoger Summen-Reihen. Der Übergang von Differenzen zu Differentialien war für ihn kein Problem, da er dem Unendlich Kleinen eine reale Bedeutung zusprach, als tatsächliches Verschwinden: als Null (Euler 1790, S. 79 f.). Ohne einen Begriff des Grenzwerts zu benutzen, war der Übergang für ihn unproblematisch, aufgrund des von ihm vorausgesetzten und gleichfalls von Leibniz übernommenen „Gesetz der Stetigkeit" (ibid., S. 90).

Eulers Algebraisierungs-Konzept der Analysis ist von Lagrange noch radikalisiert worden. Joseph-Louis Lagrange (1736–1813) hat diese radikale Form 1797, in der Periode der Dominanz der analytischen Methode in der Französischen Revolution (s. Kap. 8), als Lehrbuch *Théorie des fonctions analytiques* publiziert, in der die Analysis auf Algebra reduziert war – wie es der Untertitel eindrücklich formuliert hat: „die Grundlagen der Differentialrechnung, frei von aller Berücksichtigung unendlich kleiner oder verschwindender Größen, von Grenzwerten oder Funktionen, und reduziert auf die

[1] Der zweite Band ist ein Lehrbuch der analytischen Geometrie.

algebraische Analyse endlicher Größen". Das Lehrbuch hatte einen enormen Erfolg und bewirkte eine enorme Verbreitung der als Algebra verstandenen Analysis im Unterricht mehrerer Länder (s. Schubring 2009, S. 439 f.).

Diese Konzeption beruhte darauf, jede Funktion – sowohl algebraische wie transzendente – als in eine Taylor-Reihe entwickelbar zu verstehen. Für Lagrange war jede Funktion von x, $f(x)$, ein analytischer oder algebraischer Ausdruck, in dem x in irgendeiner Weise auftritt. Wenn in einem solchen Ausdruck x durch $x+i$ ersetzt wird, lässt sich die Funktion $f(x+i)$ in eine unendliche Reihe der Form

$$f(x+i) = f(x) + pi + qi^2 + ri^3 + \ldots$$

entwickeln. Lagrange nannte $f(x)$ die „primitive Funktion" und den Koeffizienten p „die erste abgeleitete Funktion von $f(x)$". Diesem ersten Koeffizienten gab er die neue Bezeichnung $f'(x)$. Erst hier trat also der Name ‚Ableitung' auf – und entsprechend ‚zweite Ableitung' oder $f''(x)$ für den Koeffizienten q, usw. Als Neuerung gegenüber Taylor und MacLaurin hat Lagrange das Restglied eingeführt, für die Entwicklung von Funktionen in „séries terminées": ausgedrückt mittels der dritten Ableitung (Lagrange 1797, S. 44). Lagrange hatte die Allgemeingültigkeit der Taylor-Entwicklung angenommen; Konvergenz-Betrachtungen waren noch nicht Teil der Analysis. Das Lagrangesche algebraische Programm war zwar 1812 scharf attackiert worden vom polnischen Mathematiker Jósef-Marie Hoene de Wronski (1778–1853), aber ohne spezifische Details; es zeigte sich erst als nicht allgemeingültig mit Cauchys Beispiel der Funktion $e^{\frac{-1}{x^2}}$.

Lagrange hatte seine Ablehnung, die Infinitesimalrechnung auf die Benutzung des Unendlichen zu stützen, in der Preisaufgabe der Berliner Akademie der Wissenschaften von 1784, für das Jahr 1786, ausgedrückt, die in der Geschichts-Schreibung viel Aufmerksamkeit erfahren hat. Die Formulierung der Aufgabe geht sicher wesentlich auf ihn, als Präsidenten der Akademie, zurück: Es wurde als Paradox bezeichnet, dass aus einer widerspruchsvollen Annahme – dem Unendlichen – so viele richtige Lehrsätze hergeleitet werden können; man solle eine klare und exakte Darstellung geben, wie das Unendliche in der Analysis ersetzt werden kann. Keine der eingereichten Arbeiten erfüllte jedoch diese Erwartungen. Die als relativ beste ausgezeichnete Arbeit, von Simon L'Huilier (1750–1840) stellte nun ausgerechnet die Grenzwert-Methode als die geforderte sichere Methode heraus. Auch das von Youschkevitch im Akademie-Archiv gefundene Manuskript von Lazare Carnot (1753–1823), das ihm zufolge auch in dieser Weise hätte ausgezeichnet werden können, argumentierte für die Grenzwert-Methode. Eine Analyse der eingereichten Manuskripte zeigt, dass keiner der bekannten Mathematiker sich dieser Herausforderung gestellt hat. Und einige Antworten sind unabhängig publiziert worden (Schubring 2005, S. 619 f.).

Tatsächlich hatte sich die Grenzwert-Methode nach d'Alemberts Plädoyer im 18. Jahrhundert weiter konsolidiert. Die Definition von Grenzwerten war zunehmend präzisiert worden. Eine genaue, algebraisierte Fassung war 1794 vom portugiesischen Mathematiker Francisco de Borja Garção Stockler (1759–1829) publiziert worden, in seinem Buch *Theorica dos limites;* in deren Anwendungen arbeitete er mit Ungleichungen. Stockler gehörte zu den ersten Absolventen der ersten in Europa gegründeten Fakultät für Mathematik, als ein Element der Reformen der Universität Coimbra 1772, im Zuge der Aufklärung (Schubring 2005, S. 234 ff.). Zugleich hatte hier Stockler eine Bestimmung des bislang vage oder widersprüchlich gebliebenen Konzepts einer unendlich kleinen Größe gegeben: in einer Algebraisierung von Eulers fragwürdiger Bestimmung als tatsächlichem Verschwinden als Null. Stockler hat unendlich kleine Größen als Variablen mit Grenzwert Null definiert (ibid., S. 236). Carnot hat sowohl in seiner Abhandlung für die Berliner Preisaufgabe, wie in Manuskripten diese Definition gleichfalls benutzt und ihre Formulierung präzisiert (ibid., S. 334 ff. und 620 ff.).

Der Begriff der Stetigkeit ist im 18. Jahrhundert auch mathematisiert worden. Ursprünglich ein von Leibniz deklariertes ‚metaphysisches' Prinzip: es gebe in der Natur keine Sprünge, war Stetigkeit zunehmend als eine Eigenschaft von Kurven formuliert worden, die ihnen zukommen kann – oder auch nicht. Sofern kein Postulat, sondern eine Eigenschaft ist Stetigkeit für längere Zeit mit Differenzierbarkeit identifiziert worden, und auch als die Zwischenwert-Eigenschaft, als Vollständigkeit. Differenzierte Charakterisierungen von Kurven sind 1791 vom französischen Mathematiker Louis Arbogast (1759–1803) publiziert worden, als *continu, contigue* und *discontigue* – in moderner Bezeichnung als differenzierbar, stetig und stückweise stetig (ibid., S. 38 ff.).

7.3 Änderungen in den Kontexten der Mathematik

Angesichts der stürmischen Fortschritte der Mathematik im 18. Jahrhundert ist mit Verwunderung konstatiert worden, dass in der zweiten Hälfte des 18. Jahrhunderts eine Stagnation der Mathematik befürchtet worden ist. Lagranges Pessimismus ist oft zitiert worden: „Scheint es Ihnen nicht, daß die erhabene Geometrie ein wenig dazu neigt, dekadent zu werden?", schrieb er 1772 an d'Alembert, und setzte hinzu: „Sie hat keine andere Stütze als Sie und Herrn Euler" (Struik 1967, S. 156 f.). Struik hat dies als „fin-de siècle"-Pessimismus bezeichnet und interpretiert, es habe die Tendenz bestanden, den Fortschritt der Mathematik zu sehr mit dem der Mechanik und Astronomie zu identifizieren, und in diesen zwei Bereichen schon einen Gipfel erreicht zu haben (ibid., S. 157).

Die starke Zunahme von Publikationen zu dieser neuen Mathematik belegt Tendenzen der Spezialisierung und Professionalisierung, jedenfalls in einzelnen Ländern West-Europas. Euler hat 560 Bücher und Artikel publiziert. Das 1907 von einem Konsortium von Akademien begonnene Projekt, seine *Opera Omnia* zu publizieren, ist immer noch nicht abgeschlossen. Von den zuerst drei Reihen sind bislang 70 Bände erschienen, zwei Bände stehen noch aus. 1967 ist eine vierte Serie begonnen worden, zum Briefwechsel.

Euler, nach seinem Studium bei Johann Bernoulli in Basel an die neue Akademie in St. Petersburg berufen, war stets an Akademien tätig und konnte sich ganz der Forschung widmen. In der Tat war es das neue Charakteristikum, dass staatlich finanzierte Akademien entstanden, die ihren Mitgliedern Konzentration auf Forschung ermöglichte – neben Gutachten für technische Projekte. Die erste solche Akademie war die *Académie des Sciences* in Paris (1666), gefolgt von der Akademie der Wissenschaften in Berlin (1700) und der in St. Petersburg (1725).[2] In der strukturellen Reform der Pariser Akademie 1696 wurden Klassen für Forschungsdisziplinen gebildet; hier entstand erstmals eine mathematische Klasse, geleitet von einem Sekretär. Mathematiker im 18. Jahrhundert wie d'Alembert, Lagrange und Euler konnten sich als Akademie-Mitglieder vollständig auf Forschung konzentrieren. Das markiert den starken Unterschied bereits zum vorherigen Jahrhundert: die uns als Mathematiker bekannten Viète und Fermat waren Juristen – und Descartes war ein Privatgelehrter.

Im Laufe des 18. Jahrhunderts hatte sich die institutionelle Situation auch für die Lehre der Mathematik verändert. Die Gelehrtenschulen, die nur auf universitäre Studien für künftige Beamten, Richter, Ärzte oder Prediger vorbereiteten, waren nicht mehr hinreichend. Sowohl in den protestantischen wie den katholischen Ländern wurden zunehmend Einrichtungen zur technischen Ausbildung gegründet. Führend wurde Frankreich mit staatlichen Militärschulen, ab den 1750ern. Mathematik wurde hier ein Haupt-Prüfungsfach und Mathematiker der Akademie fungierten als Prüfer. Hier waren aber nur Adlige als Studenten zugelassen. Gaspard Monge (1746–1818) entwickelte die darstellende Geometrie an der Ingenieurschule in Mézières; sie durfte aber wegen ihrer militärischen Bedeutung nicht publiziert werden. Textbücher für diese Schulen wurden Modelle für gute Lehrbücher, wie der *Cours de Mathématiques* von Étienne Bézout, ab den 1760ern. Im protestantischen Deutschland erreichte der Pietismus, als eine deutsche Richtung der Aufklärung, die Aufnahme von „Realien" in den Lehrplan der Gymnasien. Generell wirkte die Aufklärung für eine Verbreitung des Rationalismus. Der Jesuiten-Orden wurde zunächst in mehreren katholischen Staaten aufgelöst, in Portugal 1759, in Frankreich 1762 und in Spanien 1767, und 1772 vom Papst aufgehoben. Allerdings waren die Staaten in ihrer feudalen Verfassung noch nicht in der Lage, öffentliche Bildungssystem zu etablieren. Das wurde erst nach der Französischen Revolution möglich.

[2] Die 1660 gegründete *Royal Society for Promoting Natural Knowledge* in London hatte mehr den traditionellen Charakter einer Gelehrten-Gemeinschaft. Charles Babbage hat ihre Mitglieder 1830 als *gentlemen amateurs* kritisiert.

Das 19. Jahrhundert – das Jahrhundert der „Strenge"? 8

8.1 Die veränderten Kontexte

Die Bewegung der Aufklärung und der ihr zugrunde liegende Rationalismus führten mit der Französischen Revolution ab 1789 zu einer gleichfalls praktisch revolutionären Veränderung in der Stellung der Mathematik in den westeuropäischen Staaten. Mathematiker wie Jean Condorcet (1743–1794) konzipierten das neue öffentliche Bildungssystem – mit der Mathematik als Hauptfach; Mathematiker wie Gaspard Monge begründeten Hochschulen mit Mathematik als Grundlagen-Disziplin – wie die *École Polytechnique;* Mathematiker nahmen wichtige Positionen in der Regierung ein – wie Lazare Carnot im Directoire der Jakobiner und der folgenden Periode sowie Pierre-Simon Laplace (1749–1827) als Innenminister Napoleons,. Die Mathematiker professionalisierten sich wesentlich stärker und Forschung und Lehre erhielten einen neuen Charakter durch die Tendenz zur Strenge.

Die neuen Funktionen der Mathematik wurden am stärksten zunächst natürlich in Frankreich wirksam. Zugleich wurde hier auch die analytische Methode als Mathematik-Auffassung dominant: wie vom Philosophen Étienne Bonnot de Condillac (1714–1780) propagiert, wurde Algebra nicht nur als die Sprache der Mathematik, sondern auch generell der Wissenschaften verstanden. In den ersten Vorlesungen an der *École Polytechnique* (EP) wurde die Analysis gemäß der Algebraisierungs-Konzeption gelehrt. Und in ihrem ersten Curriculum war die ganze Mathematik als *analyse* gefasst, z. B. die darstellende Geometrie als *analyse appliquée à la géométrie.*

Allerdings hielt sich die Dominanz der analytischen Methode nicht lange. Laplace setzte 1800 eine Umstrukturierung des Curriculums der EP durch; die darstellende Geometrie wurde reduziert, und die Konzeption der generellen *analyse* durch Einzeldisziplinen ersetzt – nunmehr wurde Analysis, im heutigen Sinne, gelehrt, und jetzt auf der Grundlage der Grenzwert-Methode. Das Lehrbuch von Sylvestre-François Lacroix

© Der/die Autor(en), exklusiv lizenziert durch Springer Nature Switzerland AG 2021

G. Schubring, *Geschichte der Mathematik in ihren Kontexten,* Mathematik Kompakt,
https://doi.org/10.1007/978-3-030-69483-8_8

(1765–1843), *traité élémentaire de calcul différential et intégral* (1802), wurde zur Grundlage (Schubring 2005, S. 372). In den *lycées,* 1802 aus den 1795 begründeten *écoles centrales,* als ersten Sekundarschulen des öffentlichen Bildungssystems – mit stark frequentierten Mathematik-Kursen, hervorgegangen, waren Latein und Mathematik die beiden Hauptfächer.

Es war schließlich sozialer Druck, der auch die noch analytisch orientierte Grenzwert-Methode an der EP ausschloss und der synthetischen Methode zur Rückkehr verhalf: die weiterhin bestehende Korporation der Ingenieure wollte es nicht weiter zulassen, dass „ihre" Schule, die *école du génie,* die von Mézières nach Metz verlegt worden war, nur eine der Anwendungsschulen im Netz der Hochschulen zur Ausbildung für Berufe in staatlichen Diensten – bestehend aus der EP zur Grundlagenausbildung und einer Reihe von Anwendungsschulen – bildete. Das Korps wollte die Schule als eine selbständige Institution wie im *Ancien Régime* und übte immer stärker Druck gegen das Mathematik-Studium an der EP aus, das als nicht anwendungsorientiert kritisiert wurde. Der EP wurde 1811 auferlegt, nur noch zu lehren, was von einer unmittelbaren Nützlichkeit in den öffentlichen Diensten sei; die Methode der *synthése* wurde als ebenso streng für die Infinitesimalrechnung wie die *méthode des limites* erklärt – statt dieser solle daher die *méthode des infiniment petits* für deren Lehre benutzt werden (Schubring 2004, S. 116 ff., 135).

Widerstand unter den Dozenten der EP gegen diese radikale Änderung wurde im Lehrbuch *Cours d'analyse algébrique* (1821) von Augustin-Louis Cauchy (1789–1857) manifest. Die Vorlesung zur algebraischen Analysis war 1796 in den Lehrplan aufgenommen worden, als Einführung in die Analysis, wegen der (noch) nicht hinreichend vorgebildeten Studenten. Cauchy zollte hier einerseits der offiziellen *synthèse*-Methode Tribut, indem er sich im Vorwort auf d'Alemberts Ablehnung der „Allgemeinheit der Algebra" berief – ein Argument von d'Alembert, um negative Zahlen als Lösungen von Gleichungen abzulehnen; zugleich erklärte er, er habe sich nicht davon dispensieren können, die Haupteigenschaften der unendlich kleinen Größen bekannt zu geben – Eigenschaften, die die Basis der Infinitesimalrechnung bilden (Cauchy 1821, S. ij).

Seine Darstellung erwies sich als eine Kompromiss-Form, in der unendlich kleine Größen als eine Form der Anwendung der *méthode des limites* definiert wurden. Nach der Einführung von Variablen erklärte Cauchy den Grenzwert von Variablen, und danach unendlich kleine Größen als einen Spezialfall: von Variablem mit dem Grenzwert Null – wie schon zuvor Stockler und Carnot (ibid., S. 4 u. 26). Das ganze Lehrbuch war eine Ausführung der Grenzwert-Methode. Es bildet ein erstes klar begrifflich strukturiertes Werk. Der Einführung von Variablen und der Definition von *limite* folgen seine Definitionen der Stetigkeit und der Konvergenz. Für die Untersuchung von Reihen schloss er divergente Reihen aus; er war der erste, der sich strikt gegen die Behandlung formaler Reihen, ohne das Konvergenz-Kriterium, wandte.

Während Cauchy damit in der Tat das sog. Jahrhundert der Strenge eingeleitet hat, muss man zugleich sehen, dass er noch nicht alle begrifflichen Differenzierungen berücksichtigen konnte, die später erarbeitet worden sind. So gibt es noch keine Übereinstimmung, wie sein Stetigkeits-Begriff zu verstehen ist; Bottazzini hat ihn daher als „C-Stetigkeit“ benannt. Und sein Theorem über die Stetigkeit der Grenzfunktion einer konvergenten Reihe stetiger Funktionen erfordert den erst später von Weierstraß entwickelten Begriff der gleichmäßigen Konvergenz (Viertel 2014). Als Grund für die mangelnde Differenzierung ist vom Berliner Mathematiker Enne Heeren Dirksen (1788–1850) 1829 gezeigt worden, dass das Theorem zwei Grenzprozesse impliziert, dass Cauchys Begrifflichkeit aber nur einen Grenzprozess berücksichtigen kann (Schubring 2005, S. 473 ff.). Das Theorem war wesentlich für seinen Beweis des allgemeinen binomischen Theorems, als Grundlage für die Analysis.

Die in der Geschichtsschreibung der EP zumeist zugeschriebene hohe Funktion für die Wissenschafts-Entwicklung trifft nur für deren erste Jahre zu, erweist sich aber im Allgemeinen als ein Mythos (Schubring 2019). Aufgrund der schließlichen Fixierung auf Ingenieur-Ausbildung wurde die Mathematik dort anwendungs-orientiert betrieben. Zugleich bildete sie aber während des 19. Jahrhunderts die führende Institution in Frankreich: die Universitäten waren in der Revolution aufgelöst und zunächst durch professionalisierte Spezialschulen ersetzt worden – die *écoles de santé* und die *écoles de droit.* Unter Napoleon wurden sie 1808 zu *Facultés de médecine,* bzw. *Facultés de droit* umgeformt. Diesen zwei isolierten tertiären Strukturen wurden noch zwei mehr randständige Strukturen adjungiert: die *Facultés des lettres* und die *Facultés des sciences,* vorrangig für die Eingangs-Prüfungen für das Jura- und Medizin-Studium und nur zusätzlich auch für Lehrerbildung, für die *lycées* – ohne eine klare Etablierung von Lehrerbildung (Schubring 1991a, S. 284 ff.).

Sowohl die EP wie die Fakultäten waren für Berufs-Bildungs-Funktionen auf Lehraufgaben fixiert. Forschungs-Funktionen wurden, ohne Verbindung mit Lehraufgaben, zwar weiterhin – und ausschließlich – von der Akademie in Paris wahrgenommen, die – zwar 1793 aufgelöst – als *Institut de France* wiedererstanden war. Doch bestand nunmehr die Praxis des „cumul“ – als Akademie-Mitglied konnte man zugleich an einer anderen Institution tätig sein, z. B. an der EP oder einer Fakultät, oder – Prestige-reicher – an der einzigen in Kontinuität bestehenden Institution, dem *Collège de France,* das weiterhin freie Kurse anbot, ohne Prüfungen und ohne Grade. Wissenschaftler-Karrieren waren daher nunmehr weniger spezialisiert. Nur Adrien-Marie Legendre (1752–1833) konnte sich weiterhin ausschließlich der Forschung widmen – aber er wirkte schon seit dem *Ancien Régime* als Privatgelehrter, ohne Lehraufgaben.

In England hatte es zwar eine erste Modernisierung gegeben, durch die 1812 in Cambridge begründete – aber nur kurzlebige – *Analytical Society,* die entgegen der bisherigen Isolation mathematische Werke vom „Kontinent“, aus Festlands-Europa, durch Übersetzungen in England zugänglich machte. Aber eine Säkularisierung der mit der anglikanischen Kirche verbundenen Strukturen – viele Mathematiker wurden später Kleriker – erfolgte nur langsam. Ein erstes Element war die Gründung der *University of London* 1826, eine Institution ohne religiöse Bindung.

Die bislang führende Rolle Frankreichs in der mathematischen Forschung ging dagegen in der ersten Hälfte des 19. Jahrhunderts auf Preußen über. Nach der vernichtenden Niederlage gegen Napoleon 1806 erfolgten in Preußen durchgreifende soziale Reformen, die auch als eine „Revolution von oben“ bezeichnet worden sind: die Bauernbefreiung, die Aufhebung der Zünfte, die Einführung der Gewerbefreiheit – und durchgreifende Reformen des Bildungswesens. Markantes Zeichen dieser Bildungsreformen war die Gründung der Universität Berlin 1810, in der Konzeption des Neuhumanismus und unter der Ägide von Wilhelm von Humboldt. Die Gründung in einer neuen Universitäts-Konzeption war ein Wagnis, inmitten eines dem französischen Modell folgenden Europa – ohne Universitäten, und stattdessen mit Spezialschulen oder Fakultäten (Schubring 1991a, S. 278).

Seine berühmten Formeln des forschenden Lernens und der Einheit von Forschung und Lehre, die noch heute den Mythos de Humboldtschen Universität ausmachen, führten zur Etablierung des „Forschungsimperativs“ (Turner 1980) für die Universitätsprofessoren – in Usurpation der Forschungsaufgabe von der Akademie, die in Berlin wieder zur Form der Gelehrtengesellschaft mutierte (Schubring 1991a, S. 309 ff.). Aber strukturell gleichfalls entscheidend wurde die Umstrukturierung der Philosophischen Fakultät: anstatt Vorbildungs-Funktionen für die drei höheren Fakultäten erhielt sie einen parallelen Status, indem sie die Funktion der Lehrerbildung für die höheren Schulen erhielt. Aufgrund dieser selbständigen Ausbildungsaufgabe konnten die Professoren dort sich spezialisieren. Und ihre Studenten, in der Form des forschenden Lernens als Lehrer qualifiziert, wurden sozial als Gelehrte geachtet und konnten mit Autorität gegenüber Eltern und Schülern auftreten – ganz unterschiedlich von der vorhergehenden Epoche. Es war diese neue Funktion der Lehrerbildung, die zur Herausbildung der reinen Mathematik in Preußen führte. Während Lacroix 1810 die dominierende Praxis französischer Mathematik als „physico-mathématique“ charakterisiert hat (Schubring 1996, S. 371), hat Carl Gustav Jacob Jacobi (1804–1851) diese neue Praxis in einer Apotheose formuliert, in Kritik an der französischen Anwendungs-Orientierung. In einem Brief an Legendre schrieb er 1830 zu einer Kritik von Siméon-Denis Poisson (1781–1840), der sich dafür auf Joseph Fourier (1768–1830) berufen hatte:

> „Aber Herr Poisson hätte in seinem Bericht nicht eine wenig passende Bemerkung des verstorbenen Herrn Fourier wiedergeben sollen, wo dieser letztere uns, Herrn Abel und mir, Vorwürfe macht, uns nicht vorrangig mit der Wärmeleitung beschäftigt zu haben. Zwar hatte Herr Fourier die Meinung, das Hauptziel der Mathematik sei der Gemeinnutzen und die Erklärung der Naturphänomene, aber ein Philosoph wie er hätte wissen müssen, daß das einzige Ziel der Wissenschaft die Ehre des menschlichen Geistes ist [le but unique de la science, c’est l’honneur de l’esprit humain] und daß bei diesem Ausspruch eine Frage über Zahlen ebensoviel wert ist wie eine Frage über das Weltsystem“ (zit. nach Knobloch et al. 1995, S. 108).

Die neue Funktion der Philosophischen Fakultät bewirkte zugleich deren definitive funktionale Trennung vom Gymnasium, dem nunmehr die Aufgabe der Allgemeinbildung zugeordnet war; und hier erhielt die Mathematik, aufgrund der organischen Wissens-Konzeption des Neuhumanismus – die Rolle von einem der drei Hauptfächer (Schubring 1991, S. 40 ff.).

8.2 Haupt-Entwicklungen der Mathematik

Im 19. Jahrhundert wurden eine Fülle nicht nur neuer Resultate in der Mathematik erzielt, sondern auch neue Bereiche und Teil-Disziplinen entwickelt. Und dies wurde nunmehr von einer erheblich größeren Anzahl von Mathematikern und in mehr Ländern als zuvor erreicht: vorrangig in West-Europa, aber nunmehr auch in Ost-Europa, im Osmanischen Reich, in den USA. Es können hier nur ein paar Stichpunkte gegeben werden.

8.2.1 Die kombinatorische Schule

Zunächst ist eine Sonderentwicklung in Deutschland zu erwähnen, da sie die Algebraisierungs-Tendenz in einer fast extremen Form praktiziert hat, die sog. kombinatorische Schule. Vom Leipziger Mathematiker Carl Friedrich Hindenburg (1741–1808) um 1780 gegründet, wollte sie mit einer rein formalen Konzeption der Reihenentwicklung alle Probleme der Analysis lösen – parallel zu Lagranges Programm also, in Fortführung des Ansatzes von Euler, aber insbesondere von einem Programm von Leibniz angeregt: der Suche nach einer universellen Charakteristik, einer „ars combinatoria". Kennzeichnend ist der Titel des Sammelbandes, der mehrere Arbeiten von Anhängern dieser Schule 1796 publizierte: *Der polynomische Lehrsatz, das wichtigste Theorem der ganzen Analysis.* Alle Funktionen wurden verstanden als in Reihen, in polynomische Reihen entwickelbar, unter intensiver Nutzung von Permutationen und Kombinationen, aber ohne Berücksichtigung von Grenzwerten und Konvergenz. Nach einer ersten Generation mit der Publikation von Abhandlungen, bis etwa 1800, folgte eine zweite Generation mit Lehrbüchern, die bis etwa 1830/1840 die Vorlesungs-Praxis der Mathematik an mehreren nicht-preußischen Universitäten dominierten, so von Ferdinand Schweins (1780–1856) in Heidelberg und Bernhard Thibaut (1775–1832) in Göttingen (Schubring 2007).

8.2.2 Zahlentheorie

Ein Meilenstein in den Forschungen zur Zahlentheorie wurde das Buch von Carl Friedrich Gauß (1777–1855): *Disquisitiones arithmeticae* (1801). Es war das erste deutsche mathematische Buch, das ins Französische übersetzt wurde, schon 1807. Gauß, Direktor der Sternwarte der Universität Göttingen, konnte sich vorrangig der Forschung widmen; Studenten pflegte er höchstens zu privatissime-Vorlesungen zuzulassen. Sein Werk hat in seltener Weise einen breiten Bereich von reiner und angewandter Mathematik erforscht. Die Forschungen zur Zahlentheorie sind von Peter Gustav Lejeune Dirichlet (1805–1859) fortgeführt worden, der mehrere Jahre in Paris Mathematik teils autodidaktisch studiert hatte – und insbesondere Zahlentheorie auf der Basis von Gauß' bahnbrechender Arbeit. Dirichlets Schüler Richard Dedekind (1831–1916) hat nicht nur dessen Vorlesungen zur Zahlentheorie publiziert; von ihm stammt auch die klassische Begründung der reellen Zahlen 1872 mittels des Schnitt-Begriffs. Grundlage dafür waren weitere Klärungen im Zahlenbegriff, vor allem der negativen Zahlen. Diese waren bislang als „negative Größen" gefasst worden, die eine „Entgegensetzung" von Substanz-Eigenschaften zur Begründung der Operationen erforderten – so Besitz und Schulden, vorwärts und rückwärts Richtungen, etc. Der preußische Gymnasiallehrer Wilhelm August Förstemann (1791–1836) hat 1817 eine Konzeption publiziert, in der er den an Substanzen gebundenen Größen-Begriff strikt vom abstrakten Zahlen-Begriff getrennt hat, und negative Zahlen algebraisiert eingeführt hat – als Lösung der Gleichung $a + \bar{a} = 0$. Die Regeln der Multiplikation, die bislang das Haupthindernis für die Klärung dieses Zahlentyps gebildet hatten, ergaben sich als Konventionen, um bei der Zahlbereichs-Erweiterung – von den natürlichen Zahlen aus – die dort eingeführten Operationsgesetze beibehalten zu können (Schubrng 2005, S. 500 ff.). Hermann Hankel (1839–1873) hat 1867 diese Begründung als das Permanenz-Prinzip bei der Zahlbereichs-Erweiterung benannt.

Übersicht

Gauß hat die begriffliche Trennung von Größen- und Zahlbegriff zugleich als ein grundlegend neues Verständnis der Mathematik formuliert: Mathematik war bislang stets als ‚Wissenschaft der Größen' verstanden worden, also mit einem Substanzbezug. Gauß hat dagegen die Mathematik nunmehr als abstrakte Wissenschaft, als ‚Wissenschaft der Relationen, in einer auf 1825 datierbaren Bemerkung:

„Die Mathematik ist so im allgemeinsten Sinn die Wissenschaft der Verhältnisse, indem man von allem Inhalt der Verhältnisse abstrahiert" (Gauß 1917, S. 396).

Gauß hat darüberhinaus auch die komplexen Zahlen von ihrem etwas fragwürdigem Charakter befreit. In seiner zweiten Ankündigung der Forschungen über biquadratische Reste von 1831 hat er dargestellt, dass deren allgemeine Theorie die komplexen Zahlen benötigt:

„... für die wahre Begründung der Theorie der biquadratischen Reste [muss] das Feld der höhern Arithmetik, welches man sonst nur auf die reellen ganzen Zahlen ausdehnte, auch über die imaginären erstreckt werden, und diesen das völlig gleiche Bürgerrecht mit jenen eingeräumt werden" (Gauß 1831, nach: Gauß 1876, S. 171).

Für dieses „Bürgerrecht" führte Gauß zugleich eine Differenzierung ein: er nannte Zahlen $a + bi$ „complexe Zahlen". Die bisherige generelle Bezeichnung „imaginäre Zahl" (oder ‚Größe') blieb im Gebrauch für den Imaginär-Teil *bi*. Und Gauß betonte:

„Die complexen Grössen stehen also nicht den reellen entgegen, sondern enthalten diese als einen speziellen Fall, wo $b = 0$, unter sich" (ibid.).

In diesem Jahrhundert der Strenge konnte der Zahlbegriff noch weiter geklärt und damit das berühmte Problem der Antike, das Quadrieren des Kreises mit Zirkel und Lineal gelöst werden. Schon Euler hatte die Zahl *e* eingeführt, als die Summe einer bestimmten Reihenentwicklung, und sie eine „transzendente" Zahl genannt. Johann Heinrich Lambert (1728–1777) hatte 1767 gezeigt, dass π keine rationale Zahl ist. Legendre hatte dann 1794 vermutet, nach den immer mehr verfeinerten Approximationen von π, die keinerlei Periodizität in den Dezimalstellen zeigten, dass π auch keine irrationale Zahl ist. 1844 hatte Joseph Liouville (1809–1882) gezeigt, dass es Zahlen gibt, die nicht die Lösung einer algebraischen Gleichung mit rationalen Koeffizienten sind. Charles Hermite (1822–1901) zeigte dann 1873, dass *e* eine solche transzendente Zahl ist, und schließlich zeigte mit diesen Methoden Ferdinand Lindemann (1852–1939) im Jahre 1882, dass π ebenfalls eine transzendente Zahl ist.

8.2.3 Analysis und Grundlagen

In der Analysis wurde die Funktionentheorie als ein eigenes Gebiet stark ausgebaut, insbesondere für die Theorie der komplexen Funktionen. Ein wesentlicher Beitrag zur Strenge war der Beweis des Zwischenwertsatzes von Bernard Bolzano (1781–1848) im Jahre 1817 – eine Eigenschaft, die zusammen mit der der Stetigkeit bislang zumeist als gegeben vorausgesetzt wurde. Die elliptischen Funktionen wurden als ein neues Gebiet etabliert; zunächst nur von Legendre bearbeitet, wurde es plötzlich mit mehreren wichtigen Publikationen Ende der 1820er von Jacobi und Niels Henrik Abel (1802–1829) zu einem Schwerpunkt der Forschung, zu dem dann insbesondere Carl Weierstraß (1815–1897) beigetragen hat. Der Vorlesungszyklus von Weierstraß zur Funktionen-Theorie wurde paradigmatisch für das Programm der Strenge in der Analysis (Viertel 2014).

Zugleich wurden die Grundbegriffe der Analysis intensiv weiter geklärt und strenger gefasst. So war der Funktionsbegriff von Fourier durch seine Untersuchung der Reihen trigonometrischer Funktionen erheblich erweitert worden. Von den Mathematikern im *Institut* war diese Erweiterung nicht akzeptiert worden, aber Dirichlet, der in seinen Jahren in Paris (1821–1826) auch Analysis studiert hatte, im Kontakt mit Lacroix und Fourier, bewies 1829 die Konvergenz der Fourier-Reihen. Die Arbeiten zum Stetigkeitsbegriff, die 1816, noch vor Cauchy, wesentlich von Bolzano, der zumeist isoliert in Prag zu den Grundlagen der Mathematik gearbeitet hat, gefördert worden sind, und zu differenzierteren Fassungen dieses Begriffes, kamen zu einem vorläufigen Abschluss durch Eduard Heines (1821–1881) Einführung des Begriffs der gleichmäßigen Stetigkeit (1872). Weierstraß hat in seinen Vorlesungen zur Funktionentheorie den Begriff der gleichmäßigen Konvergenz eingeführt, in verschiedenen Fassungen, seit 1861, und in der ε-δ-Fassung, mit Ungleichungen, ab 1880/81 (Viertel 2014, S. 127 u. 140; Viertel 2021, S. 473 ff.). Sein berühmtes Beispiel einer stetigen, aber nirgends differenzierbaren Funktion hat er 1872 in der Berliner Akademie vorgetragen, die Publikation aber Paul du Bois-Reymond überlassen. Dessen Publikation 1875 löste heftige Reaktionen in der französischen *community* aus: die Mathematik solle sich nicht mit solchen Monster-Funktionen beschäftigen. Henri Poincaré (1854–1912), führender französischer Mathematiker seit dem letzten Drittel des 19. Jahrhunderts, kommentierte:

> „Es ist jetzt, dass eine ganze Reihe bizarrer Funktionen entstand, die schienen sich zu bemühen, den anständigen [honnêtes] Funktionen, die einem bestimmten Zweck dienten, so wenig wie möglich zu ähneln. Keine Stetigkeit mehr, oder: zwar Stetigkeit, aber ohne Ableitungen, etc." (Poincaré 1899, S. 158).

Der Begriff der unendlich kleinen Größen, der immer wieder in der Analysis benutzt worden ist, ist in einer aufschlussreichen Arbeit als zu Irrtümern führend gezeigt worden: von dem preußischen Gymnasiallehrer Johann Peter Wilhelm Stein (1795–1831). Im damals französischen Trier aufgewachsen, hat er an der *École Polytechnique* studiert und arbeitete zunächst als *ingénieur géographe,* wurde aber 1816 Gymnasiallehrer im nunmehr preußischen Trier (Schubring 1991, S. 205 f.). In einer seiner Arbeiten in den *Annales de Mathématiques Pures et Appliquées* hat er 1825 gezeigt, dass man ohne eine konkrete Untersuchung der jeweiligen Variablen keineswegs als evident annehmen kann, dass eine unendlich kleine Größe höherer Ordnung gegenüber einer von geringerer Ordnung verschwinden müsse (Stein 1825, S. 42). Vielmehr müsse man das gestellte Problem in eines mittels Grenzwerten umformen:

> „Eine Aussage über unendliche Größen kann nur insoweit unsere Zustimmung verdienen, als sie reduzierbar ist in eine Aussage über die Grenzwerte von endlichen variablen Größen" (ibid., S. 53).

Übersicht

‚Strenge' war unter führenden Mathematikern ein Gegenstand der Konkurrenz. Jacobi, z.B., hat 1841 an Dirichlet seine Meinung über Cauchy geschrieben:

„Ich glaube es ist in der Geschichte beispiellos daß ein solches Talent so viel elendes Zeug schreibt. Ich habe ihm daher auch jetzt den Rang hinter uns decretiert, es ist traurig wenn einer dahin kommt daß wenn er eine große Entdeckung ankündigt man fast in der Überzeugung es sei dummes Zeug kaum mehr hinsieht.“.[1]

Besonders aufschlussreich ist, was Jacobi in einem Brief vom 21.12.1846 an Alexander von Humboldt geschrieben hat:

„Er [Dirichlet] allein, nicht ich, nicht Cauchy, nicht Gauß weiß, was ein vollkommen strenger mathematischer Beweis ist, sondern wir kennen es erst von ihm. Wenn Gauß sagt, er habe etwas *bewiesen*, ist es mir sehr wahrscheinlich, wenn Cauchy es sagt, ist eben so viel pro wie contra zu wetten, wenn Dirichlet es sagt, ist es *gewiß*“ (Pieper 1987, S. 99).

8.2.4 Algebra

In der Algebra sind im 19. Jahrhundert gleichfalls enorme Entwicklungen erfolgt. Es sollen wenigstens kurz erwähnt werden: die Gruppentheorie, durch Évariste Galois (1811–1832) begründet und von Joseph Liouville (1809–1882) weiterentwickelt; die Arbeiten zu Determinanten und zu Matrizen; die Theorie der Invarianten, mit vorwiegend englischen und deutschen Forschungen: James Joseph Sylvester (1814–1897), Arthur Cayley (1821–1895), Alfred Clebsch (1833–1872) und Paul Gordan (1837–1912).

8.2.5 Geometrie

In der Geometrie, in der im 18. Jahrhundert nicht viele Forschungen erfolgt waren, sind im 19. Jahrhundert eine große Anzahl neuer Gebiete gegründet und stark entwickelt worden. Neben der Fortführung der darstellenden Geometrie war es zunächst die Positions-Geometrie, 1803 von Carnot begründet, entstanden aus seiner Ablehnung von negativen Zahlen in der Algebra. Die weiteren intensiv bearbeiteten Gebiete waren die synthetische Geometrie und die projektive Geometrie.

Für die Mathematik-Auffassung besonders wesentlich wurde die Begründung der nicht-euklidischen Geometrie, ausgehend von den Versuchen – schon seit den islamischen Mathematikern -, das Parallelenpostulat Euklids in einen beweisbaren Satz zu transformieren. Wichtige Beiträge dazu hatten im 18. Jahrhundert Girolamo Saccheri (1667–1733), Lambert und Georg Simon Klügel (1739–1812) geliefert. Im ersten

[1] Zitiert nach: Gert Schubring. Die Korrespondenz von C.G.J. Jacobi mit P.G.L. Dirichlet (forthcoming).

Drittel war es eine größere Zahl vor allem deutscher Mathematiker, unter ihnen mehrere Gymnasial-Lehrer, aber auch Amateure, die nach einer konsistenten Geometrie ohne das Parallelenpostulat suchten.

Gauß hatte schon früh eine solche Geometrie erarbeitet, aber nichts dazu publiziert – wie er 1829 erklärte, weil er das „Geschrei der Böotier" scheue. Da dies oft zitiert wird, ist es aufschlussreich zu sehen, worin Gauß ein solches „Geschrei" gesehen hat. Tatsächlich gibt es eine einschlägige Publikation von ihm, von 1816, die Rezension zweier Publikationen zur Parallelentheorie: von Mathias Metternich (1747–1825),[2] von 1815 und von Johann Christoph Schwab (1743–1821), von 1814. Es wird häufiger zitiert, dass er dort erklärte, es sei ein „eitel[s] Bemühen, die Lücke, die man nicht füllen kann, durch ein unhaltbares Gewebe von Scheinbeweisen zu verbergen" (Gauß 1880, S. 365). Gauß gab eine ausführliche Besprechung, in der er ganz didaktisch in elementarer Weise die Intention und die Fehler von Metternich dargestellt hat, und in der er anerkannte, dass Metternich, anders als Schwab „seinen Gegenstand [...] auf wirklich mathematische Art behandelt hat" und dass er sich „wirklich um Wahrheit" bemüht. In der Tat gab es in der Rezension einen Hinweis: der Fehler im Beweis, dass ein Winkel nicht stumpf sein kann, sei nicht trivial wie die anderen Fehler, da „die Unmöglichkeit dieses Falles in aller Strenge bewiesen werden kann, welches weiter auszuführen, aber hier nicht der Ort ist" (zit. nach Reichardt 1985, S. 35 f.). Auch Gauß' Schüler Friedrich Ludwig Wachter (1792–1817), der gute Ansätze zur nicht-euklidischen Geometrie publiziert hat, hat Metternichs Arbeit eine 15 Seiten lange, gleichfalls didaktische Rezension gewidmet (Schubring 1995, S. 77 f.). Metternich hat sein Büchlein 1822 revidiert publiziert, allerdings den Gegensatz von Gauß' Urteil zu Wachters „humaner und bescheidener", eher „zweifelnder" Rezension so kommentiert: „Der Göttinger H.[err] Recensent sprach diesem Beweise alle Haltbarkeit ab, und fand es kaum begreiflich, daß mir die Schwäche des Beweises habe unbemerkt bleiben können"; und dass Gauß' Argument zu einem rechtwinkligen Dreieck nicht zu seinem Beweisgang „paßt" (Metternich 1822, S. III). In einem Brief an den Astronomen Hans Chr. Schumacher (1780–1850) hat Gauß diese Reaktion in übertriebener Weise kommentiert:

> „Ich habe wohl zuweilen versucht, über diesen und jenen Gegenstand bloß Andeutungen ins Publikum zu bringen; entweder sind sie von Niemand beachtet, oder, wie z.B. einige Äußerungen in einer Rezension in den G. G. Anz. 1816, p. 619, es ist mit Kot danach geworfen" (Reichardt 1985, S. 36).

1822 hat Gauß in einer weiteren Rezension, einer „Theorie der Parallelen" des Marburger Mathematik-Lehrers C. R. Müller, sein negatives Urteil über alle bisherigen

[2] Metternich war der einzige Jakobiner unter den deutschen Mathematikern (Schubring 1995, S. 68 ff.).

Beweisversuche wiederholt, aber in diesem Fall den „Scharfsinn“ des Autors gelobt – nun ohne Hinweise auf seine Forschungen (Gauß 1873, S. 368).

Die Beiträge von Janos Bolyai (1802–1860) und Nikolai Lobatchevski (1792–1856) blieben zunächst ohne Wirkung in den mathematischen communities. Es waren erst Interpretationen mit Konzepten der anerkannten traditionellen Geometrie – vergleichbar mit der erst durch geometrische Veranschaulichung erreichten Anerkennung der komplexen Zahlen (durch Argand[3] 1806 und Gauß 1831) -, die erste Anerkennungen ermöglichten: durch Eugenio Beltramis (1835–1900) Schrift von 1868, mit der er eine „interpretazione“ der nicht-euklidischen Geometrie geben wollte: mittels deren Integration in die Theorie der Differential-Geometrie gemäß Gauß und Riemann (Schubring 2017, S. 257). Felix Klein hat dann in einem Artikel von 1871 die logische Konsistenz der drei Geometrien gezeigt, der Euklidischen, der elliptischen und der hyperbolischen, indem er deren Resultate auf „anschauliche Weise“ darlegte, mittels des Begriffs der Metrik und der Integration in die projektive Geometrie (Klein 1871, S. 573 ff.). Klein suchte aber zugleich zu bestimmen, welche der Geometrien diejenige der „Außenwelt“ ist (Schubring 2017, S. 258). Poincaré hat auch eine geometrische Veranschaulichung gegeben: der hyperbolischen oder Lobatchevskischen Geometrie, mittels der sog. Poincaré-Scheibe, in einer Arbeit von 1882.

Mit den geometrischen Veranschaulichungen ging der Widerstand von Mathematikern gegen die nicht-euklidische Geometrie allmählich zurück – eine Reihe von Philosophen lehnten sie aber weiterhin ab. Der Modellbegriff, mit seiner Anerkennung einer Pluralität von Geometrien, wurde allerdings erst allgemein als theoretischer Begriff mit dem Buch *Non-Euclidean Geometry* von Harold Coxeter von 1942 (ibid., S. 266 ff.). Das mit den nicht-euklidischen Geometrien erstmals etablierte Verständnis von Mathematik, mittels der Variation von Axiomen unterschiedliche konsistente Theorien zu erhalten – und damit den klassischen Anspruch der Mathematik auf ausschließliche Wahrheit aufzugeben, leitete jedoch schon seit Ende des 19. Jahrhunderts die neue Bewegung der Axiomatisierung ein. Sie ist für die Geometrie in exemplarischer Weise im Werk *Grundlagen der Geometrie* (1899) von David Hilbert (1862–1943) expliziert und angewandt worden.

Die im 19. Jahrhundert ausgebildete Vielfachheit von Geometrien wurde von Felix Klein (1849–1925) systematisch zusammengeführt, mittels des Gruppenbegriffs.

[3] Über ihn ist nur sicher: Argand fl. 1806, 1813 und 1814. Die ihm traditionell, seit Hoüel 1874, zugeschriebenen Vornamen Jean-Pierre und Lebensdaten 1768–1822 sind die einer anderen Person (Schubring 2001). Argand hatte Legendre 1806 aufgesucht, um dessen Meinung über sein, noch anonymes Manuskript zu erfahren, vor der Einrichtung bei der Akademie. Nach dessen erster negativer Reaktion hat er es erst nach dem Artikel von Jacques-Frédéric Français 1813, in Gergonnes Annalen, privat drucken lassen.

8.3 Graßmann und die Ausdehnungslehre[4]

Als Außenseiter hat Hermann Günther Graßmann (1809–1877) eine schließlich sehr wirkungsträchtige Theorie-Entwicklung eingeleitet. Nach einem Studium von Philologie und Theologie hat er Mathematik autodidaktisch studiert, aber so erfolgreich, dass er – als er sich außer als Pfarrer auch als Lehrer qualifizieren wollte, 1840 eine vorzügliche Prüfungsarbeit über die Theorie von Ebbe und Flut verfasst hat. Als Mathematiklehrer in Stettin hat er 1844 das theoretisch konzeptuelle und innovative Buch mit dem langen Titel publiziert:

> Die Wissenschaft der extensiven Grösse, oder **die Ausdehnungslehre,**
> eine neue mathematische Disciplin,
> dargestellt und durch Anwendungen erläutert.
> Erster Theil, die **lineale Ausdehnungslehre** enthaltend.[5]

Der Ausdruck ‚Ausdehnungslehre' ist zuvor vom französischen Mathematiker Joseph-Diaz Gergonne (1771–1859) benutzt worden: *théorie de l'étendue,* in einem Artikel 1825 in der Sektion *philosophie des mathéamtiques* seiner Zeitschrift *Annales de mathématiques pures et appliquées,* ganz bezogen auf die Geometrie; er hat hier die Dualität zwischen Punkt und Gerade diskutiert. Graßmann verstand dagegen ‚Ausdehnungslehre' als die ganze Mathematik umfassend. Und sein Werk reorganisierte die Operationen der Mathematik von der von ihm eingeführten Disziplin ‚Formenlehre' aus. Man kann es als einen charakteristischen Beitrag zum Programm der reinen Mathematik verstehen.

Graßmanns Ansatz war für seine Zeitgenossen ganz ungewohnt, und seine selbst gebildete Begrifflichkeit insbesondere deswegen nicht leicht zu verstehen, weil er viele Fachtermini nicht mit den üblichen, auf lateinischen Wurzeln beruhenden Worten benutzte, sondern sie – wohl der deutschen Romantik zufolge – durch selbst geprägte deutsche Worte ersetzt hat. Die Motivation für sein Werk hat er dagegen mit dem bekannten Problem der Begründung negativer Größen erklärt:

---

[4] Graßmann wird hier ausführlicher dargestellt, da er in den meisten geschichtlichen Darstellungen nur kurz erwähnt wird.

[5] Im Nachdruck 1878 der ersten Fassung von 1844 hat Graßmann die Anwendungen benannt: „und durch Anwendungen auf die übrigen Zweige der Mathematik, wie auch auf die Statik, Mechanik, die Lehre vom Magnetismus und die Krystallonomie erläutert".

Häufig wird der Ausdruck ‚lineal' im Titel für gleichbedeutend mit ‚linear' angenommen, insbesondere in Übersetzungen. Tatsächlich bezieht sich das Adjektiv ‚lineal' auf die Benutzung von Instrumenten, auf die beiden klassischen Terme: „mit Zirkel und Lineal". Der zweite geplante, aber nicht publizierte Teil sollte sich mit dem zweiten Instrument, mit zirkulären Größen befassen; Graßmann hob die Analyse des Winkels und der trigonometrischen Funktionen als dessen Ausgangspunkt hervor (Graßmann 1844 S. VII).

„Den ersten Anstoß gab mir die Betrachtung des Negativen in der Geometrie; Ich gewöhnte mich, die Strecken *AB* und *BA* als entgegengesetzte Größen aufzufassen; woraus denn hervorging, dass, wenn *A, B, C* Punkte einer geraden Linie sind, dann auch allemal $AB + BC = AC$ sei, sowohl wenn *AB* und *BC* gleichbezeichnet sind, als auch wenn entgegenbesetzt bezeichnet, d. h. wenn *C* zwischen *A* und *B* liegt" (Graßmann 1844, S. V).

Graßmann hat betont, dass das Wesentliche seiner Ausdehnungslehre darin liege, dass er die zwei Begriffe der *Länge* und der *Richtung* zu einem neuen Begriff vereinigt habe: „Länge und Richtung in Einem Begriffe zusammenzufassen" (Graßmann 1844, 146).

Für diese neuen geometrischen Entitäten, die wir heute ‚Vektor' nennen, entwickelte Graßmann zunächst die Operation der Addition. Das wurde gerade dadurch möglich, dass außer der Länge zugleich die Richtung der Strecken berücksichtigt wurde – und zwar nicht nur wie im Ausgangsproblem entgegengesetzte Richtungen, sondern verallgemeinernd für alle Richtungen in der Ebene.

Als nächste Operation entwickelte er die Multiplikation, und zwar als Verallgemeinerung der Rechteck-Bildung, die traditionellerweise als äquivalent zum arithmetischen Produkt praktiziert worden war. Graßmann beschränkte sich nicht mehr auf Rechtecke, sondern verstand – wiederum durch Einbeziehung der Richtung – Parallelogramme als Produkte von aneinander anstoßenden, gerichteten Strecken. Das Ungewöhnliche und Neue an diesem Multiplikations-Begriff war, dass die Multiplikation nun nicht mehr kommutativ war, sondern anti-kommutativ.

Während so ein algebraischer Vektorkalkül vorlag, liegt die Hauptleistung von Graßmann darin, dass er trotz seines Operierens mit geometrischen Gegenständen nicht – wie Mathematiker bislang – im Bereich der Raumanschauung, also in drei Dimensionen, oder – wie Hamilton, darin Lagrange folgend – in vier Dimensionen beschränkt blieb, sondern auf beliebig-dimensionale Räume verallgemeinert hat. Das Überschreiten der Grenzen der räumlichen Vorstellungen und die kühne Verallgemeinerung war für Graßmann zweifelsohne dadurch möglich geworden, dass er nicht einfach über algebraische oder über geometrische Operationen reflektiert hat, sondern dass diese für ihn nur spezielle Anwendungen waren. Tatsächlich hat er nämlich die für seine Zeitgenossen noch überraschendere Kühnheit besessen, als Grundlage überhaupt für alle Zweige der Mathematik eine „allgemeine Formenlehre" zu entwickeln, in der er abstrakte Operationen untersucht hat, ohne Rücksicht auf konkrete Bedeutungen. Seine zunächst auf die Geometrie konzentrierten Forschungen ließen ihn die Geometrie „nur eine specielle Anwendung" erscheinen und nach einer „neuen Wissenschaft" suchen, die „in rein abstrakter Weise ähnliche Gesetze aus sich erzeuge, wie sie in der Geometrie an den Raum gebunden escheinen", und so einen „rein abstrakten Zweig der Arithmetik auszubilden" (ibid., S. IX). Die Gesetze der Mathematik sollten unabhängig von der Anschauung begründet werden; er hob hervor, „dass nun alle Grundsätze, welche Raumesanschauungen ausdrückten, gänzlich wegfielen" und „dass die Beschränkung auf drei Dimensionen wegfiel" (ibid., S. IXf.).

In der Formenlehre ging es darum, Gesetze von Verknüpfungen – oder Operationen – ganz allgemein aufzudecken. Graßmann hat hier erstens zwischen synthetischen und –

diese aufhebenden – analytischen Verknüpfungen unterschieden, sowie zwischen Verknüpfungen verschiedener Stufen. Als mögliche Eigenschaften der Verknüpfungen untersuchte er Assoziativität, Kommutativität und Distributivität. Im Anschluss an den allgemeinen Teil erfolgte die Deutung der synthetischen Verknüpfung erster Stufe als Addition und der analytischen als Subtraktion sowie der entsprechenden Verknüpfungen der zweiten Stufe als Multiplikation bzw. Division. Wie Graßmann betonte, sind die Kommutativität und Assoziativität nicht schon im allgemeinen Begriff der Verknüpfung der zweiten Stufe angelegt, so dass in der neuen Ausdehnungslehre Arten der Multiplikation auftreten werden, in denen die Kommutativität nicht gilt.

Auf der Grundlage der allgemeinen Formenlehre entwickelte Graßmann seinen neuen Zweig der Mathematik, die *Ausdehnungslehre,* die auf der Geometrie aufbaut, so dass viele Begriffe aus ihr motivierbar sind. Den Grundbegriff bildete die Ausdehnungsgröße oder extensive Größe, als aus der stetigen Bewegung eines Punktes erzeugt. Auf das so zunächst entstandene Ausdehnungsgebilde erster Stufe konnte er die Verknüpfungen der Addition und der Subtraktion anwenden, die die Vektoraddition bedeuten. Im Anschluss daran erzeugte er Gebiete höherer Stufen, indem er zwei verschiedene Erzeugungen von Strecken und die Gesamtheit so erzeugter Elemente als Gebiet zweiter Stufe betrachtete, die der Ebene entspricht. Analog entstand das Gebiet dritter Stufe. Während sich die Geometrie mit diesem unendlichen, dreidimensionalen, Raum beschränken muss, erklärte Graßmann, dass die abstrakte Wissenschaft der Ausdehnungslehre keine solche Grenze kenne und beliebige weitere Stufen erzeugen könne (ibid., S. 22).

Für diese n-dimensionalen Gebiete – später, im Anschluss an Riemann, Mannigfaltigkeiten genannt – hat Graßmann in umfassender Weise die nach seiner Formenlehre konkretisierbaren Operationen („Verknüpfungen") untersucht und entwickelt. Graßmann hat damit in wohl ausführlichster und konsequentester Weise einen "geometric calculus" etabliert.

Addition und Subtraktion bieten grundsätzlich gegenüber der schon bei anderen Mathematikern vorgestellten Vektoraddition nichts Neues – mit Ausnahme der nicht eingeschränkten Dimension. Seine bahnbrechenden Leistungen liegen vorrangig bei der Verknüpfung zweiter Stufe, der Multiplikation. Graßmann hat eine bemerkenswerte Vielzahl von multiplikativen Verknüpfungen entwickelt, um so den vielfältigen Erfordernissen in n-dimensionalen Mannigfaltigkeiten gerecht zu werden. Eine Reihe von Multiplikationsformen hat Graßmann nur skizziert. Am bekanntesten und wirkungsvollsten sind das *äußere Produkt* und das *innere Produkt* geworden. Das innere Produkt – das einen Skalar ergibt – hat er erst in der Neubearbeitung seiner Ausdehnungslehre von 1862 dargestellt. Den breitesten Raum hat stets das äußere Produkt eingenommen. Es zeichnet sich durch drei Besonderheiten aus:

- dieses Produkt erhöht die „Stufe", also die Dimension, der Faktoren, und zwar ist die Stufenzahl des Produkts die Summe der Stufenzahlen der Faktoren;
- zugleich ist dieses Produkt anti-kommutativ: bei Vertauschung eines Faktors ändert sich das Vorzeichen,

$$a\,b = -b\,a.$$

Die Ursache für dieses den Zeitgenossen noch ungewöhnliche Gesetz war, dass die extensiven Größen (oder „Vektoren") sowohl eine Länge wie eine Richtung besitzen. Das äußere Produkt – die Benennung spielt auf die Dimensionserhöhung an (ibid., § 36) – hat daher sowohl einen „algebraischen" Anteil als auch einen „geometrischen", nämlich die Längen als Absolut-Beträge und den Sinus des Winkels zwischen den beiden Richtungen:

$$a\,b = |a| \cdot |b| \sin{(a,b)}$$

- das Produkt kann Null sein, auch wenn seine Faktoren sämtlich ungleich Null sind: nämlich wenn zwei Faktoren „gleichartig" sind – oder in moderner Bezeichnung „linear abhängig".

Graßmann hat ausführlich das Operieren mit diesem äußeren Produkt dargestellt. Außer dem Produkt zwischen extensiven Größen hat er insbesondere das Produkt von Zahlengrößen mit extensiven Größen behandelt. Zahlengrößen waren für ihn Verhältnisse, „wahre Quotienten" aus gleichartigen Größen; Graßmann hat dabei betont, dass Zahlengrößen für ihn keine diskreten Zahlen sind, sondern – als Quotienten – stetige Größen, also praktisch reelle Zahlen (ibid., § 75). Es zeigt sich damit, dass Graßmann mit seinem geometrischen Kalkül ein traditionelles, aber ungelöstes Problem lösen wollte, nämlich ein ungehindertes Multiplizieren mit und von beliebigen Größen.

Ab den 1860er Jahren ist Graßmann intensiv rezipiert und seine Konzepte in mehrere Richtungen weiterentwickelt worden: einerseits als Vektorrechnung – und weiter entwickelt in der Tensor-Rechnung, hier jedoch in gewisser Konkurrenz mit den Ansätzen von William Rowan Hamilton (1805–1865), und mit breiten Anwendungs-Bereichen in Mechanik und Elektrodynamik. Obwohl seine Hauptmotivation eine geometrische war, ist Graßmanns Konzeption schließlich zur multi-linearen Algebra umgearbeitet worden, etwa bei Élie Cartan (1869–1951) – und wurde zum Modell abstrakter Mathematik bei Bourbaki. Interessant ist auch die Entstehung der Bezeichnung ‚lineare Algebra'; der Begriff „linear associative algebra" war 1870 von Benjamin Peirce (1809–1880) eingeführt worden, und ‚linear algebra' wurde zuerst eingeführt an der Peripherie Europas, 1882 vom türkischen Ingenieur Hüseyin Tevfik Pasha (1832–1901), der Mathematik bei Peter Guthrie Tait (1831–1901) in den USA studiert hatte (Schubring 2007a).

Graßmanns Forschungen zur Formenlehre und über die mathematischen Verknüpfungen sind von ihm in seinem *Lehrbuch der Arithmetik* 1861 fortgeführt worden für die Operationen der Arithmetik. Sie bilden eine erste Ausarbeitung einer Axiomatisierung der Arithmetik. Sie sind von Giuseppe Peano (1858–1939) weiter ausgearbeitet worden, in einer Schrift von 1889, die zur bekannten Axiomatik der natürlichen Zahlen geführt hat.

8.4 Die Mathematiker-communities im 19. Jahrhundert

Im 19. Jahrhundert hat sich nicht nur die mathematische Forschung enorm erweitert, sondern auch die Anzahl von Mathematikern hat sich beträchtlich vergrößert, aufgrund des starken Ausbaus der Lehre der Mathematik in den neuen öffentlichen Bildungs-Systemen. Dadurch haben sich auch die Formen des Studiums der Mathematik grundlegend verändert. Gleichzeitig haben sich neue Formen der Praktiken der mathematischen *communities* entwickelt, und neue soziale Interaktionen.

Aktive Formen des Studiums waren mit dem Konzept des forschenden Lernens in Preußen eingeführt worden. Wie in der Philologie, dem anderen Hauptfach der Gymnasien, waren Seminare für die Mathematik gegründet worden, zuerst 1834 in Königsberg durch Jacobi und den Physiker Franz Neumann (1798–1895), und danach in Halle, Berlin, Bonn und Breslau. Die Seminare funktionierten zuerst als Ober-Seminare: fortgeschrittene Studenten wurden vom Professor in neue Publikationen eingeführt, und Vorträge von ihnen darüber im Seminar diskutiert. Eine Handbibliothek gab den Studenten Zugang zur aktuellen Literatur. Es bildeten sich in Preußen zwei verschiedene Orientierungen in der Seminar-Praxis heraus – sie sind als der Gegensatz der Königsberger und der Berliner Schule charakterisiert worden: während Jacobi die theoretische Physik einbezogen hatte, war die Berliner Schule auf reine Mathematik konzentriert. Beide Schulen konnten mit ihren Schülern Mathematik-Professuren in den anderen deutschen Staaten besetzen, so dass die Gründung von Seminaren und die Forschungs-Orientierung der Lehre sich in der zweiten Hälfte des 19. Jahrhunderts auch außerhalb Preußens durchsetzte (Lorey 1916).

Mit der Zunahme der Studentenzahlen ab den 1860ern wurde auch die Seminar-Praxis differenziert. An mehreren Universitäten erfolgte die Einrichtung von Pro-Seminaren und Übungen, für die Anfänger-Studenten. Ein wesentlicher Innovations-Schub wurde von Felix Klein realisiert: die Handbibliothek, die bislang unter der Privat-Aufsicht des Seminar-Leiters stand, wurde zum Lesesaal umgeformt – zunächst in Leipzig, ab 1880, und in markanter Form ab 1886 in Göttingen, mit direkten Zugang zur Literatur für die Studenten und der Einrichtung besoldeter Assistentenstellen zur Betreuung des Lesesaals. Diese Stellen, gedacht für jüngere Privat-Dozenten, bildeten die ersten Stufen für Wissenschaftler-Karrieren. Die Aufnahme der darstellenden Geometrie 1898 in die Lehrerprüfungs-Ordnung in Preußen hatte einen weiteren materiellen Ausbau an den Universitäten zur Folge: Einrichtung von Zeichenräumen, Ausbau der Sammlungen und Einstellung von Spezialisten für dieses Lehrgebiet. Ausgehend von Göttingen, löste sich das Seminar-Modell von der Lehrfunktion – unter dem Direktorial-Prinzip – zu einer Gesamt-Organisation von Forschung und Lehre. Für diese Fachbereichs-artige Struktur wurde nach 1900 der Name ‚Institut' üblich. Kleins Traum, auch für die Mathematik ein eigenes Instituts-Gebäude erreichen zu können, wie schon ab etwa 1860 für Chemie und Physik realisiert, ließ sich wegen Weltkrieg und Inflation nicht verwirklichen. Mit Mitteln der Rockefeller-Stiftung gelang es schließlich 1929 in Göttingen – parallel zum ebenso finanzierten *Institut Henri Poincaré* in Paris (Schubring 2000a).

Der Forschungsimperativ hat sich in der zweiten Hälfte des 19. Jahrhunderts in mehreren Staaten als Modernisierung der Universitäten durchgesetzt. In den USA, wo die *colleges* nach dem Modell von Oxford und Cambridge gegründet worden waren, wurden diese nunmehr ‚undergraduate' genannten Strukturen durch *graduate colleges* ergänzt, zunächst an privaten Hochschulen wie der John Hopkins University, ab 1875 und der Clark University 1889. In England erfolgte die Aufhebung der konfessionellen Bindung der beiden traditionellen Universitäten in Oxford und Cambridge (definitiv erst 1871) und die Einführung von Strukturen für Forschung gegen Ende des 19. Jahrhunderts. In Frankreich sind die bislang selbständigen *facultés* 1896 wieder in eine Institution Universität integriert worden. Und die *École Normale Supérieure,* 1810 in Paris als die *facultés des sciences* ergänzende Institution für Lehrerbildung gegründet, entwickelte sich ab den 1870ern zur führenden französischen Einrichtung für Forschung in reiner Mathematik.

Die Konstituierung der Mathematik als eine zunächst nationale *community* hat sich im 19. Jahrhundert insbesondere durch die Gründung mathematischer Gesellschaften des jeweiligen Landes dokumentiert. Schon in der ersten Hälfte gründeten sich fachübergreifende Gesellschaften, wie die *Société Philomathique* in Paris (bereits 1788), die Gesellschaft Deutscher Naturforscher und Ärzte (1822), die *British Association for the Advancement of Science* (1831). Beispiele für die Bildung von auf Mathematik spezialisierter Gesellschaften waren die *London Mathematical Society* (1865), die *Société mathématique de France* (1872), die *American Mathematical Society* (1888) und die Deutsche Mathematiker-Vereinigung (1890). Die *Unione Matematica Italiana* folgte 1922. Jede dieser Gesellschaften veranstaltete regelmäßige Tagungen, in denen die Mitglieder über ihre Forschungen berichteten und direkte Kommunikationen stattfanden. Ein erster internationaler Kongress war der Kongress in Paris 1798/99 zur Bestimmung der neuen internationalen Maße und Gewichte. Ein erster spezialisierter Kongress war der vom belgischen Mathematiker Adolphe Quetelet (1796–1874) initiierte Kongress zur Statistik 1853 in Brüssel, der sich als internationale Tagungs-Serie etablierte; die Kongresse wurden von mehreren Regierungen unterstützt, die an Statistik für ihre Bevölkerungs-Politik interessiert waren. Die Serie internationaler Kongresse zur Mathematik, zuletzt 2018 als ICM in Rio de Janeiro, begann 1897 in Zürich.

Die erste Publikation einer fachspezifischen Zeitschrift und die rasch steigende Anzahl dieser Zeitschriften in vielen Ländern ist wohl das charakteristischste Merkmal für die Professionalisierung und Spezialisierung der Mathematik im 19. Jahrhundert. Die erste Zeitschrift wurde in Frankreich publiziert, die *Annales de Mathématiques Pures et Appliquées,* von Gergonne ab 1810. Sie nahm rasch Beiträge ausländischer Autoren auf und etablierte sich so als internationale Zeitschrift – allerdings praktisch ohne Beiträge aus dem Zentrum, aus Paris, da die Mathematiker dort die Publikationen des *Institut* (der *Académie*) vorzogen, zumal Gergonne als Professor in Montpellier in der „Provinz" wirkte (und viele Autoren verärgerte durch seine Anzahl kommentierender Fußnoten in deren Arbeiten). Seine Zeitschrift stellte ihr Erscheinen 1831 ein. Deren Nachfolger, das *Journal de mathématiques pures et appliquées,* von Joseph Liouville (1809–1882) –ab 1836 publiziert, nunmehr von einem führenden französischen Mathematiker, besteht bis heute. Der Titel von Gergonnes *Annales* ist zunächst vielfach kopiert worden. Die zweite Zeitschrift, das *Journal für reine und angewandte Mathematik,* 1826 von August Leopold Crelle (1780–1855) gegründet, besteht gleichfalls bis heute. Crelle war zwar Techniker und Baurat und kein spezialisierter Mathematiker, aber in Berlin als Zentrum gegründet, publizierte die Zeitschrift rasch bedeutende Forschungsbeiträge. Der preußischen Praxis reiner Mathematik folgend, ist sie auch als „Journal für reine unangewandte Mathematik" bezeichnet worden. 1868 gründete Alfred Clebsch die Zeitschrift *Mathematische Annalen* – sehr zum Ärger der Berliner Mathematiker, da nunmehr das Crellesche Journal mit dieser Konkurrenz durch die Königsberger Schule zu leben hatte. Das *Archiv der Mathematik und Physik,* 1841 von Johann August Grunert (1797–1872) gegründet, richtete sich vorrangig an Lehrer höherer Schulen. Eine weitere Pluralität entstand durch die *Zeitschrift für Mathematik* ab 1861 durch Oscar Schlömilch (1823–1901). In Großbritannien wurden mehrere Zeitschriften gegründet, allerdings nicht von langer Lebensdauer: das *Cambridge Mathematical Journal* (1837–1845), das *Cambridge and Dublin Mathematical Journal* (1845–1855) und das *The Quarterly Journal of Pure and Applied Mathematics* (1857–1876). In Italien wurde die 1850 gegründete Zeitschrift *Annali di scienze matematiche e fisiche,* mit mehr regionalem Charakter, 1867 von Francesco Brioschi (1824–1897) und Luigi Cremona (1830–1903) zur internationalen Zeitschrift *Annali di Matematica Pura ed Applicata* umgeformt. Auch in Ländern mit weniger mathematischer Tradition wurden nunmehr Zeitschriften gegründet – so 1882 die *Acta Mathematica* in Schweden von Gösta Mittag–Leffler (1846–1927). Ein wesentlicher Schritt in Richtung auf eine reale internationale Mathematiker-community war die Begründung 1868 des ersten internationalen Referate-Organs: des *Jahrbuch über die Fortschritte der Mathematik.* Es publizierte kurze Referate über neue mathematische Publikationen aus allen Ländern, soweit sie der Redaktion bekannt wurden. Es wurde 1942 aufgrund der Kriegs-Situation eingestellt, hatte aber schon seit 1931 als Konkurrenz das *Zentralblatt für Mathematik.* Eine vorzügliche Quelle für die Geschichte mathematischer Zeitschriften ist der Sammelband *Messengers of Mathematics* (Ausejo & Hormigón 1993).

Nach den vielfachen öffentlichen Funktionen, die in Frankreich von Mathematikern seit der Revolution 1789 eingenommen wurden, sind im 19. Jahrhundert Mathematiker sehr direkt von politischen Situationen betroffen gewesen. Um hier einige Beispiele aufzuführen. José de Lanz (1764–1839), der in der napoleonischen Periode Spaniens politisch aktiv war, ging danach ins Exil, zunächst nach Frankreich und dann nach

Argentinien. Bolzano ist 1819 in Prag im Rahmen der Metternichschen Demagogen-Verfolgung als Professor relegiert worden. Cauchy hat sich 1830 von sich aus ins Exil begeben, da er als Legitimist keinen Eid auf den in der Revolution von 1830 auf den Thron gelangten liberalen König Louis Philippe ablegen wollte. Évariste Galois (1811–1832) wollte mit seinem Tod im Duell und der folgenden Beerdigung eine neue Revolution provozieren (Rigatelli 1993). Der italienische Mathematiker Ottaviano Fabrizio Mossotti (1791–1863) floh 1823 vor der Verfolgung durch die österreichische Herrschaft in der Lombardei, zuerst in die Schweiz und nach London, und 1827 nach Buenos Aires, wo er intensiv die Mathematik förderte.

Ein Überblick für den Zeitraum 1900 bis 1950

9

Die Entwicklung der Mathematik in der ersten Hälfte des 20. Jahrhunderts war entscheidend geprägt von den beiden Weltkriegen und den Perioden des Faschismus in Deutschland und Italien, nicht nur im Kontext, sondern auch in der Herausbildung neuer Gebiete.

Diese Geschichte ist bis 1933 weitgehend mit Göttingen verbunden. Unter dem Zweigespann von Felix Klein und David Hilbert hatte es sich zu einer Art Mekka für die Mathematik entwickelt. Hier hatten die Studenten aus den USA studiert und die Konzeption der Forschungsuniversität zurückgebracht. Hier war die Mathematik mit den meisten Professoren- und Assistentenstellen ausgebaut. Klein war es gelungen, die angewandte Mathematik wieder an der Universität zu beleben; Carl Runge (1856–1927) wurde 1904 auf die erste neue solche Professur berufen. Auf dem zweiten internationalen Mathematiker-Kongress in Paris hielt Hilbert seinen berühmten Vortrag, in dem er 23 offene Probleme als Herausforderung vorstellte; die Probleme erwiesen sich als außerordentlich fruchtbar und haben viele neue Entwicklungen angeregt. Einige Probleme sind noch heute offen.

Die Forschungen über die Grundlagen der Mathematik, die charakteristisch waren für den Zeitraum bis zu den 1930er Jahren, waren gleichfalls mit Göttingen verbunden. Die von Georg Cantor (1845–1918) seit den 1870ern begründete Mengenlehre führte zu den Debatten über Antinomien, mit Bertrand Russell (1872–1970), Adolf Fraenkel (1891–1965) und Ernst Zermelo (1871–1953), die schließlich zu akzeptierten präzisierten Konzepten führten. Und Hilbert war es, der das Programm der Axiomatisierung der Mathematik vorantrieb; die schon von ihm als zweites Pariser Problem formulierte Aufgabe, die Konsistenz der Axiome der Arithmetik zu zeigen, erwies sich als die zentrale Herausforderung für die Grundlagen. Der Beweis von Kurt Gödel (1906–1978) im Jahre 1931, dass die Widerspruchsfreiheit einer axiomatischen Theorie nicht mit den Mitteln der Theorie allein zu beweisen ist, beendete diese Forschungen in nicht erwarteter Weise. Hilbert war zudem zusätzlich betroffen durch das Programm des Intuitionismus des

© Der/die Autor(en), exklusiv lizenziert durch Springer Nature Switzerland AG 2021

G. Schubring, *Geschichte der Mathematik in ihren Kontexten,* Mathematik Kompakt,
https://doi.org/10.1007/978-3-030-69483-8_9

holländischen Mathematikers Luitzen E.L. Brouwer (1881–1966), der die klassischen Grundlagen der Mathematik als ungeeignet erklärte, da in dessen intuitionistischer Logik der Satz vom ausgeschlossenen Dritten nicht allgemeingültig war. Der von Brouwer ab 1918 propagierte Intuitionismus wurde zunächst von Hermann Weyl (1885–1955), der als Hilberts begabtester und bedeutendster Schüler gilt, übernommen, mit einem Artikel von 1921 über „die neue Grundlagenkrise der Mathematik" (Forman 1971, S. 76). Die Wirkung des Intuitionismus in der deutschen mathematischen *community* in den ersten Jahren der Weimarer Republik wird mit der Forman-These verbunden. Paul Forman hat in einer viel beachteten Arbeit das Aufgeben der deterministischen Prinzipien der klassischen Physik durch deutsche Physiker in den 1920er Jahren – so Werner Heisenbergs Unschärfe-Relation in der Quantenphysik – in Verbindung gebracht mit dem Umschwung zum Irrationalismus in Deutschland nach der deutschen Niederlage im Ersten Weltkrieg: die exakten Wissenschaften wurden für die Grausamkeiten dieses Krieges verantwortlich gemacht.

Die deutschen (und österreichischen) Wissenschaftler waren zudem von einem Bann der alliierten Siegermächte betroffen: vorrangig von französischen Wissenschaftlern betrieben, hatten diese deren Ausschluss von internationaler Kooperation und Organisationen beschlossen. Gaston Darboux (1842–1917), ständiger Sekretär der *Académie des Sciences,* hatte 1916 in einer Einladung an die alliierten Staaten zu einem Treffen über die internationalen Wissenschafts-Beziehungen nach dem Krieg geschrieben: „do you want, yes or no, to retake personal relations with your enemies?" (zit. n. Lehto 1998, S. 16). Erstmals wurden politische Beziehungen auf wissenschaftliche Beziehungen übertragen. Institutionen mit Beteiligung „feindlicher" Wissenschaftler wurden aufgelöst. Der nächste ICM fand 1920 im, wieder französischen, Straßburg statt – ohne deutsche und österreichische Mathematiker. Dort wurde auch die Internationale Mathematische Union (IMU) gegründet – aber trotz des „international" im Namen, ohne die Aufnahme von Mathematikern aus den besiegten Ländern.

Eines der Motive französischer Mathematiker für den Ausschluss war, dass Klein 1914 den erschreckend nationalistischen „Aufruf an die Kulturwelt!", von 92 deutschen Intellektuellen und Wissenschaftlern, unterzeichnet hatte, der Beschuldigungen deutscher Truppen für Kriegsverbrechen in Belgien zurückgewiesen hatte. Erst viel später war bekannt geworden, dass fast keiner der Unterzeichner, insbesondere alle Nicht-Berliner, den Text des Aufrufs gesehen hatten – sie hatten nur positiv reagiert auf eine telegraphische Anfrage, ob sie einen patriotischen Appell gegen Kriegs-Propaganda unterzeichnen würden (Ungern-Sternberg 1996, S. 23).

Der Ausschluss von den internationalen Kongressen wurde 1928 aufgehoben, bei dem wieder wirklich internationalen Mathematiker-Kongress in Bologna. Die IMU, die weiterhin am Boykott festgehalten hatte, wurde beim Kongress 1932 in Zürich aufgelöst. Sie entstand 1952 wieder, nun aber unter anderen Vorzeichen (Lehto 1998).

Von den konzeptuellen Entwicklungen der Mathematik sollen hier – neben den schon erwähnten Arbeiten zu den Grundlagen – nur zwei neue Entwicklungen angeführt werden. Die erste ist die Begründung der modernen Wahrscheinlichkeits-Rechnung, vor allem durch Andrej N. Kolmogorow (1903–1987), ab den 1930ern – bemerkenswerter Weise auch in axiomatisierter Form.

Die zweite Entwicklung mit enormer internationaler Entwicklung, zugleich erstmals für die Schulmathematik, war die Neu-Strukturierung der Mathematik durch das Bourbaki-Kollektiv. Das Kollektiv mit dem Pseudonym Nicolas Bourbaki – und sich stets mit neuen Generationen verjüngend – wurde gegründet 1934 bei einem Treffen in einem Café im Quartier Latin in Paris, von Absolventen der *École Normale Supérieure,* die mit dem dort benutzten Analysis-Lehrbuch von Édouard Goursat (1858–1936) als veraltet unzufrieden waren. Ihr Plan, ein neues Lehrbuch der Analysis zu schreiben, wandelte sich rasch zum Plan, die gesamte Mathematik insgesamt neu zu strukturieren, auf der Grundlage der Mengenlehre, und die neugefassten Disziplinen der Mathematik in einem Lehrwerk, mit dem ambitionierten Titel *Éléments de mathématiques,* zu publizieren. Als erster Band sollte daher das Buch zur Mengenlehre, *Théorie des ensembles.* erscheinen. Es erwies sich als schwierige Herausforderung. 1939 erschien als erste Publikation das *Fascicule de résultats,* als Kurzfassung. Der Band selbst ist erst 1970 erschienen. Der zweite Weltkrieg unterbrach die Arbeiten beträchtlich, aber nach dem Krieg setzte die Hauptarbeitsphase und -wirkung ein.[1] 1948 erschien der programmatische Artikel *L'Architecture des Mathématiques* (Bourbaki 1948).

Die politischen Veränderungen im Europa der Zwischenkriegszeit haben die mathematischen *communities* tiefgreifend betroffen und eine neue internationale Situation geschaffen. In drei Ländern wurde die Macht vom Faschismus übernommen: Italien (1922), Deutschland (1933) und Spanien (1939); Portugal wurde 1926 zur Diktatur. In Deutschland wurde die Mathematik sofort und am umfassendsten verändert. Nazi-Aktivisten unter den Studenten organisierten Vorlesungsboykotts, so gegen Edmund Landau (1877–1938) in Göttingen, dessen Mathematik als zu abstrakt denunziert wurde. Zahlreiche Mathematiker verloren sofort ihre Professuren; viele Mathematiker, als ‚jüdisch' gebrandmarkt, emigrierten sofort oder bald nach 1933. Das Göttinger Mathematische Institut war plötzlich radikal dezimiert und nur noch ein Schatten der bisherigen internationalen Funktion – Hermann Weyl, Richard Courant (1888–1972) und Emmy Noether (1882–1935) gingen sofort 1933 ins Exil. Und Mathematiker, die zunächst noch aufgrund der spezifischen NS-Arithmetik als ‚Halbjuden' oder ‚Vierteljuden' nicht sofort betroffen waren, wurden mit fortschreitend rigider Politik in KZ's verbracht. Felix Hausdorff (1868–1942) entging diesem Schicksal durch Freitod.[2]

[1] Die umfassendste und genaueste Analyse von Bourbaki ist die Dissertation von Liliane Beaulieu: *Bourbaki. Une histoire du groupe de mathématiciens français et de ses travaux (1934–1944).* Université de Montréal, 1990.

[2] Die Schicksale der Verfolgung und Exilierung sind dokumentiert in der Artikelserie von Max Pinl. Kollegen in einer dunklen Zeit, im *Jahresbericht der Deutschen Mathematiker-Vereinigung,* 1969, 1971 und 1972.

Die NS-Ideologie einer „arischen" oder „deutschen" Mathematik, mit anschaulichen Inhalten, und in Abgrenzung zur angeblich jüdischen abstrakten Mathematik, wurde aktiv von mehreren deutschen Mathematikern propagiert und praktiziert (Lindner 1980). Ludwig Bieberbach (1886–1982), der sich als „Führer" der deutschen Mathematiker gerierte, gründete zusammen mit Thomas Vahlen 1936 die Zeitschrift *Deutsche Mathematik,* die bis 1944 bestand. Sie publizierte „arteigene" und ideologische mathematische Artikel. In der Bundesrepublik hat später die Deutsche Forschungsgemeinschaft einen Nachdruck veranlasst: alle ideologischen, mit „Blut und Boden" getränkten Artikel sind als weiße Seiten gedruckt …

Eine vorzüglich gründliche und die Probleme von Flucht und Vertreibung konzeptionell aufarbeitende Studie ist das Buch von Reinhard Siegmund-Schultze (2009). Es hat auch die Probleme der Aufnahme in den Exil-Ländern untersucht, so die Xenophobie und Anti-Semitismus in den USA. Von 145 Exilierten erreichten 87 Nordamerika (82 USA, 5 Kanada) und 6 Südamerika. Weitere Länder waren. Palästina 10, Schweden 5, Sowjetunion 3, Schweiz 3, Australien 2, Niederlande 2, Belgien 1, Frankreich 1, Indien 1, Südafrika 1. Weitere Exil-Länder wurden wegen deutscher Besetzung oder eigenem Faschismus oder Diktatur nur zu Zwischenstationen für weitere Flucht: Polen, Jugoslawien, Tschechoslowakei, Italien, Portugal (Siegmund-Schultze 2009, S. 27 f.).

Der deutsche Faschismus war der gründlichste und systematischste in rassistischer Verfolgung von Mathematikern. In Italien wurden Rassengesetze „erst" 1938 eingeführt, beim Beginn engerer Kooperation mit Hitler-Deutschland. Mathematiker wie Tullio Levi-Cività (1873–1941), Federigo Enriques (1871–1946) und Vito Volterra (1860–1940) verloren ihre Stellen; Guido Castelnuovo (1865–1952), seit 1935 im Ruhestand, musste versteckt leben. Zahlreiche Mathematiker emigrierten ins Exil – so Beppo Levi (1875–1961) nach Argentinien und Alessandro Terracini (1889–1968), ebenfalls nach Argentinien. „Führer" der italienischen Mathematiker wurde Francesco Severi (1879–1961); während Bieberbach 1945 seiner Professur enthoben wurde und isoliert blieb, konnte Severi seine Tätigkeit nach dem Krieg fortsetzen – auch international. 1954 fungierte er als Ehren-Präsident des ICM in Amsterdam; sein eingeladener Vortrag zu der von ihm als italienischer Richtung praktizierten algebraischen Geometrie wurde von André Weil unterbrochen, der ihm mangelnde Strenge in den Beweisen nachwies.

In Spanien und in Portugal war es politische Verfolgung, die zum Exil von Mathematikern führte. Nach der Niederlage der Republik in dem vom Putsch Francos ausgelösten Bürgerkrieg und dem Sieg des Faschismus flohen zahlreiche Mathematiker, vorrangig nach Mexiko. Bekannt ist unter ihnen Marcelo Santaló Sors (1905–19) und Ricardo Vinós Santos (1888–19). Eine kleinere Anzahl floh nach Argentinien, Chile und Kolumbien; Luis Santaló (1911–2001) floh nach Argentinien und hat dort lange an Universitäten gearbeitet (Peralta 2006). In Portugal wurden mehrfach politische „Säuberungen" an den Universitäten durchgeführt, und die intensivste 1946/47. António Aniceto Ribeiro Monteiro (1907–1980) ging von Portugal 1945 ins Exil und hat bedeutende Beiträge zum Ausbau der Mathematik geleistet: zuerst in Brasilien, von

1945 bis 1949 in Rio de Janeiro, und dann bis 1975 in Argentinien. Neben Nordamerika hat Südamerika, wenngleich in geringerem Maße, von Faschismus und Krieg in Europa „profitiert".

Die Flucht so vieler Mathematiker hat die internationale Struktur der Mathematiker-*communities* grundlegend verändert. Einerseits verlor durch die Vertreibung die Mathematik in Deutschland ihre führende Position; andererseits erhielten die USA durch die Immigration nunmehr die international dominierende Stellung. Schon vor den Vertreibungen aus Deutschland war in Princeton das *Institute of Advanced Study* gegründet worden, im Jahr 1930: es wurde zum hoch-attraktiven Forschungszentrum. Und Weyl und Courant haben im Exil wesentlich dazu beigetragen, die Mathematik in den USA auszubauen. Das *[Courant] Institute of Mathematical Sciences* in New York hat dazu wesentlich beigetragen.

Im ersten Weltkrieg waren Mathematiker mehr in der Etappe beteiligt; im Zweiten Weltkrieg dagegen spielte die Mathematik eine erhebliche Rolle in der Kriegsführung aller Seiten. Beim Dechiffrieren gewannen Computer entscheidende Funktionen; deren Entwicklung wurde durch den Weltkrieg enorm vorangetrieben: Computer haben nach dem Ende des Krieges die Praxis der Mathematik grundlegend umgestaltet. Neue Disziplinen sind durch den Krieg entstanden – die Informatik verdankt ihre Entstehung dem Krieg. Der Sammelband *Mathematics and War* (2003), von Bernhelm Booß-Bavnbek und Jens Høyrup herausgegeben, analysiert die vielfachen Aspekte der neuen Beziehung zwischen Mathematik und Krieg und insbesondere die Entstehung neuer Disziplinen. Das wohl wichtigste Charakteristikum der Wirkung des Kriegs ist die grundlegend verstärkte Rolle der Anwendungen der Mathematik. Der Ausbau der Institutionen für Lehre und Forschung der Mathematik und die Vermehrung der Stellen für Mathematiker ist dieser neuen Stellung der Anwendungen geschuldet. Im 19. Jahrhundert gab es an deutschen Universitäten selten mehr als ein bis zwei Stellen für ordentliche Professoren. In der ersten Hälfte des 20. Jahrhunderts waren es weiterhin, außer in Göttingen und Berlin, zwischen zwei und drei solcher Stellen. Als 1969 die Reform-Universität Bielefeld gegründet wurde, gab es nicht nur eine eigene Fakultät für Mathematik – sie war mit 19 „H4"-Stellen ausgestattet, dem Nachfolge-Terminus für ‚Ordinarius'.

Die Mathematik wird als eine universelle Wissenschaft betrachtet, und es besteht im Allgemeinen die Überzeugung, dass es seit etwa 1950 eine effektiv internationale *community* von Mathematikern gibt. Wir haben gesehen, wie sich nach dem Sesshaft-Werden von Nomaden-Ethnien in Flusstälern Kulturen mit jeweils unabhängigen mathematischen Praktiken gebildet haben. Die Entstehung städtischer Kulturen, die im Übergang zur Eisenzeit mit neuen Techniken und Schifffahrt größere Räume in Kommunikation brachte, bewirkte, dass sich nunmehr Mathematiken über weitere Grenzen hinaus in gemeinsamen Praktiken erwiesen. Aber selbst im durch das Römische Reich „vernetzten" Mittelmeerraum bestand der Gegensatz zwischen einer griechischen deduktiven Mathematik und einer römischen praktischen Mathematik. Westeuropa übernahm zwar mit dem Ausgang des Mittelalters die aktive Rolle im Vorantreiben der Mathematik, aber – wie schon die Pluralität der Algebren in dieser Periode gezeigt hat – es bildeten sich nationale *communities* mit eigenständigen Orientierungen und Epistemologien für mathematische Praktiken – zugleich mit einem häufigen Wechsel des Zentrums mathematischer Entwicklung: von der Algebra Italiens, zur Algebra Deutschlands und dann Frankreichs – und kurzzeitig dem England Newtons in der Analysis, und wieder zurück zur Analysis in Frankreich, bis zur reinen Mathematik Preußens im 19. Jahrhundert. Auch im 19. Jahrhundert sahen wir unterschiedliche Weisen, Mathematik zu „machen" in Frankreich, Deutschland und England – später ergänzt durch Italien.

Weiterhin eigenständige Praktiken, etwa in China und Japan, sind durch Mathematik aus europäischen Ländern abgelöst worden. Mit der Übernahme einer führenden Rolle durch die Mathematik in den USA nach dem Zweiten Weltkrieg besteht der Eindruck, es werde nunmehr eine universelle Mathematik praktiziert. Gleichwohl bleibt die Frage, ob wirklich universell die Werte der griechischen deduktiven Mathematik gelten – man denke an die großen Schwierigkeiten von Srinivasa Ramanujan (1887–1920) mit seinen Schöpfungen in England, wo das Fehlen von Beweisen das Problem der Anerkennung bildete. Die Periode der Dekolonialisierung, nach dem Ende der kolonialen Beherrschung anderer Erdteile durch westliche Staaten seit den 1960er Jahren, hat in den letzten Jahren eine internationale Bewegung des Dekolonialismus initiiert, in der ein Multi-Zentrismus reflektiert wird.

Die Frage nach einer universellen Mathematik oder nach einem Multi-Zentrismus bleibt hier offen; sie kann nicht aus der historischen Reflexion beantwortet werden.

9.1 Aufgabe

Sie ist aber dem Leser gestellt: Bilde Dir eine Meinung dazu, insbesondere durch Lektüre von Publikationen über *Decolonisation*! Und diskutiere Deine Meinung mit Freunden, Kommilitonen, Kollegen!

Liste der Abbildungen, für die eine Nachdruck-Genehmigung erforderlich war

Hier sind nur die Abbildungen aufgeführt, für die eine Genehmigung der Reproduktion durch den Verlag oder durch den Urheber aufgrund der copyright-Vorschriften einzuholen war. Ich danke den Verlagen und den Urhebern für die erteilten Genehmigungen.

Abb. 1.1. Genehmigung vom Springer-Verlag für Abb. 1.1.2 aus Wußing (2008), S. 9.

Abb. 1.2. Das Original befindet sich im Muséum des sciences naturelles, Brüssel. Das Bild in Wußing (2008), Abb. 1.1.4 auf Seite 11, ist eine Bearbeitung der Abbildung aus Huylebrouck (2006), S. 13, auf der Grundlage des Bildes im Muséum. Nachdruck mit freundlicher Genehmigung des Institut royal des Sciences naturelles de Belgique.

Abb. 1.4. Stonehenge im Juli 2008. Autor: Operarius. Wikimedia Commons Public Domain.

Abb. 1.5. Original der Himmelsscheibe von Nebra im Landesmuseum für Vorgeschichte, Halle/Saale. Mit freundlicher Genehmigung des Landesmuseums für die Reproduktion des Fotos.

Abb. 1.6. Plain tokens. Mesopotamia, present day Iraq, ca. 4000 BC, courtesy Denise Schmandt-Besserat.

Abb.1.7, 1.8 und 1.9 aus Nissen et al. (1993), S. 62, 64 und 177. Copyright dieser Zeichnungen bei den Autoren; mit freundlicher Genehmigung von Hans J. Nissen (Mannheim).

Abb. 2.1, 2.2, 2.3 und 2.4 aus Gerdes (1993), S. 22, 23, 192 und 147. Copyright Paulus Gerdes; mit freundlicher Genehmigung seiner Witwe Dulce Stela dos Santos.

Abb. 2.5 und Abb. 2.6. Genehmigung vom Springer-Verlag für die Graphik aus Wußing (2008), S. 115.

© Der/die Herausgeber bzw. der/die Autor(en), exklusiv lizenziert durch Springer Nature Switzerland AG 2021

G. Schubring, *Geschichte der Mathematik in ihren Kontexten,* Mathematik Kompakt, https://doi.org/10.1007/978-3-030-69483-8

Abb. 2.10. Kimbell Art Museum, Fort Worth (Texas/USA). Wikimedia Commons Public Domain.

Abb. 2.11. Figur 14 aus Cauty (2017), S. 68). Urheber: der Autor. Nachdruck mit seiner freundlichen Genehmigung.

Abb. 2.12a. Nachdruck mit freundlicher Genehmigung von Jetser Carasco aus: wikipedia:https://www.basic-mathematics.com/mayan-numeration-system.html.

2.12b: Genehmigung vom Springer-Verlag für die Graphik aus Wußing (2008), S. 31.

Abb. 2.13. Figur 35 aus Cauty (2017), S. 97. Urheber: der Autor. Nachdruck mit seiner freundlichen Genehmigung.

Abb. 3.1. Genehmigung vom Springer-Verlag für die Figur 3.1 aus Bernard et al. (2014), S. 28.

Abb. 3.2. Genehmigung von Princeton University Press für die Figur 4.4 aus Robson (2003), S. 98.

Abb. 3.3. Genehmigung vom Springer-Verlag für Figur 14 aus Britton et al. (2011), S. 564.

Abb. 3.4. Genehmigung von Jorge Zahar Editor (São Paolo/Brasilien) für die Abbildung 8 in Roque (2012), S. 75, sowie von der Autorin Tatiana Roque und der Illustratorin Aline Bernardes.

Abb. 3.5. Genehmigung vom Springer-Verlag für die Tabelle 4.1 aus Volkov 2014, S. 61)

Abb. 3.6. Genehmigung vom Springer-Verlag für die Graphik aus Wußing (2008), S. 53.

Abb. 3.7. Genehmigung vom Springer-Verlag für die Figur 2 aus Chen (2018), S. 246.

Abb. 4.1: Tabelle aus Grattan-Guinness (1997), S. 43. Urheber: der Autor. Nachdruck mit freundlicher Genehmigung der Nachlassverwalter Karen H. Parshall und Adrian Rice.

Abb. 4.2. Genehmigung vom Hans Carl-Verlag, dem Inhaber der Rechte auch für die englische Ausgabe bei Harvard University Press, für die Tabelle in Burkert (1972), S. 51.

Abb. 4.3, 4.4 und 4.5. Genehmigung von Jorge Zahar Editor (São Paolo/Brasilien) für die Figuren 1, 7 und der Abbildung 2 aus Roque (2012), S. 105, 113 und 118), sowie von der Autorin Tatiana Roque und der Illustratorin Aline Bernardes.

Abb. 4.6b: Manuskript MS. Thurston 11; mit freundlicher Genehmigung der Bodleian Libraries, Oxford.

Abb. 4.7. Genehmigung vom Springer-Verlag für die Graphik aus Artmann (1988), S. 134).

Abb. 4.8 a und b. Urheber der Graphiken 4a und 4b sind die Autorinnen Jeanne Peiffer und Amy Dahan-Dalmedico (1994). Ich danke Jeanne Peiffer für die freundlich erteilte Genehmigung.

Abb. 4.9. Genehmigung von Jorge Zahar Editor (São Paolo/Brasilien) für die Abbildung 4 aus Roque (2012), S. 168, sowie von der Autorin Tatiana Roque und der Illustratorin Aline Bernardes.

Abb. 4.11. Genehmigung vom Wiley-Verlag für die Graphik aus van der Waerden 1963, S. 197.

Abb. 4.12. Wikimedia Commons Public Domain; mit freundlicher Genehmigung des Fotografen William A. Casselmann.

Abb. 5.1. Privatbesitz Herr Mongi Bessi (Djerba, Tunesien). Ich danke Herrn Bessi für die freundlich erteilte Autorisierung der Reproduktion aus dem Djerba-Manuskript.

Abb. 5.4 und Abb. 5.5 aus Abdeljaouad (2005), S. 59 und S. 60, mit freundlicher Genehmigung von Mustapha Ourahay für die École Normale Supérieure in Marrakech (Marokko).

Abb. 5.6 aus Abdeljaouad 2011a), S. 28, mit freundlicher Genehmigung von Taoufik Charrada, Präsident der Association Tunisienne des Sciences Mathématiques.

Abb. 6.8. Genehmigung vom Springer-Verlag für den Abschnitt aus Seltman & Goulding (2007), S. 51.

Literatur

Abdeljaouad, Mahdi (1981). Vers une épistémologie des décimaux. *Fragments d'histoire des mathématiques. Brochures d'APMEP*, no. 41, 69–97.

Abdeljaouad, Mahdi (2005). Le manuscrit mathématique de Jerba: Une pratique des symboles algébriques maghrébins en pleine maturité. In *Actes du Septième Colloque Maghrébin sur l'Histoire des Mathématiques Arabes 2002*, Vol. 2. Marrakech: ENS Marrakech, pp. 9–98.

Abdeljaouad, Mahdi (2005). *Les arithmétiques arabes – 9ème – 15ème siècles*. Tunis: Ibn Zeldoun. [2005a]

Abdeljaouad, Mahdi (2011). La circulation des symboles mathématiques maghrébins entre l'Occident et l'Orient musulmans. *Actes du 9e Colloque maghrébin sur l'histoire desmathéamtiques árabes*. Imprimérie Fasciné: Alger, 7–35.

Abdeljaouad, Mahdi (2011). Seker-Zade (m. 1787): Le témoin le plus tardif faisant un usage vivant des symboles mathématiques maghrébins inventés au XIIe siècle. In *Actes du Dixième Colloque Maghrébin sur l'Histoire des Mathématiques Arabes 2010*. Tunis: Association Tunisienne des Sciences Mathémariques, 1–20. [2011a]

Abdeljaouad, Mahdi (2012). Teaching European mathematics in the Ottoman Empire during the eighteenth and nineteenth centuries: between admiration and rejection. *ZDM The International Journal of Mathematics Education* 42: (3–4), (483–498).

Amadeo, Marcello (2018). Textbooks revealing the development of a concept – the case of the number line in the analytic geometry (1708–1829). *ZDM Mathematics Education* 50 (5): 907–920.

Artmann, Benno (1988). Über voreuklidische 'Elemente der Raumgeometrie' aus der Schule des Eudoxos. *Archive for History of Exact Sciences* 27: 121–135.

Ausejo, Elena & Mariano Hormigón (eds.) (1993). *Messengers of Mathematics. European mathematical journals (1800–1946)*. Madrid: Siglo XXI de España Ed.

Bernard, Alain, Christine Proust & Micah Ross (2014). Mathematics Education in Antiquity. In: Alexander Karp & Gert Schubring (eds.), *Handbook on the History of Mathematics Education*. New York: Springer, 27–53.

Boncompagni, Baldassare (1851). Della vita e delle opere di Gherardo cremonese. *Atti dell'Accademia Pontifica de' Nouvi Licei*. Sessione 24 Giugno 1851.

Booß-Bavnbek, Bernhelm & Jens Høyrup (2003). *Mathematics and War*. Basel: Birkhäuser.

Bos, Henk & Karin Reich (1990). Der doppelte Auftakt zur frühneuzeitlichen Algebra: Viète und Descartes. In Erhard Scholz (Ed.), *Geschichte der Algebra: eine Einführung*. Mannheim: BI-Wissenschafts-Verlag, 183–234.

© Der/die Herausgeber bzw. der/die Autor(en), exklusiv lizenziert durch Springer Nature Switzerland AG 2021

G. Schubring, *Geschichte der Mathematik in ihren Kontexten,* Mathematik Kompakt, https://doi.org/10.1007/978-3-030-69483-8

Bourbaki, Nicolas (1948). L'Architecture de Mathématiques. In: Le Lionnais, François (éd.), *Les grands courants de la pensée mathéamtique*. Paris: Blanchard, 35–47.

Brentjes, Sonia (2014). Teaching the Mathematical Sciences in Islamic Societies – Eighth-Seventeenth Centuries. In: Alexander Karp & Gert Schubring (eds.), *Handbook on the History of Mathematics Education*. New York: Springer, 85–107.

Britton, John P., Christine Proust & Steve Shnider (2011). Plimpton 322: a review and a different perspective. *Archive for History of Exact Sciences* 65: 519–566.

Burkert, Walter (1962). *Weisheit und Wissenschaft*. Nürnberg: Hans Carl.

Burkert, Walter (1972). *Lore and Science*. Cambridge/Mass.: Harvard Univ. Press.

Cajori, Florian (1991). *A History of Mathematics*. New York: Chelsea.

Cauty, André (2017). *Mayas. Une forêt de chiffres pour [ra]compter*. Paris: Harmattan.

Chemla, Karine & Gua Shuchun (2005). *Les Neuf Chapitres,* le classique mathématique de la Chine ancienne et ses commentaires. Paris: Dunod.

Chemla, Karine (2012). Historiography and history of mathematical proof: a research programme. In: Karine Chemla (ed.), *The History of Mathematical Proof In Ancient Traditions*. Cambridge: Cambridge Univ. Press, 1–68. [2012a]

Chemla, Karine (2012). Reading proofs in Chinese commentaries: algebraic proofs in an algorithmic context In: Karine Chemla (ed.), *The History of Mathematical Proof In Ancient Traditions*. Cambridge: Cambridge Univ. Press, 423–486. [2012b]

Chen, Yifu (2018). *The Education of Abacus Addition in China and Japan Prior to the Early 20th Century*. In: Alexej Volkov & Viktor Freiman (eds.), Computations and Computing Devices in Mathematics Education Before the Advent of Electronic Calculators (New York: Springer 243–264.

Clagett, Marshall (1970). Archimedes. In: Charles C. Gillispie (ed.), *Dictionary of Scientific Biography*, vol. I. New York: Scribner, 213–231.

Clavius, Christopher (1608). *Algebra*. Romae: B. Zannettus.

Closs, Michael (1994) Maya mathematics, In *Companion Encyclopedia of the History and Philosophy of the Mathematical Sciences*, Volume 1, ed. Ivor Grattan-Guinness (London and New York: Routledge 1994), 143–149.

Condillac. Étienne Bonnet de (1981). *La Langue des Calculs*. Texte établi et présenté par Anne-Marie Chouillet. Introduction et Notes par Sylvain Auroux (Lille: Presses Universitaires de Lille, 1981).

Coxeter, Harold S.M. (1942). *Non-Euclidean geometry*. Toronto: The University of Toronto Press.

Crousaz, Jean-Pierre (1721). *Commentaire sur l'Analyse des Infiniment Petits*. Paris: Montalant.

Czwalina, (1923). *Die Quadratur der Parabel und Über das Gleichgewicht ebener Flächen oder über den Schwerpunkt ebener Flächen*. Leipzig: Akademische Verlags-Gesellschaft.

Danino, Michel (2008). New Insights into Harappan Town-Planning, Proportions, and Units, with Special Reference to Dholavia. *Man and Environment* 33 (1): 66–79.

Dauben, Joseph W. (2002). *The Universal History of Numbers* and *The Universal History of Computing*. Reviewed. *Notices of the AMS*, vol. 49, no. 1, 32–38 & vol. 49, no. 2, 211–216.

Descartes, René (1637). *Discours de la méthode pour bien conduire sa raison et chercher la vérité dans les sciences/, plus la dioptrique, les météores et la géométrie qui sont des essais de cette méthode*. Leyden: Ian Maire.

Drachmann, A. G. & Michael Mahoney (1972). Heron of Alexandria. In: Gillispie, C. G. (ed.), *Dictionary of Scientific Biography*, vol. 6. New York: Charles Scribner & Sons, 310–315.

El-Abbadi, Mostafa (1990). *The life and fate of the ancient Library of Alexandria*. Paris. UNESCO.

Euklid (1991). *Die Elemente*. Nach Heibergs Text übersetzt und hrsg. von Clemens Thaer. Darmstadt: Wissensch. Buchgesellschaft.

Euler, Leonhard (1790). *Vollständige Anleitung zur Differenzial-Rechnung*. Aus dem Lateinischen übersetzt und mit Anmerkungen und Zusätzen begleitet von Johann Andreas Christian Michelsen. Bänd 1 (Berlin und Libau: Lagarde und Friedrich, 1790).

Eves, Howard (1969). *An introduction to the History of Mathematics*. New York: Holt, Rinehart & Winston.

Forman, Paul (1971). Weimar Culture, Causality and Quantum Theory, 1918-1927: Adaptation by German Physicists and Mathematicians to a Hostile Intellectual Environment, *Historical Studies in the Physical Sciences*, 3: 1–115.

Fowler, David (1987). *The Mathematics of Plato's Academy*. Oxford: Oxford Univ. Press.

Fried, Michael & Sabetai Unguru (2001). *Apollonius of Perga's Conica: text, context, subtext*. Leiden: Brill.

Gaukroger, Stephen (1995). *Descartes – An Intellectual Biography*. Oxford: Oxford University Press.

Gauß, Carl Friedrich (1876). *Werke, Band. II.* Göttingen, Königl. Gesellschaft der Wissenschaften.

Gauß, Carl Friedrich (1873). *Werke, Band IV.* Göttingen: Königl. Gesellschaft der Wissenschaften.

Gauß, Carl Friedrich (1917). Fragen zur Metaphysik der Mathematik. In: Gauß, *Werke*, Band. X, 1. Abteilung. Leipzig: Teubner, 396–397.

Gerdes, Paulus (1993). *A Numeracão em Moçambique, contribuição para uma reflexão sobre cultura, língua e educação matemática*. Maputo, Imprensa Globo.

Giesecke, Michael (1991). *Der Buchdruck in der frühen Neuzeit*. Frankfurt: suhrkamp.

Gonçalves, Carlos & Claudio Possani (2009). Revisitando a descoberta dos incomensuráveis na Grécia antiga. *Revista Matemática Universitária* 47: 16–24.

Goulding, Robert (2010). *Defending Hypatia. Ramus, Savile, and the Renaissance Rediscovery of Mathematical History*. Dordrecht: Springer.

Graßmann, Hermann Günther (1844). *Die Wissenschaft der extensiven Grösse, oder die Ausdehnungslehre, eine neue mathematische Disciplin, [...]. Erster Theil, die linealeAusdehnungslehre enthaltend*. Leipzig: Wigand.

Graßmann, Hermann Günther (1861). *Lehrbuch der Arithmetik*. Berlin: Enslin.

Grattan-Guinness, Ivor (1997). *The Fontana History of the Mathematical Sciences. The Rainbow of Mathematics*. London: Fontana Press.

Guerreiro, M. Viegas (1966). *Os Macondes de Moçambique: sabedoria, língua, literatura e jogos*, Lisboa.

Guicciardini, Nicolò (1989). *The development of Newtonian Calculus in Britain, 1700–1800*. Cambridge: Cambidge Univ. Press.

Gutas, Dimitri (1998). *Greek Thought, Arabic Culture. The Graeco-Arabic Translation Movement in Baghdad and Early 'Abbasid Society (2nd-4th/8th-10th centuries.)* London: Routledge.

Hasse and Scholz, (1928). Helmut Hasse Heinrich Scholz 1928 Die Grundlagenkrisis der griechischen Mathematik. Kant-Studien 33 (1–2): 4–34.

Heath, Thomas L. (1908). *The Thirteen books of Euclid's Elements*. Vol. 1. Cambridge: at the University Press.

Herodot. *Historien* 1. Bücher I bis V, griechisch-deutsch. Hrsg. Josef Feix. München: Heimeran.

Hilbert, David (1899). *Grundlagen der Geometrie. Festschrift zur Feier der Enthüllung des Gauss-Weber-Denkmals in Göttingen*. Herausgegeben von dem Fest-Comitee. I. Theil. Leipzig: Teubner.

Hogendijk, Jan (1985). Review: Books IV to VII of Diophantus' *Arithemtica* in the Arabic Translation attributed to Qusta ibn Luqa. *Historia Mathematica* 12: 82–90.

Hogendijk, Jan (1994). Pure mathematics in Islamic civilization. In: Ivor Grattan-Guinness (ed.), *Companion Encyclopedia of the History and Philosophy of the Mathematical Sciences*. Vol. 1 (pp. 70–79). London: Routledge.

Høyrup, Jens (1988). *Jordanus de Nemore, 13th Century Mathematical Innovator*. An Essay on Intellectual Context, Achievement and Failure. *Archive for History of Exact Sciences* 38(4), 307–363.

Høyrup, Jens (2002). *Lengths, Widths, Surfaces – A Portrait of Old Babylonian Algebra and Its Skin*. New York: Springer.

Høyrup, Jens (2012). Mathematical justification as non-conceptualized practice: the Babylonian example. In: Karine Chemla (ed.), *The History of Mathematical Proof In Ancient Traditions*. Cambridge: Cambridge Univ. Press, 362–383.

Høyrup, Jens (2014). Mathematics Education in the European Middle Ages. In: Alexander Karp & Gert Schubring (eds.), *Handbook on the History of Mathematics Education*. New York: Springer, 109–124.

Høyrup, Jens (2014a). Fibonacci – Protagonist or Witness? Who Taught Catholic Christian Europe about Mediterranean Commercial Arithmetic? *Journal of Transcultural Studies, 1 (2)*, 219–247.

Høyrup, Jens (2019). From the Practice of Explanation to the Ideology of Demonstration: An Informal Essay. In: Gert Schubring (ed.). *Interfaces between Mathematical Practices and Mathematical Education*. New York: Springer, 27–46.

Huylebrouck, Dirk (2006). Afrika, die Wiege der Mathematik', *Ethnomathematik, Spektrum der Wissenschaft* Heft 2:10–15.

Huylebrouck, Dirk (2019). *Africa and Mathematics. From Colonial Findings back to the Ishango Rods*. Cham: Springer Nature.

Imhausen, Annette (2003). Egyptian Mathematical Texts and Their Contexts. *Science in Context* 16: 367–389.

Joseph, George Gheverghese (1991). *The crest of the peacock: non-European roots of mathematics*. London:Tauris.

Katz, Victor & Karen Parsall (2015). *Taming the Unknown. A History of Algebra from Antiquity to the Early Twentieth Century*. Princeton University Press.

Keller, Agathe (2014). Mathematics Educaton in India. In: Alexander Karp & Gert Schubring (eds.), *Handbook on the History of Mathematics Education*. New York: Springer, 70–83.

King, David A. (1987). *Islamic astronomical instruments*. London: Variorum repr.

Klein, Felix (1871). Über die sogenannte Nicht-Euklidische Geometrie. *Mathematische Annalen* 4: 573–625.

Knobloch, Eberhard, Herbert Pieper & Helmut Pulte (Hsrg.) (1995). "...das Wesen der reinen Mathematik verherrlichen". *Mathematische Semesterberichte* 42:99–132

Knorr, Wilbur (1986). *The Ancient Tradition of Geometric Problems*. Boston- Basel-Stuttgart, Birkhäuser

Knorr, Wilbur (1996). The Wrong Text of Euclid: On Heiberg's Text and its Alternatives. *Centaurus, 36 (2–3)*, 208–276.

Lay-Yong, Lam & Ang Tian-Se, "The earliest negative numbers: how they emerged from a solution of simultaneous linear equations," *Archives internationales d'histoire des sciences*, 1987, *37*: 222–262.

Lamrabet, Driss (2020). *Introduction à l'histoire des mathématiques maghrébines*. 3ème édition. Privatdruck (über Amazon). [erste Auflage 1994]

Lehto, Olli (1998). *Mathematics Without Borders: A History of the International Mathematical Union*. New York: Springer.

Lietzmann, Walther (1919). *Methodik des Mathematikunterrichts. Band I: Organisation, allgemeine Methode und Technik des Unterrichts*. Leipzig: Quelle & Meyer.

Lindner, Helmut (1980). „Deutsche" und „gegentypische" Mathematik. Zur Begründung einer „arteigenen" Mathematik im „Dritten Reich" durch Ludwig Bieberbach. In: Mehrtens, Herbert

& Steffen Richter (Hrsg.), *Naturwissenschaft, Technik und NS-Ideologie. Beiträge zur Wissenschaftsgeschichte des Dritten Reiches*. Frankfurt: suhrkamp, 88–115.

Lorey, Wilhelm (1916). *Das Studium der Mathematik an den deutschen Universitäten seit Anfang des 19. Jahrhunderts*. Leipzig: Teubner.

Lüneburg, Heinz (2008). *Von Zahlen und Größen*. Band 1. Basel: Birkhäuser.

MacLaurin, Colin (1742). *A Treatise of Fluxions*. Edinburgh: Ruddimans.

Makdisi, George (1981). *The Rise of Colleges. Institutions of Learning in Islam and the West*. Edinburgh: Edinburgh Univ. Press.

Martzloff, Jean-Claude (2006). *A History of Chinese Mathematics*. Berlin: Springer.

Menninger, Karl (1934). *Kulturgeschichte der Zahlen*. Breslau: Hirt.

Merton, Robert K. (1938). Science, Technology and Society in Seventeenth Century England. *Osiris* 4, 1938, 360–632.

Meskens, Ad (2010). *Travelling Mathematics - The Fate of Diophantos' Arithmetic*. Basel: Birkhäuser.

Moyon, Marc (2007). La tradition algébrique arabe du traité d'Al-Khwârizmî au Moyen Âge latin et la place de la géométrie. In E. Barbin & D. Bénard (eds.) *Histoire et enseignement des mathématiques*. Paris: INRP, 289–318.

Murata, Tamotsu (1994). Indigenous Japanese Mathematics: *wasan*. In: Ivor Grattan-Guinness (ed.), *Companion Encyclopedia of the History and Philosophy of the Mathematical Sciences*. Vol. 1 (pp. 104–110). London: Routledge.

Needham, Joseph (1959). *Science and Civilisation in China*. Vol. 3: *Mathematics and the sciences of the heavens and the earth*. Cambridge: Cambridge Univ. Press.

Needham, Joseph (2004), *Science and Civilisation in China*. Vol. VII: 2. Cambridge: Cambridge Univ. Press.

Nesselmann, Georg Heinrich Ferdinand (1842). *Versuch einer kritischen Geschichte der Algebra; nach den Quellen bearbeitet. Teil 1. Die Algebra der Griechen*. Berlin: Reimer.

Netz, Reviel (2003). *The shaping of deduction in Greek mathematics – a study in cognitive history*. Cambridge: Cambridge Univ. Press.

Netz, Reviel & William Noel (2011). *The Archimedes Codex*. Cambridge: Cambridge Univ. Press.

Neugebauer, Otto (1932). Studien zur Geschichte der antiken Algebra, *Quellen und Studien zur Geschichte der Mathematik, Astronomie und Physik*, 2:1–27.

Neugebauer, Hans & Abraham J. Sachs (1945). *Mathematical Cuneiform Texts*. New Haven, Conn., Pub. jointly by the American Oriental society and the American schools of Oriental research.

Nissen, Hans J., Peter Damerow, & Robert K. Englund. ***Frühe Schrift und Techniken der Wirtschaftsverwaltung im alten Vorderen Orient:*** *Informationsspeicherung und -verarbeitungvor 5000 Jahren*. Bad Salzdetfurth: Franzbecker, 1993.

Oaks, Jeffrey A. (2012). Algebraic Symbolism in Medieval Arabic Algebra. *Philosophica* 87: 27–83.

Peiffer, Jeanne & Amy Dahan-Dalmedico (1994). *Wege und Irrwege: eine Geschichte der Mathematik*. Darmstadt: Wissensch. Buchgesellschaft.

Peletier, Jacques du Mans (1554). *L'Algèbre, departie an deus Liures*. Lion: Ian de Tournes.

Peralta, Javier (2006). Sobre el Exilio da la Guerra Civil Española. *Revista de História Contemporánea*, no. 6. [online]

Pieper, Herbert (1987). *Briefwechsel zwischen Alexander von Humboldt und Carl Gustav Jacob Jacobi*. Berlin: Akademie-Verlag.

Platon (1888). *The Republic of Plato*; transl. into English, with introduction, analysis, and index by Benjamin Jowett. Oxford: Clarendon Press.

Poincaré, Henri (1899). La logique et l'intuition dans la science mathématique et dans l'enseignement mathématique. *L'Enseignement Mathématique* 1: 157–162.

Proust, Christine (2014). Does a master always write for his students? Some evidence from Old Babylonian scribal schools. In: Alain Bernard & Christine Proust (eds.), *Scientific sources and Teaching Contexts Throughout History: Problems and Perspectives*. New York: Springer, 69–94.

Proust, Christine (2019). Foundations of mathematics buried in school garbage (Southern Mesopotamia, early second millennium BCE). In: Gert Schubring (ed.). *Interfaces between Mathematical Practices and Mathematical Education*. New York: Springer, 1–26.

Radford, Luis (1997). L'invention d'une idée mathématique: la deuxième inconnue en algèbre, *Repères* (Revue des Instituts de Recherche sur l'Enseignement des Mathématiques), juillet 1997, 28: 81–96.

[Ramus, Petrus] (1560). *Algebra*. Paris: Andrea Wechel.

Ramus, Petrus (1569). *Scholarum mathematicarum libri unus et triginta*. Basileae: N. Espiscopius.

Ramus, Petrus (1586). *Arithmetices Libri Duo, et Algebrae totidem*; à Lazaro Schonero emendati et explcati. Francofurdi, apud heredes Andreae Wecheli.

Reichardt, Hans (1985). *Gauß und die Anfänge der nicht-euklidischen Geometrie*. Teubner: Leipzig.

Ries, Adam (1992). *Coß. Faksimile*. Editieert und kommentiert: Wußing, Hans & Wolfgang Kaunzner. Teubner: Stuttgart.

Risi, Vincenzo (2016). The development of Euclidean axiomatics. *Archive for History of Exact Sciences* 70: 591–676.

Robson, Eleanor (2001). Neither Sherlock Holmes nor Babylon: A Reassessment of Plimpton 322. *Historia Mathematica* 28: 167–206.

Robson, Eleanor (2008). *Mathematics in Ancient Iraq*. Princeton, NJ: Princeton University Press.

Roero, Claudia Silvia (1994). Egyptian Mathematics. In: Ivor Grattan-Guinness (ed.), *Companion Encyclopedia of the History and Philosophy of the Mathematical Sciences*. Vol. 1 (pp. 30–45). London: Routledge.

Rommevaux, Sabine, Ahmed Djebbar & Bernard Vitrac (2001). Remarques sur l'histoire du Texte des Éléments d'Euclide. *Archive for History of Exact Sciences* 55: 221–295.

Rommevaux, Sabine et al. (eds.) (2012). *Pluralité de l'Algèbre à la Renaissance*. Paris: Honoré Champion.

Roque, Tatiana (2012). *História da Matemática – Uma visão crítica, desfazendo mitos e lendas*. Rio de Janeiro: Zahar.

Rouse Ball, Walter W. (1889). *A History of the study of Mathematics at Cambridge*. Cambridge: at the University Press.

Rosenfeld, Boris A. & Ekmeleddin Ihsanoglu (2003). *Mathematicians, Astronomers, and other scholars of Islamic civilization and their works (7th to 19th c.)*. Istanbul: Research Center for Islamic History, Art and Culture.

Rudolff, Christoff (1525). *Behend unnd Hübsch Rechnung durch die kunstreichen regeln Algebre – so gemeinicklich die Coß genennt werden*. Argentorati [Strasbourg]: Jung.

Rüegg, Walter (1992). *A History of the University in Europe*. Vol. 1. Universities in the Middle Ages. Cambridge: Cambridge Univ. Press.

Rüegg, Walter (1996). *A History of the University in Europe*. Vol. 2. Universities in early modern Europe (1500–1800). Cambridge: Cambridge Univ. Press

Sabra, Abdelhamid I. (19987). The Appropriation and Subsequent Naturalization of Greek Science in Medieval Islam: A Preliminary Statement. *History of Science* 25: 223–243.

Saidan, A. S. (übers. u. hrsg.) (1978). *The arithmetic of al-Uqlidisi. The story of Hindu-Arabic arithmetic as told in 'Kitab al-fusul fi al-hisab al-Hindi' Damascus, A.D. 952/3*. Boston, Mass.: Reidel.

Saito, Ken (2006). A preliminary study in the critical assessment of diagrams in Greek mathematical works. *SCIAMVS* 7: 81–144.

Sayılı, Aydın (1960). *The Observatory in Islam and its place in the general history of the Observatory*. Ankara: Türk Tarih Kurumu Basımevi.

Schmandt-Besserat, Denise (1996). *How Writing Came About*. Austin: University of Texas Press.

Schmidl, Marianne (1915), Zahl und Zählen in Afrika, *Mitteilungen der Anthropologischen Gesellschaft*, Wien 35(3): 165–209.

Schneider, Ivo (2013). The Archimedes Palimpsest (Review of Netz 2011). *Historia Mathematica* 40: 84–89.

Schöner, Christoph (1994). *Mathematik und Astronomie an der Universität Ingolstadt im 15. und 16. Jahrhundert*. Berlin: Duncker & Humblot.

Schooten Jr., Frans van (1659). *Renati Des-Cartes Geometria. Editio secunda. Multis accessionibus exornata, et plus aleram sui parte adaucta*. Amstelaedami: Ludovicum & Daniclem Elzevirios.

Schooten Jr., Frans van (1659). *Principia Matheseos Vniversalis, sev Introductio ad Geometriae Methodum Renati Des Cartes. Editio secunda*. Amstelaedami: Ludovicum & Daniclem Elzevirios.

Schreiber, Peter (1987). *Euklid*. Leipzig: Teubner.

Schubring, Gert (1984). Essais sur l'histoire de l'enseignement des mathématiques, particulièrement en France et en Prusse. *Recherches en Didactique des Mathématiques* 5: 343–385.

Schubring, Gert (1991). *Die Entstehung des Mathematiklehrerberufs im 19. Jahrhundert. Studien und Materialien zum Prozeß der Professionalisierung in Preußen (1810-1870)*. Zweite, korrigierte und ergänzte Auflage. Weinheim: Deutscher Studien Verlag.

Schubring, Gert (1991). Spezialschulmodell versus Universitätsmodell: Die Institutionalisierung von Forschung. In: Schubring, Gert (Hrsg.), *'Einsamkeit und Freiheit' neu besichtigt*. Stuttgart: Franz Steiner Verlag, 276–326. [1991a]

Schubring, Gert (1992). *Die Mathematiker, Astronomen und Physiker an der Universität Jena [1558–1914]*. Kommentierte Edition des Manuskripts von Fritz Chemnitius (1930). München: Institut für die Geschichte der Naturwissenschaften.

Schubring, Gert (1995). Differences in the Involvement of Mathematicians in the Political Life in France and in German. *Bollettino di Storia delle Scienze Matematiche, 15*: 61–83. [Errata: ibid., 1996: *16*]

Schubring, Gert (1996). Changing cultural and epistemological views on mathematics and different institutional contexts in 19th century Europe. In Catherine Goldstein, Jeremy Gray, Jim Ritter (eds.), *L'Europe mathématique – Mythes, histoires, identités. Mathematical Europe – Myths, History, Identity*. Paris: Éditions de la Maison des Sciences de l'Homme, 361–388

Schubring, Gert (2000). Recent research on institutional history of science and its application to islamic civilization. In Ekmeleddin Ihsanoglu, Feza Günergun (eds.), *Science in Islamic Civilisation*. Istanbul: Research Centre for Islamic History, Art and Culture, 19–36.

Schubring, Gert (2000). Kabinett – Seminar – Institut: Raum und Rahmen des forschenden Lernens. *Berichte zur Wissenschaftsgeschichte 23*: 269–285 [2000a]

Schubring, Gert (2001). Argand and the early work on graphical representation: New sources and interpretations. In Jesper Lützen (ed.), *Around Caspar Wessel and the Geometric Representation of Complex Numbers*. Proceedings of the Wessel Symposium at The Royal

Danish Academy of Sciences and Letters, Copenhagen, August 11–15 1998: Invited Papers. Matematisk-fysiske Meddelelser 46:2. C. A. Reitzel: Copenhagen, 125–146.

Schubring, Gert (2002). Aspetti istituzionali della matematica", *Storia della scienza*, ed. Sandro Petruccioli, Vol. VI: *L'Etá dei Lumi* (Roma: Istituto dell'Enciclopedia Italiana, 2002), 366–380.

Schubring, Gert (2003). *Análise Histórica de Livros de Matemática. Notas de Aula.* Campinas: Editora Autores Associados.

Schubring, Gert (2004). *Le Retour du Réfoulé. Der Wiederaufstieg der synthetischen Methode an der École Polytechnique.* Reihe Algorismus, No. 46. Augsburg: Erwin Rauner.

Schubring, Gert (2005). *Conflicts between Generalization, Rigor and Intuition. Number Concepts Underlying the Development of Analysis in 17th-19th Century France and Germany.* Sources and Studies in the History of Mathematics and Physical Sciences. New York: Springer.

Schubring, Gert (2007). Documents on the mathematical education of Edmund Külp (1800–1862), the mathematics teacher of Georg Cantor. *ZDM The International Journal for Mathematics Education 39*: 107–118.

Schubring, Gert (2007). Hüseyin Tevfik Pasha – the Inventor of 'Linear Algebra'"/ "Hüesyin Tefvik Paa: 'Lineer Cebir'in Mucidi", *Studies in Ottoman Science (Osmanli Bilimi Aratirmalari)*, 2007, VIII: Nr. 2, 43–48/49–54. [2007a]

Schubring, Gert (2009). The way from the combinatorial school to the reception of the Weierstrassian analysis. In: Gian Paolo Brizzi, Maria Gioia Tavoni (Hrsg.), *Dalla pecia all'e-book. Libri per l'Università: stampa, editoria, circolazione e lettura.* Bologna: CLUEB, 2009, 431–442.

Schubring, Gert (2015). From the Few to the Many: On the Emergence of *Mathematics for All. Recherches en didactique des mathématiques* 35: 2, 222–260.

Schubring, Gert (2017). Searches for the origins of the epistemological concept of model in mathematics. *Archive for History of Exact Sciences 71: 3*, 245–278.

Schubring, Gert & Tatiana Roque (2014). O papel da régua e do compasso nos Elementos de Euclides: uma prática interpretada como regra. *História Unisinos* 18: 1, 91–103.

Scriba, Christoph & Peter Schreiber (2004). *5000 Jahre Geometrie. Geschichte – Kulturen – Menschen.* 2. Aufl. Berlin: Springer.

Seltman, Muriel & Robert Goulding (2007). Thomas Harriot's Artis Analyticae Praxia. An English Translation with Commentary. New York: Springer.

Sesiano, Jacques (1982). *Books IV to VII of Diophantus' Arithmetica in the Arabic Translation Attributed to Qusta ibn Lûqa.* New York: Springer.

Sesiano, Jacques (1985). The appearance of negative solutions in Medieval Mathematics. *Archive for History of Exact Sciences*, 1985, *32*: 105–150.

Sezgin, Fuat (1967–2015). *Geschichte des arabischen Schrifttums.* 17 Bände. Institut für Geschichte der Arabisch-Islamischen Wissenschaften: Frankfurt/M.

Siegmund-Schultze, Reinhard (2009). *Mathematicians Fleeing from Nazi Germany. Individual Fates and Global Impact.* Princeton: Princeton Univ. Press.

Smith, David E. & Yoshio Mikami (1914). *A History of Japanese Mathematics.* Chicago: Open Court.

Sourdel, D. (1960). Bayt-al-Hikma. In *Encyclopaedia of Islam.* New Edition. Vol. I. Leiden: Brill, 1141.

Stedall, Jacqueline (2003). The greate Invention of Algebra. Thomas Harriot's Treatise on Equations. Oxford: Oxford Univ. Press.

Steele, Arthur Donald Steele (1936). Ueber die Rolle von Zirkel und Lineal in der griechischen Mathematik. *Quellen und Studien zur Geschichte der Mathematik Astronomie und Physik* (Abteilung B), 3: 288–369.

Stein, Johann Peter Wilhelm (1825). Suite de l'examen de quelques tentatives de theories des parallèles. *Annales de Mathématiques Pures et Appliquées* 16: 43–54.

Stifel, Michael (1544). *Arithmetica Integra*. Nürnberg: Iohan. Petreium.

Struik, Dirk (1967). *Abriss der Geschichte der Mathematik*. Vierte, berichtigte Auflage. Braunschweig: Vieweg.

Tannery, Paul (1887). *La géométrie grecque, comment son histoire nous est pervenue et ce que nous en savons. Histoire générale de la géométrie élémentaire. Essai critique*. Paris: Gauthier-Villars.

Taylor, Eva G.R. (1954). *The mathematical practitioners of Tudor & Stuart England*. Cambridge: Cambridge Univ. Press.

Taylor, Eva G.R. (1966). *The mathematical practitioners of Hanoverian England, 1714-1840*. Cambridge: Cambridge Univ. Press.

Treutlein, Peter (1879). Die deutsche Coss. *Zeitschrift für Mathematik und Physik* 24. Supplement: *Abhandlungen zur Geschichte der Mathematik*, Zweites Heft, 1–124.

Tropfke, Vogel (1980). *Geschichte der Elementar-Mathematik. Arithmetik und Algebra*. Vierte Auflage, vollständig neu bearbeitet von Kurt Vogel. Berlin: de Gruyter

Turner, Roy Steven (1980). The Prussian Universities and the Concept of Research. *Internationales Archiv für Sozialgeschichte der deutschen Literatur* 5: 68–93.

Ungern-Sternberg, Jürgen von, und Wolfgang von Ungern-Sternberg. (1996). *Der Aufruf "An die Kulturwelt!": das Manifest der 93 und die Anfänge der Kriegspropaganda im Ersten Weltkrieg*; mit einer Dokumentation. Stuttgart: Steiner.

Unguru, Sabetai (1975). On the Need to rewrite the History of Greek Mathematics, *Archive for History of Exact Sciences* 15: 67–114.

Unguru, Sabetai & David E. Rowe (1981–1982). „Does the Quadratic Equation have Greek Roots? A Study of "Geometric Algebra", "Application of Areas", and Related Problems", *libertas mathematica*, 1981, **1**: 1–49; 1982, **2**: 1–62.

Viertel, Klaus (2014). *Geschichte der gleichmäßigen Konvergenz. Ursprünge und Entwicklungen des Begriffs in der Analysis des 19. Jahrhunderts*. Wiesbaden: Springer.

Viertel, Klaus (2021). The development of the concept of uniform convergence in Karl Weierstraß's lectures and publications between 1861 and 1886. *Archive for History of Exact Sciences*75: 455–490.

Viète, François (1591). *In artem analyticam isagoge, seu algebra noua*. Tvronis: J. Mettayer.

Volkov, Alexei (2014). Mathematics Education in East- and Southeast Asia. In: Alexander Karp & Gert Schubring (eds.), *Handbook on the History of Mathematics Education*. New York: Springer, 55–78.

van der Waerden, Bartelt L. (1963). *Science Awakening. Vol. 1 Egyptian, Babylonian and Greek Mathematics*. New York: Wiley.

Weber, Max (2016). *Die protestantische Ethik und der "Geist" des Kapitalismus*. Hrsg. u. eingeleitet von Klaus Lichtblau und Johannes Weiß. Berlin: Springer.

Weil, André (1978). Who Betrayed Euclid? *Archive for History of Exact Sciences* 19: 91–93.

Witt. Jan de (2000).*[Elementa curvarum linearum-liber primus. English.] Jan de Witt's "elementa curvarum:/* text, translation, introduction, and commentary by Albert W. Grootendorst with the help of Miente Bakker. New York: Springer.

Witt, Jan de (2010). *Elementa curvarum linearum. Liber secundus*, Grootendorst, Albert W., Jan Aarts, Miente Bakker & Reinie Erné (eds.). New York: Springer.

Wußing, Hans (2008). *6000 Jahre Mathematik. Eine kulturgeschichtliche Zeitreise: Band I. Von den Anfängen bis Leibniz und Newton*. Berlin: Springer.

de Young, Gregg (2012). Nineteenth century traditional Arabic textbooks. *International Journal for the History of Mathematics Education* 7(2): 1–34.

de Young, Gregg (2017). Early geometry textbooks printed in Persian. In: Bjarnadóttir, Kristin, Fulvia Furinghetti, Marta Menghini, Johan Prytz, & Gert Schubring (eds.), *"Dig where you stand" 4. Proceedings of the second International Conference on the History of Mathematics Education.* Roma: Nuova cultura, 87–100.

Youschkevitch, A. P. (1976). The concept of function up to the middle of the 19th century. *Archive for History of exact Sciences, 16(1)*, 37–85.

Zeuthen, Hieronymus (1896). *Geschichte der Mathematik im Altertum und Mittelalter*. Copenhagen: Höst,

Zilsel, Edgar (2003). *The Social Origins of Modern Science*. Dordrecht: Kluwer Academic Publishers

Namens-Index

© Der/die Herausgeber bzw. der/die Autor(en), exklusiv lizenziert durch Springer Nature Switzerland AG 2021

G. Schubring, *Geschichte der Mathematik in ihren Kontexten,* Mathematik Kompakt,
https://doi.org/10.1007/978-3-030-69483-8

Printed in the United States
by Baker & Taylor Publisher Services